Kryokonservierung – Zukünftige Perspektiven von Organtransplantation bis Kryonik

Klaus Hermann Sames

Kryokonservierung – Zukünftige Perspektiven von Organtransplantation bis Kryonik

Springer Spektrum

Klaus Hermann Sames
Hersbruck, Deutschland

ISBN 978-3-662-65143-8   ISBN 978-3-662-65144-5   (eBook)
https://doi.org/10.1007/978-3-662-65144-5

Die Deutsche Nationalbibliothek verzeichnet diese Publikation in der Deutschen Nationalbibliografie; detaillierte bibliografische Daten sind im Internet über http://dnb.d-nb.de abrufbar.

Planung/Lektorat: Sarah Koch
Springer Spektrum ist ein Imprint der eingetragenen Gesellschaft Springer-Verlag GmbH, DE und ist ein Teil von Springer Nature.
Die Anschrift der Gesellschaft ist: Heidelberger Platz 3, 14197 Berlin, Germany

Ben Best, einem Förderer der deutschen Kryonik gewidmet, der mir Inspiration und Wissen vermittelt hat.

In Memoriam den „Vater der Netzhauttransplantation" und Förderer der Kryonik Peter Gouras und einen unvergessenen analytischen Geist und begnadeten Gerontologen Bernhard L. Strehler.

Vorwort

Das Altern zu stoppen, ihren Körper zu verjüngen und das Leben zu verlängern ist ein Traumziel vieler Menschen. Durch Untersuchungen und Literaturarbeit wurde jedoch klar, dass eine Erneuerung der Organe mit heutigen Mitteln nicht zu machen ist, weder durch Medikamente noch durch Gentherapie oder Stammzellen. Im Prinzip ist eine Verjüngung unseres Körpers nicht unmöglich, jedoch nicht in einem kurzen Zeitrahmen. Altern und Sterben sind noch unentrinnbar.

Die einzige heute verfügbare Möglichkeit, den Körper eines verstorbenen Menschen zu erhalten, ist die Kühlung auf $-140\,^\circ$C oder darunter, nachdem man Frostschutzmittel in den Kreislauf gebracht hat. Wir nennen dieses Vorgehen Kryonik. Sie erscheint allerdings als eine etwas verzweifelte Maßnahme, da noch kein größeres Tier und überhaupt kein warmblütiges Tier aus solcher Kälte wieder ins Leben zurückgebracht wurde.

Andererseits ist dies ein durchaus reizvolles Forschungsgebiet, nicht nur weil das scheinbar Unmögliche eine geistige Herausforderung darstellt.

Die Erhaltung von biologischen Einheiten durch Tiefkühlung (Kryokonservierung) eröffnet aber völlig neue Möglichkeiten für Medizin und Biologie und damit einhergehende Technologien. Das zugehörige Fachgebiet ist die Kryobiologie und wo diese auf den ganzen Menschen zielt, sprechen wir von Kryonik.

Heute können wir bereits etwas schonender kühlen als vor 10 Jahren und das machen wir als erstes und wir tun es mit Menschen in der Praxis nach dem Tod, da uns gar nichts anderes übrigbleibt.

Vielleich aber legen wir den Grundstein für das Erreichen eines unglaublich großen Ziels.

Klaus Hermann Sames

Danksagung

Für Ermutigung, Unterstützung und Anregung danke ich meinen Kollegen und Freunden: Roman Bauer, Peter Bezler, Paolo Brenner, Michael Dettmann, Matthias Erber, Benjamin Hampel, Wolfgang Krause, Karlheinz Poch, Ramon Risco, Ludger Schmidt-Riese, Sebastian Sehte, Ralf Spindler, Alexandra Stolzing, Daniel Streidt und Robert Vöht.

Mein Dank gilt insbesondere Dr. Sarah Koch vom Springer Verlag, die mich kompetent und zielführend beraten hat. Herr Padmanaban, hat den Text technisch versiert bearbeitet. Ihm und Herrn Devarajan danke ich für die angenehme und erfolgreiche Kooperation bei der Herstellung

Inhaltsverzeichnis

Einleitung

1

Die Erhaltung des Lebens ist die dominierende Aufgabe der Medizin, aber Altern und Krankheiten kann man heute nicht endgültig aufhalten. Das könnte sich ändern mit einer Methode, welche den Zerfall des Körpers aufhält, auch nachdem der Kreislauf stillsteht, wie mit der Kryonik. Kryonik kann heute nur mit wenig ausgereiften Methoden durchgeführt werden. Vor allem sind eine Durchströmung des Kreislaufs mit Frostschutzmitteln und andere komplizierte Maßnahmen notwendig. Auf den Kreislauf der Organe werden wir verschiedentlich eingehen und weiter unten die Methoden der Kryonik eingehend besprechen. Kryonik kann zumindest als eine Chance angesehen werden, den Körper durch Tiefkühlung in einem Zustand zu erhalten, der ein Potenzial zur Wiederbelebung beinhaltet. Interessant ist die Frage, ob nicht diese Kryonik eines Tages durch gerontologische Methoden wie dem Stoppen der Alternsvorgänge, regenerative Medizin und Verjüngung überflüssig sein oder zu reiner Unfallmedizin werden wird. Können wir nun durch die Tiefkühlung die Zeit anhalten, unsere eigene Zeit, die durch die Veränderungen des Körpers bedingt ist? Oder wie könnten wir persönlich in den Genuss eines möglichen Erfolgs der Gerontologie in 100 Jahren oder noch später kommen? Tiefkühlung ist tatsächlich eine Methode, welche die Veränderungen im Körper anhält soweit das möglich ist. Der Körper lebt dann aber auch nicht und das kann es nicht sein, was wir auf Dauer wollen. Den Körper möchten wir natürlich in funktionsfähigem Zustand erhalten. Interessant für uns ist dabei nur eine Technologie, die sofort, also auch für heute lebende Menschen einsetzbar ist und eine Wiederbelebung nicht ausschließt, selbst wenn sie vielleicht noch nicht ausgereift ist und somit ein großes Risiko enthält.

K. H. Sames, *Kryokonservierung – Zukünftige Perspektiven von Organtransplantation bis Kryonik*, https://doi.org/10.1007/978-3-662-65144-5_1

Ein wesentlicher Einfluss auf das Altern oder gar eine Verjüngung für die jetzt lebenden Generationen ist noch nicht möglich, wenn auch die Medien und wissenschaftlichen Portale von Versprechen und voreiligen Ankündigungen brummen. Die Probleme sind nur über einen langen Zeitraum lösbar. Eine Erneuerung aller Bestandteile des Körpers in ihrer speziellen Struktur und Funktion ist noch nicht vorstellbar.

So lange Verjüngungsmethoden nicht beim Lebenden greifen, können sie nur auf die Zukunft verschoben werden. Alle Menschen müssen noch auf absehbare Zeit sterben.

Jedoch besteht nach unserem besten Wissen kein grundsätzliches Hindernis für eine Lebensverlängerung oder Verjüngung. Wirksam könnte eine Reparatur des Körpers vor allem mithilfe der Gentherapie oder der Stammzellenmanipulation, aber einzig sicher mit der Nanotechnologie werden.

Um einen Körper noch nach dem Versagen der Organe bis dahin erhalten zu können, muss er vor dem endgültigen Zerfall bewahrt werden, das Sterben muss unterbrochen werden der Tod muss aufgeschoben, die biologische Zeit muss angehalten werden. Eine nicht besonders elegante Möglichkeit, jedoch die einzige bereits greifbare, ist eben die Kryonik.

Wir hoffen, dass eine Wiederherstellung der Strukturen und ausreichende Energie auch die Funktionen der Organe wieder möglich macht, so wie sich in der Chirurgie das Gehirn nach Blutleere und Stillstand der Funktion erholt, wenn es erwärmt wird und wieder Blut erhält. Wie ein Auto, das nach Reparatur und Betankung wieder läuft. Ob das Auto eine Seele besitzt kann man diskutieren, wenn man zu so etwas neigt. Eine Selbstreparatur wie ein lebender Körper besitzt es (noch) nicht.

Man muss es betonen: Kryonik stellt heute den einzigen möglichen Weg dar, unser Leben wesentlich zu verlängern und ein Alter von mehr als 123 Jahren zu erreichen. Dazu muss der Körper nach dem Organversagen und der medizinischen Todesbescheinigung konserviert werden, gleich ob er beim Versagen der Lebensvorgänge alt oder jung, krank oder gesund ist. Andere Methoden sind denkbar, aber noch nicht anwendungsreif (s. hierzu auch Fischer 2019).

Kryonik ist eine junge Methode, die noch eine lange Entwicklung vor sich hat. Diese Entwicklung könnte allerdings spannend werden. Kryonikvertreter hoffen, dass sich Methoden für die Wiederherstellung eines Körpers, welcher kryonisch aufbewahrt wurde, auch dann anwenden lassen, wenn er verschiedene Schäden aufweist. Durch das Versagen aller unserer Organe („Tod"), durch Sauerstoffmangel, Altern und Krankheiten entstehen mehr oder weniger schwere Schäden, die heute nur teilweise analysiert sind und nicht behoben werden können. Die Wiederbelebung und Heilung bleiben also noch der Zukunft überlassen.

Kryonik wird oft fälschlich als Einfrieren von Leichen nach dem Tod bezeichnet. Durch Kryonik würde es dann eine Auferstehung geben. Natürlich haben Menschen die Auferstehung von den Toten nicht in der Hand. Wir können aber teilweise erhalten, was noch lebensfähig ist und den Sterbevorgang unterbrechen. In der Kryonik geht es auch nicht um Leichen, denn durch die Tiefkühlung sollen noch lebende Zellen und Strukturen des Körpers so gut es geht bewahrt werden, nicht mehr und nicht weniger. Auch Einfrieren ist nicht der richtige Ausdruck, vielmehr streben wir eine kristallfreie Tiefkühlung an, die das Überleben von Zellen und Geweben ermöglicht.

Literatur

Fischer R (2019) Sterben war gestern – ein praktischer Ratgeber. ISBN 978-3-9820734-0-8 (www.sterben-war-gestern.de)

Wie funktioniert Kryonik und welche Fähigkeiten sind in ihr verborgen?

Kryonik nennt sich die Aufbewahrung von Lebewesen bei sehr tiefen Temperaturen und ihre angestrebte Wiedererwärmung und Wiederbelebung, wenn diese den Menschen als Mittelpunkt einschließen. Sie muss auch alle heute existierenden Lebewesen und biologischen Materialien von Anfang an einschließen, um ihre Methodik zu entwickeln.

Sie beinhaltet auch eine Anwendung von noch unausgereiften Methoden, die aber nach dem Stand der Wissenschaft zurzeit jeweils die besten sind (Übersichten zur Kryonik: Best 2008, 2013; Bojic et al. 2021; Fahy 2021; Fahy und Wowk 2021; Mathwig und Sames 2013; Reinhard 1987; Sames 2011; Sames 2013a, b, 2018; Sames et al. 2022).

Die Kryonik kann das Leben des Menschen nur verlängern indem sie das Sterben unterbricht. Sie wirkt nicht unmittelbar auf den Stopp des Alterns oder eine Verjüngung ein. Heute ist unter allen lebenserhaltenden Methoden zweifellos eine möglichst perfekte Tiefkühlung vorrangig, während andere Probleme zunächst noch der Forschung vorbehalten bleiben.

Die Kryonik will den Körper des Menschen so lange unverändert lagern, bis die Medizin in der Lage ist, die Schäden zu heilen, die durch Altern, Krankheit, Sterben und durch die Kühlvorgänge selbst entstehen. Der Erfolg der Kryonik ist (noch) nicht zu garantieren.

In Verträgen ist es juristisch sogar unerlässlich, dass der Patient zur Kenntnis nimmt: weder die zukünftige Wiederbelebung noch die Finanzierung in eine weiter entfernte Zukunft hinein können garantiert werden.

Das Prinzip der Kryonik ist eine Biostase. Darunter versteht man eine Verringerung oder strenggenommen einen Stillstand der Lebensvorgänge, zum Beispiel durch Austrocknung (Ästivation) oder durch Senkung der Temperatur tief unter dem Nullpunkt (Kryostase) oder nahe dem Nullpunkt aber noch darüber (Winterschlaf oder Hibernation). Das Besondere daran ist, dass das Lebewesen wiederbelebt werden soll.

K. H. Sames, *Kryokonservierung – Zukünftige Perspektiven von Organtransplantation bis Kryonik*, https://doi.org/10.1007/978-3-662-65144-5_2

Kryobiologie und Kryonik benutzen nicht die Biostase durch Austrocknung. Sie setzen auf die Kryostase, die als einzige Methode bereits heute im Labor funktioniert.

Da die Wiederbelebung von tiefgekühlten Säugetieren noch nicht möglich ist, verbietet sich heute die Kryonik am lebenden Menschen. Der Tod muss abgewartet werden und damit meist die Folgen von Altern, Todesursachen und Sterben, die wichtigsten Hindernisse der Lebensverlängerung. Auch die Leichenschau muss beendet sein, sodass in Deutschland oft erst nach zwei Stunden gekühlt werden darf, was dem Konzept der Aufbewahrung zuwiderläuft. Allerdings könnten die Schäden, welche durch lange ungekühlte Lagerung entstehen, deutlich vermindert werden, wenn die Leichenschau für Kryonikanhänger in Kühlräumen durchgeführt würde. Nach vorgezogener Inspektion des Kopfes sollte dieser mit Eis gekühlt werden, wenn kein Befund am Kopf vorliegt. Höchstens die Virtopsie (virtuelle Biopsie), eine Form der Sektion mit nur kleinsten Eingriffen, sollte vor der Kryonik angewendet werden, soweit dies bereits möglich und dringend geboten ist. Die schnelle Entwicklung dieser Methoden ist vonseiten der Kryonik zu fordern.

Sieht man von dem persönlichen Wunsch heute lebender Menschen nach Selbsterhaltung ab, so ist Kryonik ein experimentelles wissenschaftliches Projekt mit einem sehr weit gesteckten Ziel.

Wie aber sieht es aus, wenn man die Möglichkeiten betrachtet, welche eine funktionierende Kryonik bieten würde, wenn man Menschen und ihre Organe tiefkühlen, in der Kälte aufbewahren und wiederbeleben könnte?

Literatur

Best BP (2008) Scientific justification of cryonics practice. Rejuvenation Res 11:493–503
Best B (2013) Cryonics: introduction and technical challenges. In: Sames KH (Hrsg) Applied human cryobiology, Bd 1. Ibidem, Stuttgart, S 61–77
Bojic, S et al. (2021): Winter is coming: the future of cryopreservation. BMC Biol 19, 56
Fahy GM (2021) Principles of vitrification as a method of cryopreservation in reproductive biology and medicine. In: Donnez J, Kim SS (Hrsg) Section 2 – Reproductive Biology and Cryobiology. Cambridge University Press, S 49–66
Fahy GM, Wowk B (2021) Principles of ice-free cryopreservation by vitrification. Methods Mol Biol 2180:27–97
Freitas Jr RA (2022) Cryostasis revival – the recovery of cryonics patients through nanomedicine. Alcor Life Extension Foundation, Scottsdale Arizona
Mathwig K, Sames K (2013) Kryonik. In: Sun MJ, Kabus A (Hrsg) Reader zum Transhumanismus. Books on Demand Norderstedt, Berlin, S 113–129
Reinhard K (1987) Wie der Mensch den Tod besiegt. Technische Verfahren zur Unsterblichkeit. Orac, Wien
Sames KH (2011) „ wollt ihr ewig leben?" durch die Kryonik zum ewigen Leben? Innsbrucker Forum für Intensivmedizin und Pflege (IFIMP) Univ.-Klinik für Allgemeine und Chirurgische Intensivmedizin, Medizinische Universität Innsbruck 09.–10. Juni http://www.intensiv-innsbruck.at/meetings/IFIMP2011_bilder.htm
Sames KH (2013a) General mechanisms of mortality and aging and their relation to cryonics In: Sames KH (Hrsg) Applied human cryobiology, Bd 1. Ibidem, Stuttgart, S 145–169

Sames KH (Hrsg) (2013b) Applied human cryobiology, Bd 1. Ibidem, Stuttgart

Sames KH (Hrsg) (2018) Applied human cryobiology, Bd 2. Ibidem, Stuttgart

Sames KH et al (2022) Safe preservation of organs by cryogenic cooling, a chance of the future not only of medicine. In: Willmann TA, El Maleq A (Hrsg) 2.0. (Trans-) Humanistische Perspektiven zwischen Cyberspace, Mind Uploading und Kryonik (Sammelband zur Tagung 2019). De Gruyter, Basel, S 221–238

Brücke in die Zukunft: Fernziele der Kryobiologie und Kryonik, unbegrenzte Zeiten – unbegrenzte Möglichkeiten

3

3.1 Ein Kryonikszenario

Ein kleiner Sketch soll in 8 kurzen Szenen zeigen, wie aufregend die Rettung eines Patienten durch die Kryonik ist.

1. Das Herz steht still, das Blut wird nicht mehr von der Lunge mit Sauerstoff versorgt.
2. Die Zellen bekommen keinen Sauerstoff mehr und die Energie geht ihnen aus.
3. Aber noch leben sie, während der Mensch bereits regungslos und bewusstlos mit fehlenden Hirnströmen darnieder liegt und in der Regel nicht mehr ins Leben zurückkehrt. Die Zellen versuchen Reserven, wie energiereiche Phosphate oder Kreatininverbindungen, und Zucker auszunutzen, um noch Energie für das Betreiben ihrer Molekülpumpen zu gewinnen.
4. Schließlich sind auch die chemischen Energiereserven völlig aufgebraucht. Die Zellen ähneln leeren Batterien.
5. Die Moleküle verändern sich nun, es entstehen unverträgliche Stoffe und solche, die chemisch reduziert sind. Zum Glück fließt das Blut nicht mehr, denn es enthält zunehmend schädliche Abfallprodukte und es ist übersäuert.
6. Da setzt Kühlung ein!
   Der Körper ist in kaltes Wasser gefallen, oder ein Mediziner oder Kryonikvertreter wendet eine künstliche Kühlung an.
   Die Zellen schlafen daraufhin ein. Ihr Stoffwechsel wird so langsam, dass sie kaum mehr Energie benötigen. Sie produzieren auch kaum Abfallstoffe. Die Kühlung ist rechtzeitig erfolgt, um die größten Schäden zu stoppen. Viele Zellen befinden sich noch in einem Zustand, in dem sie wiederbelebt werden könnten.
7. Frostschutzmittel sorgen dafür, dass möglichst keine Eiskristalle entstehen. Zellen werden zusätzlich durch Medikamente geschützt

K. H. Sames, *Kryokonservierung – Zukünftige Perspektiven von Organtransplantation bis Kryonik*, https://doi.org/10.1007/978-3-662-65144-5_3

8. Wird der Körper jetzt weiter auf −196 °C, die Temperatur von flüssigem Stickstoff gekühlt, so verursachen die heutigen Kühlmethoden zwar zusätzliche
Schäden, jedoch halten sich die Bestandteile des Körpers danach für unvorstell-
bar lange Zeit, solange die Temperatur bei −196 °C bleibt.

Sicher ist: viele Zellen waren noch nicht tot. Nach allem was wir wissen sind sie
auch in ein paar tausend Jahren noch in Form und ehemaliger Funktion erkenn-
bar. Das ist viel Zeit für die Medizin, um Methoden für die Wiederherstellung des
Patienten zu entwickeln. Wir wollen ihm Glück wünschen.

3.2   Kryonikperspektiven der Medizin

Kryonik ist aber weit mehr. Angestrebt wird nicht mehr und nicht weniger, als
das Leben beliebig an- und auszuschalten. Man könnte mit ihr (wenn sie denn
voll funktioniert) das Leben jederzeit und für eine beliebige Dauer aussetzen und
wieder in Gang setzen. Sie wäre ein Schalter für: Leben an – Leben aus.
    Angestrebt wird so auch eine revolutionäre Schutz- und Rettungsmethode. In
Tiefkühlung können Schädigungen gestoppt und „eingefroren" werden. Es kann
ein Schutz gegen zerstörende Wirkungen aufgebaut werden, da ein tiefgekühlter
Körper keine Bedürfnisse hat, keine Nahrung, keine Entsorgung, keine Luft
benötigt, kann er in widerstandsfähige Schutzhüllen gesteckt, vielleicht sogar
in Beton gegossen werden. Das Einzige, was er wirklich braucht, ist ein Schutz
gegen Erwärmung. Würde die Kryonik voll funktionieren, dann wäre sie auch für
die Medizin eine Rettungsmethode, die den heutigen Methoden weit überlegen ist.
Sie könnte den Menschen sogar gegen extreme Umweltbedingungen schützen. Ein
Mensch könnte durch sie nahezu unverwundbar werden.
    Ein wichtiger Schritt in der Kyronikentwicklung ist die Konservierung von
Geweben und ganzen Organen in der Transplantationsmedizin. Eines der Ziele der
Kryonik ist die Anlage von Organbanken mit tiefgekühlten Organen für die Transplantation auf den Menschen.
    Neuerdings werden auch künstliche Gewebe mit ersten Erfolgen kryo-
konserviert. Die Kryonik sollte hier den Erfordernissen eines entstehenden großen
Markts Rechnung tragen. Da Kryonikanwärter ihre Organe nicht spenden können,
sondern für sich behalten müssen, sind sie an der Entwicklung künstlicher Organe
sehr interessiert.
    Eine Kryokonservierung von Transplantatorganen würde einen enormen
medizinischen Fortschritt darstellen, abgesehen davon, dass man hiermit der Kryokonservierung des menschlichen Körpers näherkäme.
    Es gibt heute viel zu wenige Spenderorgane für die Transplantationsmedizin,
was durch Schwierigkeiten bei der Erhaltung und dem Transport von Organen
bedingt ist. Laut WHO waren 2010 nur 10 % der weltweit benötigten Spenderorgane verfügbar. Im Jahr 2017 wurden (alle Organe zusammengefasst) 139.024
Organe transplantiert (wieder nur 10 % des weltweiten Bedarfs) und – wichtiger
– es fehlen geeignete Aufbewahrungsmethoden. Trotzdem werden in den

Vereinigten Staaten geschätzt 20 % der Spendernieren, bis zu 50 % der Spender-pankreasdrüsen und etwa zwei Drittel der Spenderherzen vor allem wegen des Zeitbedarfs für Spendersuche und Transport verworfen. Viele werden bei der gebotenen Eile auf ungeeignete Spender übertragen (Ardehali 2015; Global Observatory on Donation and Transplantation GODT; Guibert et al. 2011; Parsons und Guarrera 2014; Ibrahim et al. 2020; Reese et al. 2016; Taking Organ Utilisation to 2020; WHO 2012).

Meist wird die Organkonservierung in unbewegter gekühlter Flüssigkeit von 4–10 °C durchgeführt (hypotherme Aufbewahrung) oder das Organ wird mit ver-schiedenen Lösungen durchströmt. Bekannte Lösungen sind z. B.: Universty of Wisconsin-, EuroCollins- oder Celsior-Lösung (Bessems et al. 2005; Wolkers und Oldenhof 2021). Die kühle Aufbewahrung führt schnell zu einem Kälte-schaden und Blutmangelschäden oder Schäden bei erneuter Durchblutung. Auch dadurch wird ein hoher Anteil an Spenderorganen verworfen. Diese hohe Verlust-rate könnte vermieden werden, wenn die Organe für eine längere Zeit konserviert werden könnten. Es wären bereits viel mehr Transplantationen möglich, wenn man die Organe länger erhalten könnte. Allein durch die kurze Überlebenszeit werden tausende von Organen verworfen (Israni et al. 2017).

Millionen von Menschenleben weltweit würden außerdem davon profitieren, wenn man Organe und Gewebe nicht unter Zeitmangel, sondern nach Bedarf ersetzen könnte (Giwa et al. 2017). Sollte die Kryokonservierung großer Organe einschließlich ihrer Wiederbelebung verwirklicht werden, könnte man ein Sorti-ment Spenderorgane in Organbanken vorrätig halten, um die Wartezeiten für Patienten zu verkürzen. Man könnte außerdem Spenderorgane ohne Schaden und Zeitdruck (und ohne Hubschrauber) transportieren. Es würden keine Organe mehr aus reinen Zeitgründen unbrauchbar. Es wird behauptet, dass dadurch der Mangel z. B. an Transplantatherzen total behoben würde.

Schon Stunden zusätzlicher Erhaltung würden die Zahl möglicher Trans-plantationen steigern. Eine gewisse Verlängerung der Organüberlebenszeit wird durch eine Dauerperfusion erlaubt, die während des Überlebens bei Körper-temperatur (35–37 °C) stattfindet oder eine Kombination der Perfusion mit gesenkter Temperatur von 4–10 °C, wie sie routinemäßig bei Nierentrans-plantationen angewendet wird. Sie kann auch das Überleben von Lungen von 8 auf 21 h ausdehnen (Yeung et al.2017). Die Zugabe von Frostschutzmitteln und die Unterdrückung von Eiskristallbildung (Unterkühlung) ermöglichte bei Ratten-lebern die Durchströmung der Blutgefäße bei noch tieferen Temperaturen (−6 °C). Die Aufbewahrung wurde dadurch auf 4 Tage ausgedehnt (Berendsen et al. 2014). Es werden also bereits Methoden erprobt, wie sie die Kryonik entwickelt.

Allerdings gibt es heute noch kaum wirksame Methoden für eine zuverlässige Konservierung von menschlichen Transplantatorganen für eine längere Zeit als 3–12 h (Bruinsma et al. 2014; Simpkins et al. 2007; Totsuka et al. 2002). Viele medizinische Maßnahmen würden davon profitieren (Israni et al. 2017; Lewis et al. 2016; Taylor et al. 2019).

Zur Untersuchung der Bedingungen für die Aufbewahrung benötigt man nicht unbedingt ganze menschliche Organe. Gewebeschnitte und künstliche Gewebe gleichen stark dem Organ von dem sie entnommen wurden und enthalten alle Zelltypen, die im lebenden Organ enthalten sind (Chen et al. 2018; de Graf et al. 2007; Li et al. 2016; Pichugin et al. 2006).

So könnte man gleichzeitig auch menschliche Gewebeteile in der Forschung einsetzen, welche durch die Tiefkühlung in immer gleichbleibender Qualität verfügbar wären. Weiterhin könnte man beim Testen von Arzneimitteln und Giftstoffen Tierversuche leichter vermeiden (de Graaf und Koster 2003; Kramer und Greek 1990; Li et al. 2016; Sandow et al. 2015; Truskey 2018; Zaman et al. 2007). Kosten könnten bei der teuren Arzneimittelentwicklung gespart werden, denn die Kosten, um ein Medikament vom Labor auf den Markt zu bringen, übersteigen 2 Mrd. EUR (DiMasi et al. 2016; Übersicht: Bojic et al. 2021).

Damit kämen wir auch dem letzten Schritt, einen Menschen tiefzukühlen, ein Stück näher.

3.2.1 Tiefkühlung des ganzen Körpers

Eine Erhaltung des gesamten menschlichen Körpers durch Kühlung unter 0 °C würde logischerweise den Medizinern viel mehr Zeit zum Eingreifen bieten. Insgesamt würde die voll entwickelte Kryonik dem Arzt dann auch erlauben, einen Patienten, den er nicht mehr am Leben halten kann, im momentanen Zustand zu erhalten, um nach neuen Mitteln zu suchen. Zum Beispiel könnte so ein Patient gerettet werden, welcher aus zahlreichen Gefäßen blutet, sodass Ärzte mit der Blutstillung nicht mitkommen. Ähnlich wäre es mit lebensbedrohlichen Organschäden. An Krebs verstorbene Kinder könnten tiefgekühlt werden, wenn die Aussicht besteht, dass man in wenigen Jahren ein Mittel gegen den Krebs haben wird. Patienten könnten gekühlt überleben bis ein neues Medikament oder eine Heilmethode entwickelt ist. Der Transport eines ansonsten nicht mehr transportfähigen Patienten z. B. in eine auswärtige Spezialklinik wäre möglich. Vielleicht könnte ein Arzt seinen Patienten einfach kryonisieren, wenn er nicht mehr weiterweiß. Hier wäre auch das heikle Thema von tödlichen Kunstfehlern zu erwähnen, denn Ärzte sind nicht unfehlbar. Ein Arzt müsste einen Patienten, den er verliert, ganz gleich was die Ursache des Organversagens ist, nicht aufgeben. Er könnte ihn im Zustand des Organversagens aufbewahren und so Zeit gewinnen und nach neuen Wegen suchen.

Wie gesagt, das alles gilt für den Fall, dass die Kryonik funktioniert und wir alle Hürden, die dem noch entgegenstehen, überwinden. Hier ist zunächst festzustellen, dass es sich lohnt.

3.3 Kryonikperspektiven in der Raumfahrt

Eine hochentwickelte Kryokonservierung wäre ein großer Gewinn für die Raumfahrt (Nordeen und Martin 2019). Die Idee ist so verbreitet, dass sie bereits banal wirkt.

Wie breit die denkbaren Möglichkeiten der Kryonik sind, wird klar, wenn man sich fragt, wie ein Mensch auf der Venus in einer Hitzehölle überleben könnte, wenn er dort z. B. abstürzt oder dringend in Person an einen bestimmten Punkt gelangen muss. Eine super-isolierende mechanisch superfeste Kapsel – möglichst mit einem eigenen Kühlaggregat – wäre vielleicht eine Möglichkeit, das Ruhen der Lebensvorgänge eine andere. Das weitere Schicksal des tiefgekühlten Raumfahrers überlassen wir mal der Phantasie.

Man könnte Transport für Transport große Menschengruppen z. B. auf andere Planeten bringen und lagern bis alle da sind, um eine Kolonie zu gründen.

Oder fragen wir uns, wie man Raumschiffe kleiner gestalten und leichter versorgen kann. Raumfahrten zu anderen Sonnensystemen, die Jahrhunderte dauern, könnten als Generationenflüge oder einfacher mithilfe der Kryonik bewältigt werden. Nur mithilfe der Kryonik würde ein Raumfahrer, der von der Erde abhebt, auch persönlich ein so entferntes Ziel erreichen. Die Raumfahrtorganisationen beschäftigen sich durchaus mit solchen Planungsstrategien (s. u.).

Zurzeit haben einige der größten Hindernisse für Langzeitreisen (beispielsweise zum Mars) mit den Bedürfnissen für die Erhaltung des Lebens der Raumfahrer zu tun. Man benötigt Ressourcen für die Erhaltung von Stoffwechsel und Körperfunktionen. Es bestehen erhebliche Gesundheitsgefährdungen durch langdauernde Einwirkung von interplanetarer Strahlung und Schwerelosigkeit sowie Psychostress durch räumliche Beengtheit, was zu soziologischen Problemen führt. Kryokonservierung könnte diese Probleme unerheblich machen, unter anderem, weil sie eine totale physische und psychische Abschirmung einer Person erlaubt. Die Europäische Raumfahrtagentur (ESA) und die US National Aeronautics and Space Administration (NASA) haben daher die Möglichkeit der suspended Animation für tiefe Raumflüge untersucht (Ayre et al. 2004; Choukèr et al. 2019; Petit et al. 2018; „Torpor Inducing Transfer Habitat for Human Stasis to Mars" https://ntrs.nasa.gov/citations/20180008683; „Advancing Torpor Inducing Transfer Habitats for Human Stasis to Mars" https://ntrs.nasa.gov/citations/20180007195; Szondy D: ESA studies impact of hibernating astronauts on space missions: https://www.esa.int/Science_Exploration/Human_and_Robotic_Exploration/ Exploration/European_vision_of_exploration).

3.4   Kryonikperspektiven in der Landwirtschaft

Für die Landwirtschaft kann man heute bereits Genproben oder Zellkulturen vieler Pflanzen und Tiere tiefgekühlt aufbewaren (Barboni et al. 2018; Sponenberg 2020).

Was aber, wenn man ganze Tiere tiefkühlen und wieder ins Leben bringen könnte, sei es um sie für eine Zeit aus dem Verkehr zu ziehen oder sicher und schonend zu transportieren und auf Vorrat zu lagern?

Tiere könnten in Tierbanken tiefgekühlt lebensfähig erhalten und gestapelt werden. Auch hier könnten Sortimente von großen Mengen verschiedener Tier- und Pflanzenarten vorrätig gehalten werden, wenn man es nicht vorzieht, nur die

DNA zu transportieren und die Lebewesen zu klonen, was allerdings auch aufwendig und viel zeitraubender ist, oder tiefgekühlte Embryonen zu erwerben, die man dann noch zur Entwicklung bringen muss. Man stelle sich vor, einen tiefgekühlten Hamster im Zoogeschäft zu erwerben, den man dann nach Vorschrift auftaut, wenn man die Haltungsbedingungen hergestellt hat. Die menschliche Kryonik könnte auch davon profitieren, durch Preissenkung und neue Forschungsmöglichkeiten.

Die Landwirtschaft wird sich wie die Medizin vielleicht eines Tages fragen, warum sie die Kryonik nicht von Anfang an gefördert hat.

Das Ganze könnte den Nebeneffekt haben, dass man von der Kryonik großer Tiere leicht auf die menschliche Kryonik übergehen könnte. Wenn die laufenden Versuche auch an Transplantatorganen und schließlich an großen Tieren erfolgreich verlaufen sollten und auf den Menschen anwendbar werden, könnten auch Gesunde kryonisch behandelt werden, die weniger von Altern und Krankheit betroffen sind. Der Tod müsste nicht mehr abgewartet werden. Man könnte eingreifen, bevor wir aus Gründen von Altern, Krankheit oder Unfällen unwiederbringliche Schäden erleiden z. B. indem man junge Raumfahrer „einfriert". Wir hoffen, dass die Belastung durch die Kryonisierung eines Tages nicht größer sein wird als die einer Narkose. Damit würde die Rettungsmethode voll einsetzbar.

Insgesamt sprechen also viele verschiedene ethische Gesichtspunkte dafür, dass es ein unverzeihliches Versäumnis wäre, die Entwicklung der Kryonik nicht zu versuchen. Die Verantwortung dafür muss bereits heute von denjenigen übernommen werden, welche aus Vorurteilen oder mangelhafter Information dieses Versäumnis fördern. Man kann vor allem von der Medizin so viel Einsicht erwarten, dass sie die Entwicklung einer so vielversprechenden Methode aktiv fördert.

Man könnte durch Kryonik ein sehr langes Leben leben, ein unbegrenztes Leben, aber kein – soweit irgend absehbar – unsterbliches.

Wie nahe sind wir eigentlich heute den revolutionären Zielen der Kryonik? Wir werden weiter unten ins Einzelne gehen. Hier darf festgestellt werden, dass ihre Unmöglichkeit bisher nicht behauptet werden kann.

Literatur

Ardehali A (2015) While millions and millions of lives have been saved, organ transplantation still faces massive problems after 50years; organ preservation is a big part of the solution. Cryobiology 71:164–165

Ayre M et al (2004) Morpheus – hypometabolic stasis in humans for long term space flight. J Br Interplanet Soc 57:325–339

Barboni B et al (2018) Placental stem cells from domestic animals: translational potential and clinical relevance. Cell Transplant 27:93–116

Berendsen TA et al (2014) Supercooling enables long-term transplantation survival following 4 days of liver preservation. Nat Med 20:790–793

Bessems M et al (2005) Improved machine perfusion preservation of the non-heart-beating donor rat liver using polysol: a new machine perfusion preservation solution. Liver Transplant 11:1379–1388

Bojic, S et al (2021) Winter is coming: the future of cryopreservation. BMC Biol 19, 56

Bruinsma BG et al (2014) Subnormothermic machine perfusion for ex vivo preservation and recovery of the human liver for transplantation. Am J Transplant 14:1400–1409

Chen R et al (2018) A study of cryogenic tissue-engineered liver slices in calcium alginate gel for drug testing. Cryobiology 82:1–7

Choukèr A et al (2019) Hibernating astronauts-science or fiction? Pflügers Arch 471:819–828

De Graaf IA, Koster HJ (2003) Cryopreservation of precision-cut tissue slices for application in drug metabolism research. Toxicol In Vitro 17:1–17

De Graaf IA et al (2007) Cryopreservation of rat precision-cut liver and kidney slices by rapid freezing and vitrification. Cryobiology 54:1–12

DiMasi JA et al (2016) Innovation in the pharmaceutical industry: new estimates of R&D costs. J Health Econ 47:20–33

Giwa S et al (2017) The promise of organ and tissue preservation to transform medicine. Nat Biotechnol 35:530–542

Global Observatory on Donation and Transplantation GODT >www.transplant-observatory.org>

Guibert EE et al (2011) Organ preservation: current concepts and new strategies for the next decade. Transfus Med Hemother 38:125–142

Ibrahim M et al (2020) An international comparison of deceased donor kidney utilization: what can the United States and the United Kingdom learn from each other? Am J Transplant 20:1309–1322

Israni AK et al (2017) OPTN/SRTR 2015 annual data report: deceased organ donation. Am J Transplant 17(Suppl 1):503–542

Kramer LA, Greek R (1990) Human stakeholders and the use of animals in drug endothelium-dependent vasodilatory responses in canine coronary arteries following cryopreservation. Cryobiology 22:511–520

Lewis JK et al (2016) The grand challenges of organ banking: proceedings from the first global summit on complex tissue cryopreservation. Cryobiology 72:169–182

Li M et al (2016) Precision-cut intestinal slices: alternative model for drug transport, metabolism, and toxicology research. Expert Opin Drug Metab Toxicol 12:175–190

Nordeen CA, Martin SL (2019) Engineering human stasis for long-duration spaceflight. Physiology (Bethesda) 34:101–111

Parsons RF, Guarrera JV (2014) Preservation solutions for static cold storage of abdominal allografts: which is best? Curr Opin Organ Transplant 19:100–107

Petit G et al (2018) Hibernation and Torpor: prospects for human spaceflight. In: Seedhouse E, Shayler D (Hrsg) Handbook of life support systems for spacecraft and extraterrestrial habitats. Springer, Cham, S 1–15

Pichugin Y et al (2006) Cryopreservation of rat hippocampal slices by vitrification. Cryobiology 52:228–240

Reese PP et al (2016) New solutions to reduce discard of kidneys donated for transplantation. J Am Soc Nephrol (JASN) 27:973–980

Sandow N et al (2015) Drug resistance in cortical and hippocampal slices from resected tissue of epilepsy patients: no significant impact of P-glycoprotein and multidrug resistance-associated proteins. Front Neurol. https://doi.org/10.3389/fneur.2015.00030

Simpkins CE et al (2007) Cold ischemia time and allograft outcomes in live donor renal transplantation: is live donor organ transport feasible? Am J Transplant 7:99–107

Sponenberg DP (2020) Conserving the genetic diversity of domesticated livestock (editorial). Diversity 12:282

Taking Organ Utilisation to 2020 [https://www.odt.nhs.uk/odt-structures-and-standards/key-strategies/taking-organ-utilisation-to-2020/]

Taylor MJ et al (2019) New approaches to cryopreservation of cells, tissues, and organs. Transfus Med Hemother 46:197–215

Totsuka E et al (2002) Influence of cold ischemia time and graft transport distance on postoperative outcome in human liver transplantation. Surg Today 32:792–799

Truskey GA (2018) Development and application of human skeletal muscle microphysiological systems. Lab Chip 18:3061–3073

WHO (2012) Keeping kidneys. Bull World Health Organ 290:718–719

Wolkers WF, Oldenhof H (2021) Principles underlying cryopreservation and freeze-drying of cells and tissues. Methods Mol Biol 2180:3–25

Yeung JC et al (2017) Outcomes after transplantation of lungs preserved for more than 12 h: a retrospective study. Lancet Respir Med 5:119–124

Zaman GJ et al (2007) Cryopreserved cells facilitate cell-based drug discovery. Drug Discov Today 12:521–526

Die physikalische Basis der Kryonik und der Erfolg verwandter Methoden

4

Die Kryobiologie ist viel älter als es uns heute vorkommen mag. Bereits im 18. Jahrhundert führte Reaumur wissenschaftliche Beobachtungen durch und stellte fest, dass einige Insekten den Winter in gefrorenem Zustand überleben (s. bei Block et al. 1990). Wir werden unten auf solche Insekten zurückkommen.

Seit Langem ist auch bekannt, dass Menschen, die in kaltem Wasser ertrinken, gelegentlich noch nach einer Stunde oder länger wiederbelebt werden. Die Medizin macht sich daher schon heute die Kühlung in Form der Hypothermie zunutze.

Bei der Hypothermie kann die Körpertemperatur unter Gabe von Zellschutzmedikamenten um 10–20 °C gesenkt werden. Dadurch kann der Herzschlag für längere Zeit ohne Schäden für den Patienten angehalten werden. Kälte wird sogar schon seit Jahrhunderten in der Medizin angewendet um Fieber zu behandeln, Blutverlust zu reduzieren, zur Narkose und (unbewusst) zur Verzögerung des Zelltods.

Eine Hypothermie kannten bereits die alten Ägypter, Chinesen, Griechen und Römer. Hippokrates riet, Schwerverletzte in Eis und Schnee einzupacken, um den Blutverlust zu reduzieren (Zorn 2013). Unter den frühen Experimentalisten des 17. Jahrhunderts ist besonders Boyle erwähnenswert. Er stellte die Fähigkeit von Eis fest, menschliche Körper zu erhalten, und stellte verschiedene Versuche an, um Tiere einzufrieren und wiederzubeleben. Dabei entdeckte er Arten von Fröschen und Fischen, welche den Einschluss in Eis überleben können (Boyle 1665). Larrey, Napoleons Leibarzt stellte ähnlich den antiken Beobachtern fest, dass Verwundete besser überlebten und weniger Schmerzen hatten, wenn sie vom Feuer entfernt im Schnee lagen. 1952 operierten Lewis und Taufic unter Kühlung am Herzen. Eine Herz-Lungen-Maschine wurde entwickelt und 1953 erstmals am offenen Herzen vom Gibbon eingesetzt.

Die Kühlungsform der tiefen Hypothermie ermöglichte Prozeduren am Herzen unter Kreislaufstillstand. Ein künstlicher Kreislauf außerhalb des Körpers

K. H. Sames, *Kryokonservierung – Zukünftige Perspektiven von Organtransplantation bis Kryonik*, https://doi.org/10.1007/978-3-662-65144-5_4

unter mäßiger Hypothermie ist in der Herzchirurgie Standard. Ein Überschuss an Kalium kann benutzt werden, um das Herz zu stoppen. Die Überlebensraten sind bei schneller Kühlung am höchsten (Alam et al. 2002, 2004). Ein moderner Kühler im Oxygenator kühlt 5–6 l Blut in 20 min von 36 auf 18 °C. Moderne chirurgische Methoden erlauben das Operieren in milder Hypothermie (32–34 °C). Beispielsweise wurde ein Venenkühlkatheder über die Schenkelvene mit Vorschub in die untere Hohlvene, also nahe zum Herzen, geschoben, mit einem externen Kühler gekühlt auf 33 °C für 24 h und danach passiv über 4–5 h wieder aufgewärmt.

Es wurde festgestellt, dass Patienten mit Herzstillstand bei Anwendung von milder Hypothermie bessere Werte für das Gehirn aufweisen (Hypothermia after Cardiac Arrest Study Group 2002; Nozari et al. 2004) und die Zahl der Überlebenden nach Hypothermie größer ist als ohne Hypothermie (Holzer et al. 2002; Nolan et al. 2003, 2010; Von Lewinski und Pieske 2011).

In der Unfallmedizin wurde die milde Hypothermie bei Herzstillstand eingesetzt, also wenn die Durchblutung stockt, meist aber nach erfolgreicher Wiederbelebung vor dem Transport in eine Klinik. Eine sofortige Kühlung ist vermutlich aber besser.

Eine Temperaturerniedrigung von 37 °C auf 32–34 °C für 24 h nach dem Herzstillstand beim Menschen verminderte die Schädigung des Gehirns und erhöhte die Zahl der Überlebenden. Nach 6 Monaten wurden 55 % mehr Überlebende festgestellt (Cheung 2006; Couzin 2007; Holzer 2002).

Die sogenannte tiefe Hypothermie erlaubt eine Kühlung auf 18 °C und einen Durchblutungsstopp von etwa einer Stunde bei menschlichen Patienten. Die Hypothermie führte also zu guten Erfolgen (Lyon et al. 2010; Zorn 2013).

Bei gesonderter Durchströmung des Gehirns spielt heute die Kühlung keine so entscheidende Rolle mehr. Hirnschäden stellen aber nach wie vor schwerste Nebenwirkungen einer Operation dar.

Experimente an Rennmäusen haben gezeigt, dass bei einer Temperatursenkung von 37 auf 31 °C Nervenzellen einen Mangel an frischem Blut besser überleben. Die Zeit, für welche Nervenzellen den Blutstillstand ertragen, wird dadurch fast verdreifacht (Takeda 2003).

Die Temperaturerniedrigung hemmte bei Mäusen und Ratten auch die Auswirkungen von schädlichen Oxidationsprodukten – den oxidativen Stress – und die Freisetzung von Überträgerstoffen, welche durch Kalium in Hirnzellen bewirkt wird (Khandoga et al. 2003; Kimelberg et al. 1995; Kollmar et al. 2002).

Eine Kühlung oberhalb von 0 °C (Hypothermie) mindert auch die Schädigung der Bluthirnschranke (s. u.), da sie Enzyme hemmt, welche Eiweiß abbauen (Hamann et al. 2004; Raison 1973). Die ersten paar Grade Temperaturerniedrigung reduzieren die Bildung von Entzündungsstoffen (Zytokinen) im Hirn auf ein Drittel im Vergleich zu derjenigen bei normaler Körpertemperatur (Meybohm et al. 2010).

Durch Kühlung könnte sich auch die Bildung von Blutpfröpfen (Thromben) aus Plasma, Fibrinfasern und Blutzellen nach dem Herzstillstand verlangsamen.

Hunde ertragen bei 20 °C Körpertemperatur 60 min Durchblutungsstopp bei 10 °C dagegen 120 min (Behringer et al. 2003).

Kühlung stoppt Veränderungen und kann somit schlimmstenfalls noch nach dem Versagen der Organe eingesetzt werden. Nichts anderes geschieht in der Kryonik als erste Maßnahme.

Heute werden in Deutschland auch die allermeisten Leichen gekühlt, jedoch ist ein Bakterienwachstum unvermeidlich. Die Kühlung ist zwar das beste Mittel gegen den Zerfall von Zellen, aber sie schützt nicht absolut (Vollbracht et al. 2001). Leider treten trotz Kühlung im Bereich über 0 °C auch noch bei kaltem Durchblutungsstopp (kalter Ischämie) Gewebeschäden auf. Bei erneuter Durchblutung oder Durchströmung mit Lösungen nach einem kalten Durchblutungsstopp findet man andere Veränderungen als beim Durchblutungsstopp in der Wärme (warme Ischämie).

Hintergrundinformation
Das Enzym für die Bildung von Stickstoffmonoxid wird dabei gehemmt und es wird Eicosanoid gebildet, welches die Blutgefäße verengt. Es tritt chelatierbares Eisen auf und dieses vermag bei solchen niedrigen Temperaturen bestimmte Poren (MPTP) an den Atmungsorganellen zu öffnen, was zum Zellselbstmord oder zum schnellen Zelltod führen kann (Hansen et al. 2000; Rauen et al. 2004).

Es können bei niedrigen Temperaturen oberhalb des Gefrierpunkts auch andere Schäden auftreten. Zum Beispiel sind Gefrierbrand und Kälteschock auch oberhalb von 0 °C zu berücksichtigen (Al-Fageeh und Smales 2006; Hays et al. 2001).

Einen Schritt weiter führte eine überraschende Entdeckung. Ersetzt man das Blut durch eine kalte isotone Lösung – also totaler Sauerstoffentzug bei gleichzeitiger Kühlung – so kann ein Herzstillstand bei noch deutlich tieferen Temperaturen überstanden werden. Bis zu 3 h bei etwa 10 °C (also weit unterhalb der Unterkühlungsgrenze von Säugern) konnte ein solcher Zustand dauern.

Diese Tatsachen zeigen, dass höher entwickelte Säugetiere wohl einschließlich des Menschen unter die kritische Grenze von 15 °C gekühlt werden können.

Die Methode hat inzwischen ihre klinische Anwendbarkeit erreicht und soll demnächst eingesetzt werden (Alam et al. 2002; Behringer et al. 2003; Bellamy et al. 1996; Bulger et al. 2010; Drabek et al. 2007; Kheirbek et al. 2009; Kutcher et al. 2016; Liu et al. 2017; Rhee et al. 2000; Safar et al. 2000; Schreiber et al. 2015; Tisherman SA 2017; Wu et al. 2006).

Hintergrundinformation
In einem Versuch erfolgte das anfängliche Auswaschen des Bluts mit einer Lösung, die der Gewebeflüssigkeit außerhalb der Zellen entsprach. Sie wurde später durch eine Lösung vom Zelltyp mit geringem Anteil an Natriumionen und hohem Anteil an Kaliumionen ersetzt. Nach der Erwärmung wurde wieder die erste Lösung eingesetzt. Dann wurde das Blut zurückgegeben (Taylor 1995, 2019).

S. Tisherman erklärte dem New Scientist (Health, 20. November 2019), dass diese Methode, genannt: „emergency preservation and resucitation" (EPR, früher „suspended animation"), mindestens in einem Fall am Menschen angewendet worden sei, und dass er über alle Fälle seines Projekts 2020 wissenschaftlich berichten würde.

Bei Mäusen und Schweinen wurde ein ähnlicher Zustand durch Schwefelwasserstoff (Hydrogen Sulfid H_2S) im Blut ausgelöst (Blackstone et. al 2005; Li et al. 2008; Morrison et al. 2008; Roth und Nystul 2005; Simon et al. 2008), aber nicht bei großen Tieren wie Schafen (Haouzi et al. 2008). Maassen und Mitarbeiter (2019) reduzierten den Stoffwechsel von Schweinenieren mit H_2S. Dadurch sank der Sauerstoffverbrauch um 61 %. Bemerkenswert ist, dass die chemischen Energiespeicher (bes. ATP) sowie der Aufbau und die Funktion der Niere erhalten blieben.

Liu et al. (2017) entfernten das Blut von Minischweinen nicht völlig. Das Herz wurde angehalten und mit kalter Organschutzlösung und Blut über einen künstlichen Kreislauf durchblutet. Es wurde auf 15 °C gekühlt. Alle Tiere überlebten 90 min Herzstillstand. Bei 120 min Herzstillstand überlebten 2 Tiere und 5 starben nach 2 Tagen. Sie überlebten damit nicht wesentlich länger als Patienten bei einer Herzoperation in tiefer Hypothermie.

Über interessante Versuche zum Entzug von Sauerstoff haben Roth und Nystul 2005 berichtet. Larven des Fadenwurms C. elegans verfallen bei radikalem Sauerstoffentzug ebenfalls in einen Ruhezustand der aktiv durch Enzyme eingeleitet wird. Bleibt aber ein Rest von Sauerstoff zurück, dann sterben die Tiere. Es könnte so sein, dass der Restsauerstoff die Bildung schädlicher Produkte, vor allem freier Radikale erlaubt. Ob dies bei der suspended Animation von Säugern auch so ist, bleibt offen. Das könnte bedeuten, dass ein Washout in der Kryonik bei Vermeidung von Sauerstoff eine ähnlich günstige Wirkung auf die Zellen hat, jedoch durch verbleibende Reste von Sauerstoff gefährdet wird. Der Washout müsste sehr früh erfolgen.

Einen Schritt hin zu tieferen Temperaturen könnte die Unterkühlung ohne Kristallbildung darstellen (ausführlicher hierzu s. Taylor et al. 2019). Ein Kühlschrank mit einem elektrostatischen Feld erlaubt sogar eine Aufbewahrung von kleinen Organen in diesem Zustand (Monzen et al. 2005).

Das sind aufsehenerregende Fortschritte bei der Kühlung von warmblütigen Lebewesen, aber wir sind mit der Temperatur noch weit vom Nullpunkt entfernt und damit noch weiter vom Bereich der Kryonik, nämlich von kryogenen Temperaturen. Um Zellen und biologische Gewebe für lange Zeit zu erhalten, müssen die Temperaturen weit unter den Gefrierpunkt gesenkt werden.

4.1   Erstaunliche Vorteile der Kälte

Die Kryonik ist ein Gebiet der Thermobiologie also des Wärmehaushalts eines Körpers, jedoch bei Temperaturen tief unter 0 °C, wie sie in der Natur der Erde nicht vorkommen. Ein allgemeines Prinzip jeder Temperaturerniedrigung aber ist die Drosselung von chemischen Vorgängen, also auch des Stoffwechsels. Eine

Senkung des Stoffwechsels durch Kühlung vermindert natürlich auch den Bedarf der Zelle, womit sie weniger auf die Durchblutung angewiesen ist (Hayashida et al. 2007). Die Zellen verbrauchen während der Kühlung immer weniger Nährstoffe und Sauerstoff für die Stoffwechselvorgänge, bis hinab zu Temperaturen, bei denen einfache chemische Stoffwechselvorgänge Jahrtausende benötigen.

Es verwundert im Übrigen nicht, dass die Temperatur auch einen Einfluss auf ganz normale Lebensvorgänge hat. Sie spielt auch ohne Kryonik für den Stoffwechsel und die Alternsvorgänge eine entscheidende Rolle. Bei wechselwarmen Tieren kann eine geringe Umgebungstemperatur die Lebensdauer durch Verminderung des Stoffwechsels verlängern (s. Lamb 1977). Die Körpertemperatur von Mäusen kann durch eine bestimmte Diät gesenkt werden, wobei die Lebensdauer mitlaufend ansteigt (Weindruch und Walford 1988). Winterschläfer haben eine höhere Lebensdauer als vergleichbare Nichtschläfer. Ob diese Erkenntnisse für die Kryonik nutzbar sind, muss noch untersucht werden.

Für lebende Objekte gilt als Faustregel (zumindest über 0 °C), dass eine Erniedrigung der Temperatur um 10 °C den Stoffwechsel um 50 % senkt (Belzer 1988). Die Medizin entwickelt sich sozusagen in Richtung Kryonik: von den höheren zu niedrigeren Temperaturstufen der Hypothermie und zurzeit in Richtung Tiefkühlung.

Es wurde versucht, gekühltes Perfluorocarbon für eine beschleunigte Kühlung zu verwenden, entweder wurde es über die Lungen oder über die Blutgefäße zugeführt. Dieser Stoff kann auch bei normaler Körpertemperatur zur Blutverdünnung dienen, ohne die kleinen Blutgefäße – wie Haargefäße – zu schädigen. Das Besondere ist, dass er Sauerstoff liefert. Daher kann man ihn (auch während des Lebens) in die Lunge leiten (Cabrales 2004; Dinkelmann und Northoff 2000).

Um nun auf die Kryonik selbst zu kommen, müssen wir in die tieferen Temperaturen hinabsteigen.

4.2 Tausende von Jahren Aufbewahrung in flüssigem Stickstoff

Es lässt sich theoretisch berechnen, dass bei sehr tiefen Temperaturen normale Stoffwechselvorgänge weitgehend stillstehen.

Bei der Temperatur von flüssigem Stickstoff (Siedepunkt –196 °C) fehlt die wärmebedingte Energie für chemische Reaktionen und nur eine Strahlung (z. B. kosmische Hintergrundstrahlung) führt zu Schäden. Die Treffer sind selten, summieren sich aber in inaktivem Gewebe über zehntausende von Jahren. Einfache Stoffwechselvorgänge dauern theoretisch bei Stickstofftemperatur bis zu 10 Mio. Jahre (Karlsson und Toner 1996).

Dazu kommt, dass das Wasser einen festen Zustand erreicht, durch den chemische Vorgänge behindert werden. Dies beinhaltet die Möglichkeit einer sehr langen praktisch unveränderten Aufbewahrung der Reste eines Menschen. Die Gleichung von Arrhenius $k = A \exp(-Ea/RT)$ zeigt einen Zusammenhang zwischen der Geschwindigkeit chemischer Vorgänge und der Temperatur auf (hier ist Ea die Aktivierungsenergie, R die Gaskonstante und A ein Frequenzfaktor für molekulare Kollisionen; s. Best 2008; Karlsson und Toner 1996; Mazur 1984).

Es ist faszinierend, sich vorzustellen, dass der eigene Körper so lange aufbewahrt werden kann und vielleicht noch Möglichkeiten der Zukunft für einen Menschen offenstehen.

Bereits knapp unter −130 °C ist die Zähflüssigkeit von Lösungen so hoch (größer als 1013 Poise), dass die Molekülbewegung praktisch unbedeutend ist. In der Praxis wurde in flüssigem Stickstoff über 2–15 Jahre kein Zelltod gefunden und selbst bei Bestrahlung mit dem mehrmals 100-fachen der Hintergrundstrahlung für 5 Jahre gilt dasselbe. Noch interessanter: Mäuseembryonen im 8 Zellen-Stadium wurden in flüssigem Stickstoff für 5–8 Monate einer Strahlung ausgesetzt, die 2000 Jahren Hintergrundstrahlung entspricht. Die daraus entwickelten Tiere zeigten später keine erkennbaren Folgen schädlicher Effekte, weder bei ihrem Überleben noch bei ihrer Entwicklung (Glenister et al. 1984; Mazur 1963; 1984).

Das Enzym Acetylcholinesterase zeigt bei Röntgen-Bestrahlung Formveränderungen zwar bei −118 °C, aber nicht mehr bei −173 °C (Weik et al. 2001). An Enzymen wurde auch gezeigt, dass Temperaturen noch unter derjenigen von flüssigem Stickstoff sogar Röntgenschäden vermindern (Chinte et al. 2007; Meents et al. 2010).

Es gibt jedoch auch Grund zur Sorge. Kopfsalat-Samen zeigten gewisse Schäden nach 10–20 Jahren Aufbewahrung bei Stickstofftemperatur. Es wurde eine Grafik angefertigt, welche Folgendes zeigt: berechnet man die Zeit bei tiefen Temperaturen, nach der 50 % der Samen nicht mehr keimen, so wird diese Zeitspanne umso länger, je tiefer die Temperatur sinkt. Bei −135 °C wären dies 500 Jahre, bei −196 °C wären es 3400 Jahre (Walters et al. 2004). Molekülbewegungen bei der Ablesung der DNA in Zellen wurden als Erklärung für die Abnahme der Samenqualität bei den tiefen Temperaturen angeführt (Wowk 2010).

Hintergrundinformation
Leider ist die sogenannte quadratische-Vibration von Wassermolekülen sogar bei −273°C (mit 0,0171 Quadrat-Angström) nicht völlig gehemmt (Leadbetter 1965).

4.3 Glashart, spitz, physikalisch und chemisch gefährlich: Eiskristalle

Die Möglichkeit, Lebewesen einschließlich dem Menschen bei tiefsten Temperaturen aufzubewahren, ist verlockend. Zu tiefen Temperaturen zu gelangen ist jedoch für Lebewesen nicht einfach und wir müssen uns mit den Vorgängen, die bei der Kühlung ablaufen, genau beschäftigen, wenn wir Gewebe und Organe durch Kühlung konservieren wollen. Kryonik kann nicht im Hauruckverfahren durchgeführt werden, sondern benötigt eingehende Kenntnisse.

Am Gefrierpunkt lauert bereits die größte Gefahr, mit der die Kryonik konfrontiert ist. Die Kristallisierung des Wassers ist in der Lage, Zellen mechanisch, chemisch und osmotisch zu zerstören (Adam et al. 1990; Mazur 1963; Pegg 2010). Wir werden noch genauer darauf eingehen.

4.4 Kryonik als Projektentwurf der modernen biologisch-medizinischen Forschung

Die Anwendung von Kryobiologie und Kryonik bewegt sich schrittweise von einfachen, sehr kleinen zu komplizierteren und größeren Lebewesen oder Teilen von Lebewesen hin. Das Kühlen und Wiederbeleben von Zellen und winzigen Gewebeproben ist heute Routine.

In den letzten Jahrzehnten gelang dann dasselbe mit kleinen Organen, allerdings nur im Fall der recht kleinen Niere vom Kaninchen und dem Eierstock der Maus so perfekt, dass eines von mehreren Kaninchen mit der wieder aufgetauten Niere normal leben konnte und die Eierstöcke fruchtbar waren. Wir kommen noch darauf zurück.

Der dann folgende Schritt, der bereits im Gange ist, ist das Auffinden einer Methode, die alle Organe vertragen, um ein ganzes Kleintier – z. B. eine Maus – tiefzukühlen und wieder ins Leben zu bringen. Das nächste Problem wäre dann die Tiefkühlung größerer Organe, zum Beispiel für Banken von menschlichen Transplantatorganen. Schließlich könnten größere Tiere ins Auge gefasst werden.

Der kritische Sprung ist dann der zum lebenden Menschen. Für die Tiefkühlung und Aufbewahrung bei sehr tiefen Temperaturen (Kryokonservierung) und die Wiederbelebung können die Erfahrungen bei der Tiefkühlung Verstorbener und bei der klinischen Anwendung der Hypothermie sowie auch diejenigen bei Infarkten und Versuchen an Tieren und biologischen Geweben wertvolle Hinweise liefern. Die ersten und wichtigsten Vorbilder für die Kühlung bei einem Stopp der Durchblutung waren Herzchirurgie und Neurochirurgie, die gelernt haben, am stillgelegten Herzen oder Hirn zu arbeiten. Von ihnen sind die Methoden für die Kryonik weitgehend übernommen worden, und es besteht eine enge Zusammenarbeit.

Wir sollten auf jeden Fall bereits konkrete Vorstellungen darüber entwickeln, wie man bei großen lebenden Objekten vorgehen könnte.

Literatur

Adam M et al (1990) The effect of liquid nitrogen submersion on cryopreserved human heart valves. Cryobiology 27:605–614

Alam HB et al (2002) Learning and memory is preserved after induced asanguineous hyperkalemic hypothermic arrest in a swine model of traumatic exsanguination. Surgery 132:278–288

Alam HB et al (2004) The rate of induction of hypothermic arrest determines the outcome in a Swine model of lethal hemorrhage. J Trauma 57:961–969

Al-Fageeh MB, Smales CM (2006) Control and regulation of the cellular responses to cold shock: the responses in yeast and mammalian systems. Biochem J 397:247–259

Behringer W et al (2003) Survival without brain damage after clinical death of 60–120 minutes in dogs using suspended animation by profound hypothermia. Crit Care Med 31:1523–1531

Bellamy R et al. (1996) Suspended animation for delayed resuscitation. Crit Care Med. 24 (2 Suppl):24–47

Belzer FO, Southard JH (1988) Principles of solid organ preservation by cold storage. Transplantation 45:673–676

Best BP (2008) Scientific justification of cryonics practice. Rejuvenation Res 11:493–503

Blackstone EA et al (2005) H2S induces a suspended animation-like state in mice. Science 308(5721):518

Block W, Baust JG et al (1990) Cold Tolerance of Insects and Other Arthropods [and Discussion]. Phil Trans Roy Soc Series B, Biological Sciences 326:613–633

Boyle R (1665) New experiments and observations touching cold. J. Crooke, London

Bulger EM et al (2010) ROC Investigators: Out-of-hospital hypertonic resuscitation following severe traumatic brain injury: a randomized controlled trial. JAMA 304:1455–1464

Cabrales P et al (2004) Oxygen delivery and consumption in the microcirculation after extreme hemodilution with perfluorocarbons. Am J Physiol Heart Circ Physiol 287:H320–H330

Cheung KW et al (2006) Systematic review of randomized controlled trials of therapeutic hypothermia as a neuroprotectant in post cardiac arrest patients. CJEM 8:329–337

Chinte U et al (2007) Cryogenic (<20 K) helium cooling mitigates radiation damage to protein crystals. Acta Crystallogr D Biol Crystallogr 63:486–492

Couzin J (2007) The Big Chill. Science 317:743–745

Dinkelmann S, Northoff H (2000) Lebenserhaltung durch künstliche Sauerstoffträger. In: Sames K (Hrsg) Medizinische Regeneration und Tissue Engineering, neue Techniken der Erhaltung und Erneuerung von Gewebefunktionen. Ecomed, Landsberg Vii-6, S 1–3

Drabek T et al (2007) Emergency preservation and delayed resuscitation allows normal recovery after exsanguination cardiac arrest in rats: a feasibility trial. Crit Care Med 35:532–537

Glenister PH et al (1984) Further studies on the effect of radiation during the storage of frozen 8-cell mouse embryos at -196 degrees C. J Reprod Fertil 70:229–234

Hamann GF et al (2004) Mild to moderate hypothermia prevents microvascular basal lamina antigen loss in experimental focal cerebral ischemia. Stroke 35:764–769

Hansen TN et al (2000) Warm and cold ischemia result in different mechanisms of injury to the coronary vasculature during reperfusion of rat hearts. Transplant Proc 32:151–158

Hayashida M et al (2007) Effects of deep hypothermic circulatory arrest with retrograde cerebral perfusion on electroencephalographic bispectral index and suppression ratio. J Cardiothorac Vasc Anesth 21:61–67

Hays LM et al (2001) Factors affecting leakage of trapped solutes from phospholipid vesicles during thermotropic phase transitions. Cryobiology 42:88–102

Haouzi P et al (2008) H2S induced hypometabolism in mice is missing in sedated sheep. Respir Physiol Neurobiol 160:109–115

Holzer M et al (2002) Mild therapeutic hypothermia to improve the neurologic outcome after cardiac arrest. N Eng J Med 346:549–556

Karlsson JEM, Toner M (1996) Long –term storage of tissues by cryopreservation: Critical issues. Biomaterials 17:243–256

Khandoga A et al (2003) Impact of intraischemic temperature on oxidative stress during hepatic reperfusion. Free Radic Biol Med 35:901–909

Kheirbek T et al. (2009) Hypothermia in bleeding trauma: a friend or a foe? Scand J Trauma Resusc Emerg Med 17:Article 65

Kimelberg HK et al (1995) Astrocytic swelling due to hypotonic or high K+ medium causes inhibition of glutamate and aspartate uptake and increases their release. J Cereb Blood Flow Metab 15:409–416

Kollmar R et al (2002) Neuroprotective effect of delayed moderate hypothermia after focal cerebral ischemia: an MRI study. Stroke 233:1899–1904

Kutcher ME et al (2016) Emergency preservation and resuscitation for cardiac arrest from trauma. Int J Surg 33:209–212

Lamb MJ (1977) Biology of ageing. Blackie, Glasgow

Leadbetter AJ: The thermodynamic and vibrational properties of H2O ice and D2O ice. Proc Royal Soc A 287:403–425

Lewis FJ, Taufic M (1953) Closure of atrial septal defects with the aid of hypothermia; experimental accomplishments and the report of one successful case. Surgery 33:52–59

Li J et al (2008) Effect of inhaled hydrogen sulfide on metabolic responses in anesthetized, paralyzed, and mechanically ventilated piglets. Pediatr Crit Care Med 9:110–112

Liu Y et al (2017) A safety evaluation of profound hypothermia-induced suspended animation for delayed resuscitation at 90 or 120 min. Mil Med Res 4:16

Lyon RM et al (2010) Therapeutic hypothermia in the emergency department following out-of-hospital cardiac arrest. Emerg Med J 27:418–423

Maassen H et al. (2019) Hydrogen sulphide-induced hypometabolism in human-sized porcine kidneys PLoS One 14:e0225152

Mazur P (1963) Kinetic of water loss from cells at subzero temperatures and the likelihood of intracellular freezing. J Gen Physiol 47:347–369

Mazur P (1984) Freezing of Living Cells: Mechanisms and implications. Amer J Physiol 247 (3 Pt 1):C 125–42

Meents A et al (2010) Origin and temperature dependence of radiation damage in biological samples at cryogenic temperatures. Proc Natl Acad Sci U S A 107:1094–1099

Meybohm P et al (2010) Mild hypothermia alone or in combination with anesthetic post-conditioning reduces expression of inflammatory cytokines in the cerebral cortex of pigs after cardiopulmonary resuscitation. Crit Care 14:R21

Monzen K et al (2005) The use of a supercooling refrigerator improves the preservation of organ grafts. Biochem Biophys Res Commun 337:534–539

Morrison ML et al (2008) Surviving blood loss using hydrogen sulfide. J Trauma 65:183–188

Nolan JP et al (2003) Therapeutic hypothermia after cardiac arrest. An advisory statement by the Advancement Life Support Task Force of the International Liaison Committee on Resuscitation. Circulation 108:118–121

Nolan JP et al (2010) European Resuscitation Council Guidelines for Resuscitation 2010. Section 1: Executive Summary. Resuscitation 81:1219–1276

Nozari A et al (2004) Mild hypothermia during prolonged cardiopulmonary cerebral resuscitation increases conscious survival in dogs. Crit Care Med 32:2110–2116

Pegg DE (2010) The relevance of ice crystal formation for the cryopreservation of tissues and organs. Cryobiology 60(3 Suppl):36–44

Raison JK (1973) The influence of temperature-induced phase changes on the kinetics of respiratory and other membrane-associated enzyme systems. J Bioenerg 4:285–309

Rauen U et al (2004) Iron-induced mitochondrial permeability transition in cultured hepatocytes. J Hepatol 40:607–615

Rhee P et al. (2000) Induced hypothermia during emergency department thoracotomy: an animal model. J Trauma 48:439–447; discussion 447–50

Roth MB, Nystul TG (2005) Überleben im Kälteschlaf. Spektrum Wiss, Sept:42–48

Safar P et al (2000) Suspended animation for delayed resuscitation from prolonged cardiac arrest that is unresuscitable by standard cardiopulmonary-cerebral resuscitation. Crit Care Med 28(11 Suppl):N214-218

Schreiber MA et al (2015) A controlled resuscitation strategy is feasible and safe in hypotensive trauma patients: Results of a prospective randomized pilot trial. J Trauma Acute Care Surg 78:687–697

Simon F et al (2008) Hemodynamic and metabolic effects of hydrogen sulfide during porcine ischemia/reperfusion injury. Shock 30:359–364

Takeda Y et al (2003) Quantitative evaluation of the neuroprotective effects of hypothermia ranging from 34°C to 31°C on brain ischemia in gerbils and determination of the mechanism of neuroprotection. Crit Care Med 31:255–260

Taylor MJ et al (1995) A new solution for life without blood. Asanguineous low-flow perfusion of a whole-body perfusate during 3 hours of cardiac arrest and profound hypothermia. Circulation 91:431–444

Taylor MJ et al (2019) New approaches to cryopreservation of cells, tissues, and organs. Transfus Med Hemother 46:197–215

Tisherman SA et al (2017) Development of the emergency preservation and resuscitation for cardiac arrest from trauma clinical trial. J Trauma Acute Care Surg 83:803–809

Volbracht C et al (2001) Apoptosis in caspase-inhibited neurons. Mol Med 7:36–48

VonLewinski D, Pieske B (2011) „Cooling" nach kardiopulmonaler Reanimation im Jahr 2011. Intensivmed 48:185–189

Walters C et al (2004) Longevity of cryogenically stored seeds. Cryobiology 48:229–244

Weik M et al (2001) Specific protein dynamics near the solvent glass transition assayed by radiation-induced structural changes. Protein Sci 10:1953–1961

Weindruch RL, Walford RL (1988) The retardation of aging and disease by dietary restriction. Charles C Thomas, Springfield Illinois

Wowk B (2010) Thermodynamic aspects of vitrification. Cryobiology 60:11–22

Wu X et al (2006) Induction of profound hypothermia for emergency preservation and resuscitation allows intact survival after cardiac arrest resulting from prolonged lethal hemorrhage and trauma in dogs. Circulation 113:1974–1982

Zorn H (2013) The ice age in cardiac surgery and rescue medicine. In: Sames KH (Hrsg) Applied Human Cryobiology, Bd 1. Ibidem, Stuttgart, S 171–179

Kryonik unter der Lupe – Vorgänge beim Kühlen

5

Liest man biomedizinische Forschungsergebnisse, so muss man sich stets eine Schwierigkeit der Forschung klar machen: Es ist schwierig, Zellen innerhalb von lebenden Geweben zu untersuchen ohne sie zu verletzen. Es ist ebenfalls schwer, ein Gewebe aus vielen Zellen, das aber nur ein winziger Teil eines Organs ist, innerhalb dieses Organs zu untersuchen, und es ist nochmals schwer, ein Organ als einen Teil eines großen Körpers zu untersuchen. Auf der anderen Seite ist es auch schwierig, aus dem Verhalten eines Menschen darauf zu schließen, wie es seiner Leber geht. Man kann also einen Körper nicht auf allen Ebenen seines Aufbaus gleichzeitig studieren. Untersuchungen erfolgen zum großen Teil in zeitlichen Abständen voneinander und an künstlich vom Körper getrennten Einheiten wie einzelnen Zellen, kleinen Gewebestückchen oder Organen. Umgekehrt erfolgen sie am ganzen Körper ohne in jede Zelle hinein zu schauen.

Viele Reaktionen und Wirkungen werden zum Beispiel an Zellen getestet.

Man kann die Ergebnisse aber nicht einfach auf Organe oder den ganzen Menschen übertragen. So kann man von der Reaktion einer Kultur von isolierten Leberzellen nicht unbedingt auf die Reaktion der ganzen Leber schließen und von der Reaktion einer Leber nicht immer auf den Gesamtzustand eines Menschen. Man muss vielmehr eine intakte Leber unter den gleichen Bedingungen prüfen, wie die Leberzellen und schließlich auch die Werte in einem ganzen lebenden Körper, die auf die Arbeit der Leber schließen lassen. Die Medizin beruht vielfach darauf, die Vorgänge auf allen Ebenen zu einem Gesamtbild zu vereinen.

Die Kühlung und Wiedererwärmung von Zellen, Geweben, Organen und ganzen lebenden oder versagenden Körpern muss praktisch von Neuem versuchen sich ein solches ganzheitliches Bild zu machen, welches auf diesem Gebiet erst teilweise existiert.

Z. B. kann man Studien über das Verhalten von Leberzellen während der Tiefkühlung nicht einfach mit dem Verhalten der ganzen Leber gleichsetzen oder Stoffe, die auf den Stoffwechsel der Leber wirken einfach nur während der

K. H. Sames, *Kryokonservierung – Zukünftige Perspektiven von Organtransplantation bis Kryonik*, https://doi.org/10.1007/978-3-662-65144-5_5

Kühlung von Zellkulturen testen und nicht auch an der ganzen Leber. Leider wird in Berichten nicht immer exakt erwähnt, wie die Ergebnisse erzielt wurden. Häufig werden natürlich die Ergebnisse der Untersuchungen an Zellen von den Ergebnissen an ihren Organen bestätigt, aber es gibt auch schwerwiegende Unterschiede, die durch den Aufbau der Organe bedingt sind. Gerade die Wirkung von Stoffen und Kühlmethoden wird aber oft nur aufgrund von Untersuchungen an Zellkulturen beschrieben. Soweit möglich erwähnen wir im Folgenden, für welches Untersuchungsgut und welches Vorgehen die Aussagen gelten, aber das kann auch hier nicht immer geschehen. Es würde eine langweilige Aufzählung von Methoden werden. Beim Lesen muss man daher immer kritisch hinterfragen wie weit die Aussagekraft einer Untersuchung geht und was eigentlich untersucht wurde. Man muss im Zweifel die Quellen zu Rat ziehen.

Warum kann man nun Menschen heute noch nicht tiefkühlen und wieder auftauen, um sie ins Leben zurückzurufen?

5.1   Tiefkühlung von biologischen Geweben

Wir sind gegen die verheerende Bildung von Eiskristallen in menschlichen Geweben nicht machtlos. Wir können die komplizierten Vorgänge bei der Kristallisierung analysieren und nicht nur das, wir können auch eingreifen und sogar die Vorgänge steuern.

5.1.1   Kristallisationskeime (Nuclei)

Die anfängliche Bildung von Kristallen während des Einfrierens in einer wässrigen Probe ist nur mithilfe von Kristallisationskeimen (Nuclei) möglich. Das Wachstum der Kristalle folgt danach (sekundäre Nukleation). Über diese komplizierten Vorgänge wurden verschiedene Theorien gebildet (Jones 2002; Karthika et al. 2016; Kashchiev 2000; Vali 1995).

Obwohl die Schmelztemperatur von Wasser bei 0 °C liegt, friert total reines Wasser nicht über −40 °C. Wasser benötigt bei solchen Temperaturen eben Kristallisationskeime, um das Kristallwachstum auszulösen (Lundheim 2002).

Kristallisationskeime sind auch die Eiskristalle selbst – sozusagen eigene Keime des Wassers (Homonuclei), im Gegensatz zu ebenfalls wirksamen fremden Partikelchen (Heteronuclei). Leitungswasser enthält genügend fremde Kristallisationskeime, um bei 0 °C zu kristallisieren (z. B. in Gefriertruhen). Gibt es wenige Kristallisationskeime, so kann Wasser aber unterkühlt werden. Es bleibt z. B. bis −40°C flüssig. Bilden sich aber im unterkühlten Wasser erste Eiskristalle so breiten sie sich explosionsartig aus, da Eiskristalle ja selbst als Kristallisationskeime dienen (Karlson et al. 1993). Die Temperatur der Eiskeimbildung (Nukleationstemperatur) ist vom Zufall abhängig (sie tritt stochastisch auf).

Die Bildung von Eiskristallen gefährdet lebende Zellen. Es ist daher sinnvoll die Keimbildung zu steuern (Petersen et al. 2006; Vali 1996). Die Temperatur, bei der sogar pures Wasser gefriert (−40 °C), nennt man homogene (gleichartige, weil die Keime selbst Eiskristalle sind) Keimbildungs- oder Nukleationstemperatur.

Damit das Wachstum von Kristallen in reinem Wasser startet muss aber erst einmal eine bestimmte Menge Wasser vorhanden sein, die kritische Wassermenge. Diese kritische Wassermenge beträgt bei −5 °C 45.000 Moleküle Wasser. Bei −20 °C benötigt man nur 650 Moleküle und bei −40 °C sind es nur 70, eine winzige Menge (Vali 1995). Mit der Methode der Vibrations-Spektroskopie kann man die Kristallisation sogar sichtbar machen (Pradzynski et al. 2012).

Je höher die Temperaturen über −40 °C liegen, desto geringer ist die Neigung zur Eisbildung. Es ist nicht überraschend, dass bei Tieren die Wahrscheinlichkeit der Eisbildung mit der Körpergröße (genauer, dem Rauminhalt oder dem Gewicht des Körpers) zunimmt. Einige Arten von Reptilien mit einer Körpermasse von unter 20 g können daher eine Unterkühlung unter −5 °C ertragen (Costanzo und Lee 1995; Costanzo et al. 1995).

In einer unterkühlten biologischen Probe kann die Gewebeflüssigkeit durch Berühren mit einer gekühlten Nadel zur Eiskristallbildung veranlasst werden. Man nennt diesen Vorgang Induktion. Die Kristallisierung kann dadurch oder durch Verabreichung von Kristallisationskeimen eingeleitet werden, wenn man den Zeitpunkt oder die Temperatur der Kristallbildung festlegen will.

Bei großen Proben (wo ein Nadelstich zu wenig bewirkt) wird bis zur gewünschten Eisbildungstemperatur gekühlt und dann wird die Kühlung beschleunigt bis zur oberflächlichen Eisbildung an der Probe. Die Kristallisierung schreitet dann von der Oberfläche in die Tiefe fort. Bei schneller Kühlung von solchen größeren Gewebeproben bleibt die Temperatur im Inneren bei der Eisbildungstemperatur, nur die Oberflächentemperatur nimmt zunächst noch weiter ab (Methoden s. Karlsson und Toner 1996).

Es existieren noch verschiedene weitere Methoden für eine aktive Kontrolle des Keimbildungsprozesses beim langsamen Einfrieren (Dalvi-Isfahan et al. 2017; Morris und Acton 2013). Die Temperatur, bei der sich Eiskeime bilden, kann durch das Erzeugen von lokal-unterkühlten Bedingungen kontrolliert werden. Diese werden u. a. durch gekühlte Metallstäbe, expandierte Gase, Ultraschall oder Laserimpulse, Silberjodid, Nanopartikel o. ä. erzeugt. Die Wahrscheinlichkeit, dass die Kristallisationskeimbildung startet, kann auch durch das Anlegen eines elektrischen Feldes gesteigert werden. Außerdem gibt es eiskeimbildende Eiweißstoffe, die in verschiedenen frostfesten Lebewesen, wie Bakterien, entdeckt wurden (Anastassopoulos 2006; Braslavsky und Lipson 1998; Chow et al. 2003; Han et al. 2007; König et al. 1997; Lindinger et al. 2007; Lundheim 2002; Margaritis und Bassi 1991; Morris et al. 2006; Petersen et al. 2003; Zacchariassen und Kristiansen 2000 z. n. Bojic et al. 2021).

In Lösungen, wie sie in biologischen Geweben vorliegen, spielen außer dem Vorhandensein von Kristallisationskeimen alle Arten von gelösten Stoffen eine Rolle bei der Bildung von Eiskristallen. Diese Vorgänge hat man direkt bei der Senkung der Temperatur in Geweben studiert. Dabei kommt es auch auf das Tempo der Kühlung an.

Ziel der Kühlung ist in der Kryonik die Konservierung von Zellen und Geweben. Eine Tiefkühlung zur Lebendkonservierung (Kryokonservierung) darf heute für viele Zellarten in Zellkulturen als Routine gelten. 90 % der Zellen oder mehr überleben eine solche Prozedur bei vielen Zellstämmen.

Auch viele Gewebe ertragen erstaunlicherweise eine Umwandlung von über 80 % ihres Wassers in Eiskristalle. Sogar bei den meisten ganzen Organen tritt noch kein Schaden auf, wenn 40 % ihres Wassers als Eis vorliegen (Best B: Vitrification in cryonics. https://www.benbest.com/cryonics/cryonics.html).

5.2   Diffusion, die Wanderung von Stoffen

Wässrige Lösungen innerhalb von lebenden Zellen werden durch die Zellmembran von Lösungen außerhalb der Zellen getrennt. Die Membran besitzt eine begrenzte Durchlässigkeit (sie ist semipermeabel). Die Durchlässigkeit ist nicht für alle Stoffe gleich. Manche passieren die Zellmembran fast ungehindert, andere nur langsam und wieder andere überhaupt nicht. Ist ein Stoff in der Zelle stark angereichert, so wandert (diffundiert) er – wenn möglich – durch die Zellmembran in die Gewebeflüssigkeit. Ist ein Stoff im Gewebe stärker angehäuft als in der Zelle, so kann er umgekehrt durch die Zellmembran in die Zelle wandern, um die Konzentration auszugleichen. Je größer der Konzentrationsunterschied ist, desto schneller wandern die Moleküle (Ficks Gesetz der Diffusion). Kleine Moleküle wandern im Allgemeinen schneller durch die Zellmembran. Eine erhöhte Temperatur beschleunigt den Durchgang (die Diffusion).

Ist die Wanderung der Atome oder Moleküle nicht möglich – zum Beispiel, weil sie wegen ihrer Größe nicht durch die Zellmembran passen, oder ist ein Ausgleich noch nicht erfolgt – so entsteht eine hohe Konzentration auf einer Seite der Membran, welche einen Druck, den osmotischen Druck, gegenüber der anderen Seite aufbaut, wo die Konzentration niedriger ist.

Eine Lösung im Körper kann denselben osmotischen Druck haben wie das Blut oder die Zellflüssigkeit. Die verschiedenen Lösungen sind dann isotonisch. In einer Lösung die einen höheren osmotischen Druck hat als die Lösungen in der Zelle, schrumpft die Zelle. Eine plötzliche Änderung des osmotischen Drucks kann deshalb Zellen schädigen. Zellen halten hoch angereicherte Lösungen aus, in denen sie schrumpfen. Dringen Moleküle von außen in die Zelle ein und ziehen Wasser nach sich, so schwillt die Zelle wieder. Man bezeichnet das als einen Schrumpf-Schwell-Zyklus (shrink/swell cycle). Gegen die erneute Anschwellung sind die Zellen empfindlicher als gegen die Schrumpfung (Paynter 1999 zitiert nach Best B: Perfusion & Diffusion in Cryonics Protocol. http://www.benbest. com/cryonics/protocol.html).

Körper enthalten viele Lösungen mit dem gleichen osmotischen Druck, sodass keine Probleme entstehen.

5.2.1 Was passiert bei langsamer Kühlung von biologischen Geweben unter den Gefrierpunkt?

Normalerweise wird bei langsamer Kühlung eine Rate von etwa 1–50 °C/min verwendet (Jang et al. 2017). Allerdings haben verschiedene Zellen eine unterschiedliche optimale Kühlgeschwindigkeit. Der Wassertransport durch die Zellmembran ändert sich mit der Temperatur (Mazur 1963). Als Konzentration von Frostschutzstoffen verwendet man teilweise 2,5–10 % und maximal 1,5 M. Die Diffusion und der osmotische Druck sind entscheidend für die Erhaltung von Geweben bei der Kühlung. Im Allgemeinen enthält das Innere der Zelle mehr gelöste Stoffe als die Umgebung der Zelle, aber weniger fremde Keime. Daher erfolgt die Bildung von Eiskristallen zuerst außerhalb der Zellen (Best B: Physical parameters of cooling in cryonics, http://www.benbest.com/cryonics/coolingl.html).

Eine Eiskristallbildung innerhalb der Zelle ist gefährlicher, denn Eiskristalle haben einen etwa 10 % größeren Rauminhalt als flüssiges Wasser und diese Ausdehnung kann die Zelle schädigen (Petrenko und Whitwort 1999). Dabei kann eine Zelle sogar platzen.

Bei langsamer Abkühlung von biologischen Geweben kommt es nun zur Bindung des Wassers in Form von Eis außerhalb der Zellen. Der Entzug von flüssigem Wasser führt zu einer Eindickung in der verbleibenden Restflüssigkeit. Dies erzwingt dann ein Ausströmen von Wasser aus den Zellen. Die Zellen schrumpfen bis sich die Konzentrationen ausgeglichen haben. Leider kann Eis in der Umgebung die Zelle schädigen (Wowk 2007).

Solche Vorgänge belasten also die Zelle. Die Eindickung der Lösungen in der Zelle, wenn Wasser ausfließt vermindert aber günstigerweise die Bildung von Eiskristallen innerhalb der Zellen (Karlsson und Toner 1996). Die Eindickung senkt nämlich den Gefrierpunkt durch Überkonzentrierung von Stoffen. Diese wirken dann so wie Frostschutzmittel. Zudem wird dadurch die Ausdehnung des Wassers bei der Eisbildung vermindert.

Der Entzug von Wasser aus der Zelle kann jedoch schließlich einen kritischen Punkt erreichen (kritisches minimales Zellvolumen oder Restvolumen). Wird dieser unterschritten, so kann auch die Zellschrumpfung für die Zelle tödlich enden (Meryman 1970). Für tierische Zellen liegt die kritische Grenze bei 30–50 % Wasserverlust. Es wurde gezeigt, dass eine zu schnelle Entwässerung Zellmembranen schädigt. Dabei werden auch Eiweiße, Kernsäuren und Fettkörperchen (Liposomen) verändert (Wolkers et al. 2007; Wolkers und Oldenhof 2021). Durch einen exakten Zeitverlauf der Kristallisierung kann man vermeiden, dass der Wasserverlust diese Grenze überschreitet (Muldrew et al. 2004). In der Tiefe großer Gewebebezirke kann man aber den Zeitbedarf schlecht abschätzen, da die Kühlung dort mehr oder weniger verzögert ankommt. Man muss also versuchen, die Schrumpfung anders zu stoppen z. B. durch Stoffe, die die Eisbildung außerhalb der Zellen behindern oder solche, die Wasser in den Zellen festhalten.

Bei langsamer Kühlung ist der Austritt von Wasser aus der Zelle – der Zeit braucht – hoch. Die Eindickung erlaubt in diesem Fall eine Kristallbildung im

Zellinneren höchstens bei tieferen Temperaturen. Indem unterkühltes Wasser die Zelle verlässt, kann sich ein sogenanntes thermodynamisches Gleichgewicht bilden. Dabei wird das Wasser in Form von Eis gebunden. Das Zellinnere kann hierbei im Idealfall eine Verglasung, d. h. eine Verfestigung ohne Kristallbildung, eingehen (Wowk und Fahy 2007; s. auch unten).

5.2.2 Was passiert bei schneller Kühlung?

Bei zu schnellem Kühlen kann in der Zelle Eis entstehen. Auch hier beginnt die Eisbildung außerhalb der Zellen und die ungefrorene Flüssigkeit wird eingedickt sowie Wasser aus den Zellen gezogen. Weil aber das Wasser die Zelle nicht schnell genug verlassen kann, bleibt die Flüssigkeit in den Zellen wenig eingedickt und es können sich bei weiterer Kühlung Eiskristalle bilden (Fuller et al. 2004; Wesley-Smith et al. 2015; Yu 2017). Als tödliche Menge von Eis in Zellen wurden 3,7 % in kultivierten Leberzellen bestimmt (Karlsson et al. 1993).

Die Bildung von Eiskristallen innerhalb der Zelle bei schneller Abkühlung ist gefährlicher als Eisbildung außerhalb der Zelle und kann – wie erwähnt – für diese tödlich werden (s. bei Karlsson und Toner 1996; Lynch und Diller 1981; Sputtek 1996).

Hintergrundinformation
Um es etwas komplizierter zu machen bindet auch die Kristallbildung innerhalb der Zelle selbst flüssiges Wasser, führt also auch zur Eindickung der noch flüssigen Lösung und vermindert dadurch die Kristallbildung etwas. Schnelle Kühlung lässt außerdem auch weniger Zeit für die Kristallbildung und kann sie auch dadurch vermindern.

So hat allein die Geschwindigkeit der Kühlung oder Kühlrate bereits einen entscheidenden Einfluss darauf, welchen Zustand ein gekühltes Gewebe am Ende erreicht. Es ist sogar so, dass es ein Unterschied ist, ob man mit gleichmäßigem Tempo kühlt oder die Kühlgeschwindigkeiten sich während der Kühlung verändern. Daraus ergeben sich sehr aufwendige Experimente für die verschiedensten Arten des Vorgehens in der Kryonik (s. bei Karlsson und Toner 1996). Man kann versuchen, die jeweils günstigsten Bedingungen zu ermitteln. Heute zeichnet sich dafür der Einsatz von Computerprogrammen ab.

Sehr wichtig ist, dass sich große Körper viel langsamer abkühlen und erwärmen lassen, als kleine. Davon hängt es letztlich auch ab, ob man ganze Menschen tiefkühlen und wiederbeleben kann.

5.2.3 Irgendwo ist Schluss, Kühlung macht die Zellmembran dicht

Bei einer bestimmten Temperatur um –40 °C hören das Auslaufen von Wasser aus der Zelle und die Eindickung auf, gleich wie schnell man gekühlt hat und wie die

Konzentration von Stoffen ist. Dies liegt an der Durchlässigkeit der verschiedenen Membranen, welche die Zelle und ihre Organellen schützen. Sie nimmt bei fallender Temperatur ab. Die Zellmembranen machen während der Kryokonservierung Phasenübergänge durch (Spindler et al. 2011). Die Membranen sind nicht formstabil aufgebaut. Sie sind auch nicht strukturlos wie Wasser, aber ihre wohlgeordneten Moleküle erlauben ein zähes Fließen. Für die Zelle sind Veränderungen dieser Zähflüssigkeit von Membranen bei Temperaturänderung ein Problem. Das Verhalten von Zellmembranen bei Temperaturänderung, ihre Reaktion mit Frostschutzmitteln und die Manipulation der Durchlässigkeit (z. B. um Frostschutzmittel in die Zelle zu schleusen), wurden von Wolkers und Oldenhof (2021) ausführlicher dargestellt.

5.3 Überleben der Zelle auf dem schmalen Grat der Kühlgeschwindigkeit

Es existiert eine optimale Kühlgeschwindigkeit, bei der sowohl die Eisbildung in der Zelle als auch der Wasserentzug aus der Zelle und die Zellschrumpfung gering sind. Sie liegt in der Mitte zwischen sehr hohem Kühltempo (Erhaltung des Wassers und Eisbildung in der Zelle) und sehr niedrigem Kühltempo (Wasserverlust und Schrumpfung). Ihre Kenntnis erlaubt ein gezielteres Vorgehen (Karlsson und Toner 1996).

Diese günstige Kühlgeschwindigkeit kann leider für unterschiedliche Zelltypen und Größenordnungen verschieden sein. Sie hängt nämlich von Eigenschaften der Zellmembran sowie des Rauminhalts und daneben auch vom Typ des Frostschutzmittels und seiner Konzentration ab.

Für die Kryokonservierung von Geweben, Organen oder sogar ganzen Lebewesen ist dies ein schwerwiegendes Problem, während man isolierte Zellen im richtigen Bereich kühlen kann. Es wurde ein Computermodell erstellt, um das Überleben von Zellen bei einer bestimmten Kühlgeschwindigkeit zu ermitteln (Bauer 2021). Es bleibt nur übrig, dass man im Versuch Schäden analysiert und eine Methode sucht, welche für alle Zellarten den geringsten Schaden verursacht.

Um zu sehen, wie schädlich Eiskristalle sind, muss man wissen, was sie mit der Zelle machen. Die Eiskristallbildung kann Zellen auch auf andere Arten als durch Schrumpfung schädigen, z. B. mechanisch (Adam et al. 1990). Eiskristalle außerhalb der Zelle können Zellen verformen. Zellen können auch durch eine zunehmende Menge von festwerdender Flüssigkeit in ihrer Umgebung räumlich eingeengt werden. Allerdings wachsen die Kristalle nicht durch die Zellmembran (Acker et al. 2001).

Eine Eisbildung innerhalb der Zelle ist glücklicherweise an sich nicht schädlich, wenn das Ausmaß klein bleibt. Sie könnte aber mechanische Schäden besonders an Membranen setzen, denn ein direktes Haften zwischen der Zellmembran und Eis soll ebenfalls zu Schäden führen. Die Bildung von Gasblasen durch Eis innerhalb der Zelle ist eine andere Möglichkeit der Schädigung.

Bei Eindickung der Lösungen, wenn Eiskristalle das Wasser an sich binden, können sich Fett-Eiweiß-Verbindungen verändern (Literatur bei Karlsson und Toner 1996; Steponkus et al.1983). Aus solchen Verbindungen bestehen aber leider die lebenswichtigen Membranen. Eine andere Möglichkeit einer Schädigung bei schneller Kühlung sind Membranrisse durch starken osmotischen Fluss von Stoffen und Wasser durch die Membranen.

Das Ergebnis verschiedener Arten von Kühlung wurde untersucht. Einmal wurde durch Eintauchen in flüssigen Stickstoff gekühlt zum Zweiten wählte man eine mehr schrittweise Temperaturerniedrigung bis −130 °C. Drittens wurde in einer Gefriertruhe (bis −130 °C) gekühlt, welche auch zur Aufbewahrung diente. Bei allen drei Kühlarten war die Eiskristallbildung gleich stark.

Ganz wichtig ist, dass Eiskristallbildung im biologischen Gewebe Zonen mit verminderter Durchströmung bevorzugt. Das wurde mit Tusche gezeigt. Es bedeutet, dass man sicherstellen muss, dass wirklich alle Teile eines Organs bei der Kühlung durchströmt werden (De Wolf und De Wolf 2013).

Beim Schmelzen wird Wasser wieder frei und die Eindickung verändert sich. Solche Änderungen beim Schmelzen des Eises sind daher ebenfalls eine Möglichkeit der Schädigung (Mazur et al. 1972; Muldrew und McGann 1994).

Nach dem Gesagten ist klar, dass die Bildung von Eiskristallen und die osmotische Belastung von Zellen Haupt- Hindernisse für die Kryonik sind. Sie sind aber nicht unüberwindlich. Eine verbesserte Möglichkeit, sie zu verhindern ist die Verglasung, mit der wir uns als Nächstes vertraut machen.

5.4   Knochenharte Flüssigkeit – Verglasung

1937 wurde von Luyet erstmals biologisches Material verglast. In einem Glas liegen die Moleküle zufallsorientiert vor wie in einer Flüssigkeit. Glas kann fließen. Daher sollen sehr alte Kirchenfenster unten dicker werden, wie man in Reiseführern lesen kann. In Wirklichkeit kann es sich aber auch nur um bekannte Herstellungsfehler handeln. Fensterglas fließt bei Raumtemperatur über so lange Zeiträume, dass wir es noch nicht beobachten können (Plumb 1989; Zanotto 1998). Ob das Glas auch in den Organen von tiefgekühlten, verglasten Patienten fließt, ist nicht endgültig geklärt. Man kann ohnehin ganze Organe noch nicht mit Sicherheit verglasen, ohne dass auch Eiskristalle auftreten. Überhaupt ist der Nachweis von Glas innerhalb der Zellen und Gewebe sehr kompliziert und erfordert zumindest ein Kryo-Elektronenmikroskop (Hübinger 2013). Durch die ungeordneten Moleküle ist ein Glas strukturarm und das hat den Vorteil, dass es durchsichtig ist. Der Vorteil der Verglasung für die Kryonik liegt aber in der Vermeidung der Schäden durch Strukturbildung in Form von Eiskristallen (z. B. Armitage 2002; Fahy 2021).

Bei schneller Kühlung (z. B. 100 °C pro Minute) kann eine Eisbildung vermieden werden, wenn es stattdessen zu einer Glasbildung kommt. Bei einer bestimmten Temperatur, der Glasübergangstemperatur kommt es zu einem rapiden Anstieg der Zähflüssigkeit mit Verfestigung des Wassers oder der Lösung ohne Zunahme des Rauminhalts wie man sie bei der Kristallisierung beobachten würde. Damit verschwindet also eine weitere Gefahr (McFarlane 1987).

Die Verglasung wird in der Hauptsache durch eine schnelle Kühlung erreicht, welche sozusagen der Kristallbildung keine Chance gewährt. Der Gefrierpunkt wird unterlaufen. Es kommt zu Unterkühlung der Flüssigkeit (s. bei Armitage 2002). Bei weiterer Kühlung steigt nun die Zähflüssigkeit bis zur Erstarrung, wenn nicht vorher eine Kristallbildung stattfindet. Ein Vorteil ist, dass die Kühlrate nicht mehr speziell auf die Zellart eingestellt werden muss. Dabei werden die Nachteile der schnellen Kühlung (s. o.) in Kauf genommen.

Die Herstellung von Glas aus reinem Wasser ist aufwendig. Da Wasser eine geringe Zähflüssigkeit und geringe Wärmeleitfähigkeit besitzt, ist die Verglasung von reinem Wasser nur über eine schockartige Temperatursenkung unterhalb des Gefrierpunkts erreichbar. Reines Wasser verglast nur bei einer Kühlgeschwindigkeit um Millionen Grad Celsius per Sekunde bis auf −135 °C. Bei so rapider Kühlung haben dann selbst die Wassermoleküle nicht genügend Zeit, um sich zu Kristallen anzuordnen (Best B: vitrification in cryonics. https://www.benbest.com/cryonics/vitrify.html).

Beim Einfrieren bilden Proben – z. B. Lösungen mit Zellen – normalerweise zuerst in der Randzone Eis, wo die Kühlung zuerst ankommt. Dieses Eis kann selbst eine weitere Kristallisierung anregen. Die Freisetzung der latenten Wärme, welche bei einer Kristallisierung stets frei wird, erhöht die Temperaturverzögerung zwischen Randtemperatur und Innentemperatur. Dadurch wird die Kühlgeschwindigkeit im Inneren sogar höher sein als in der Randzone. Für die Verglasung von Proben mit hohem Rauminhalt muss die Kühlung langsam genug sein, um eine gleichmäßige Verteilung der Temperatur vor allem im Bereich der Glasübergangstemperatur zu erreichen. Dadurch kann man Spannungen und eine Bildung von Brüchen (cracking) im Idealfall vermeiden, aber die Geschwindigkeit kann leider nicht beliebig verändert werden (Steif et al. 2007).

Für die Verglasung ist damit die Schichtdicke des biologischen Gewebes wichtig, denn sie entscheidet weitgehend darüber, wie schnell oder langsam sich das Objekt im Ganzen abkühlt oder erwärmt (Hochi et al. 2001). Die Kühlungsgeschwindigkeit und Erwärmungsgeschwindigkeit spielen beide eine große Rolle. Kuleshova und Mitarbeiter (1999) benutzten z. B. eine Abkühlung von 100 °C pro Minute und eine Erwärmung von 10 °C pro Minute um eine Ethylenglykol-Salzlösung von 59 % zu verglasen.

Mit Verglasungsverfahren war es durch die Vermeidung von Eiskristallen erstmals möglich, Bilder von biologischen Geweben zu erhalten, die auch bei hoher Vergrößerung mit dem Elektronenmikroskop keine Veränderungen zeigen.

Die Glasübergangstemperatur kann sich verändern. Sie hängt davon ab, wie schnell gekühlt wird und welche Lösung man verwendet. Bei schnellerer Kühlung wird die Verglasung bereits bei höheren Temperaturen erreicht (Erhöhung der Glasübergangstemperatur). Das ist eine Möglichkeit, die Verglasung zu steuern.

Mit Verglasungsverfahren war es im Folgenden möglich, Organe wie die kleine Kaninchenniere und den winzigen Eierstock (Ovar) von Mäusen aus kryogenen Temperaturen wieder zum Leben zu erwecken. Aber auch mit der herkömmlichen Methode überlebten eine Reihe von (sogar noch größeren) Organen Minusgrade.

Einen weiteren Fortschritt könnte ein richtungsorientiertes Frieren bringen.

Beim üblichen Einfrieren wird die Wärme, welche bei der Kristallisierung entsteht (Fusionswärme) durch die gefrorene Portion der Probe geleitet. Dies kann Schmelzprozesse auslösen mit der Folge von Zellschädigung. Die mikroskopischen Veränderungen und die Geschwindigkeit der Eisbildung erfolgen unkontrolliert und nicht gleichförmig.

Beim richtungsorientierten Einfrieren (directional freezing) wird die Wärme durch den ungefrorenen Anteil der Probe abgeleitet. Das erreicht man z. B. durch Kühlung von einer Seite, sodass ein Wärmegefälle von der gekühlten zur nicht gekühlten Seite entsteht. Das richtungsorientierte Eiswachstum führt zur Bildung von Lamellen, die von der gekühlten Seite zur ungekühlten hin wachsen und zwischen denen die Zellen eingeschlossen sind, wodurch ihre mechanische Schädigung vermindert wird (Saragusty 2015).

Richtungsorientiertes Kühlen erlaubt auch die Eisbildung innerhalb der Zellen bei schnellerem Kühlen zu vermeiden (Bahari et al. 2018).

Eine verwandte Technik ist die richtungsorientierte Verglasung nach demselben Prinzip, aber mit sehr hoher Kühlgeschwindigkeit. Diese Technik könnte eine Vitrifizierung mit so geringen Konzentrationen an Frostschutzmitteln wie 17,5 % erzielen (Arav und Natan 2012). Das wäre ein großer Schritt nach vorne. Beide Methoden sollten eingesetzt werden, um die Temperatur auf −130 °C zu erniedrigen (Bojic et al. 2021; Mazur 1984).

Die Steuerungsmöglichkeiten, welche die Kühlgeschwindigkeit uns bietet, sind erstaunlich. Sie reichen allerdings noch nicht aus, um die Kristallbildung in einem menschlichen Körper sicher zu vermeiden.

Literatur

Acker JP et al (2001) Intracellular ice propagation. Experimental evidence for ice growth through membrane pores. Biophys J 81:1389–1397

Adam M et al (1990) The effect of liquid nitrogen submersion on cryopreserved human heart valves. Cryobiology 27:605–614

Anastassopoulos E (2006) Agar plate freezing assay for the in situ selection of transformed ice nucleating bacteria. Cryobiology 53:276–278

Arav A, Natan D (2012) Directional freezing of reproductive cells and organs. Reprod Domest Anim 47(Suppl 4):193–196

Armitage WJ (2002) Recovery of endothelial function after vitrification of cornea at −110 degrees C. Invest Ophthalmol Vis Sci 43:2160–2164

Bahari L et al (2018) Directional freezing for the cryopreservation of adherent mammalian cells on a substrate. PloS one 13:e0192265

Bauer R (2021) The future of cryopreservation: computational approaches and automatisation. Biostasis the annual biostasis conference, Zurich

Bojic S et al (2021) Winter is coming: the future of cryopreservation. BMC Biol 19:56

Braslavsky I, Lipson SG (1998) Electrofreezing effect and nucleation of ice crystals in free growth experiments. Appl Phys Lett 72:264–266

Chow R et al (2003) The sonocrystallisation of ice in sucrose solutions: primary and secondary nucleation. Ultrasonics 41:595–604

Costanzo JP, Lee RE Jr. (1995) Supercooling and Ice nucleation in vertebrate ectotherms. In: Lee RE Jr et. al (Hrsg) Biological ice nucleation and its applications, APS Press, St Paul MN, S 221–238

Costanzo JP et al (1995) Survival mechanisms of vertebrate ectotherms at subfreezing temperatures: applications in cryomedicine. FASEB J 9:351–358

Dalvi-Isfahan M et al (2017) Review on the control of ice nucleation by ultrasound waves, electric and magnetic fields. J Food Eng 195:222–234

De Wolf A, de Wolf G (2013) Human cryopreservation research at advanced neural biosciences. In: Sames KH (Hrsg) Applied human cryobiology, Bd. 1. Ibidem, Stuttgart, S 45–59

Fahy GM (2021) Principles of vitrification as a method of cryopreservation in reproductive biology and medicine. Donnez J, Kim SS (Hrsg) Section 2 – Reproductive Biology and Cryobiology. Cambridge University Press, S 49–66

Fuller BJ et al (2019) Kap. 22.6.1 corneas. In Fuller et al. (Hrsg) Life in the Frozen State, (2004) 1 Aufl. CRC Press, Boca Raton

Han X et al (2007) Effects of nanoparticles on the nucleation and devitrification temperatures of polyol cryoprotectant solutions. Microfluid Nanofluidics 4:357

Hochi S et al (2001) Effects of cooling and warming rates during vitrification on fertilization of in vitro-matured bovine oocytes. Cryobiology 42:69–73

Hübinger J (2013) Bedeutung der Vitrifikation für die Kryokonservierung und Kryofixierung. Dissertation, Technische Universität, Dortmund

Jones AG (2002) Crystallization process systems. Butterworth-Heinemann, Oxford

Jang TH et al (2017) Cryopreservation and its clinical applications. Integr Med Res 6:12–18

Karlsson JEM, Toner M (1996) Long – term storage of tissues by cryopreservation: critical issues. Biomaterials 17:243–256

Karlsson JO et al (1993) Nucleation and growth of ice crystals inside cultured hepatocytes during freezing in the presence of dimethyl sulfoxide. Biophys J 65:2524–2553

Karthika S et al (2016) A review of classical and nonclassical nucleation theories. Cryst Growth Des 16:6663–6681

Kashchiev D (2000) Nucleation: basic theory with applications. Butterworth Heinemann, Oxford

König O (1997) Equipment for controlling nucleation and tailoring the size of solution-grown single crystals. J Appl Crystallogr 30:507–509

Kuleshova LL, et al (1999) Sugars exert a major influence on the vitrification properties of ethylene glycol-based solutions and have low toxicity to embryos and oocytes. Cryobiology 38:119–130

Lindinger B et al (2007) Ice crystallization induced by optical breakdown. Phys Rev Lett 99:045701

Lundheim R (2002) Physiological and ecological significance of biological ice nucleators. Philos Trans R Soc Lond B Biol Sci 357:937–943

Luyet B (1937) The vitrification of organic colloids and of protoplasma. Biodynamica 1:1–14

Lynch ME, Diller KR (1981) Analysis of kinetics of cell freezing with cryoprophylactic additives. Trans ASME 81-WA/HAT-53

Margaritis A, Bassi AS (1991) Principles and biotechnological applications of bacterial ice nucleation. Crit Rev Biotechnol 11:277–295

Mazur P (1963) Kinetic of water loss from cells at subzero temperatures and the likelihood of intracellular freezing. J Gen Physiol 47:347–369

Mazur P (1984) Freezing of living cells: mechanisms and implications. Amer J Physiol 247 (3 Pt 1):125–142

Mazur P et al (1972) A two-factor hypothesis of freezing injury. Exper Cell Res 1:345–355

McFarlane DR (1987) Physical aspects of vitrification in aqueous solutions. Cryobiology 23:181–195

Meryman HT (1970) The exceeding of a minimum tolerable cell volume in hypertonic suspension as a cause of freezing injury. In: Wolstenholme GEW, O'Connor M (Hrsg) The frozen cell. Ciba Foundation Symposium. Churchill, London, S 51–64

Morris GJ, Acton E (2013) Controlled ice nucleation in cryopreservation – a review. Cryobiology 66:85–92

Morris GJ et al (2006) Cryopreservation of murine embryos, human spermatozoa and embryonic stem cells using a liquid nitrogen-free, controlled rate freezer. Reprod Biomed Online 13:421–426

Muldrew K, McGann LE (1994) The osmotic rupture hypothesis of intracellular freezing injury. Biophys J 66:532–541

Muldrew K et al (2004) The water to ice transition: implications for living cells. In: Fuller BJ et al (Hrsg) Life in the frozen state. Boca Raton, CRC Press

Petersen A et al (2003) Controlled nucleation in freezing biological material. Cryobiology 47:256

Petersen A et al (2006) A new approach for freezing of aqueous solutions under active control of the nucleation temperature. Cryobiology 53:248–257

Petrenko VF (1999) Whitworth RW: Physics of ice. Oxford University Press (OUP)

Plumb RC (1989) Antique windowpanes and the flow of supercooled liquids. J Chem Educ 66:994–996

Pradzynski CC et al (2012) A fully size-resolved perspective on the crystallization of water clusters. Science 337:1529–1532

Saragusty J (2015) Directional freezing for large volume cryopreservation. Methods Mol Biol 1257:381–397

Spindler R et al (2011) Dimethyl sulfoxide and ethylene glycol promote membrane phase change during cryopreservation. Cryo Letters 32:148–157

Sputtek A (1996) Kryokonservierung von Blutzellen. In: Müller-Eckhard C (Hrsg) Transfusionsmedizin, Grundlagen, Therapie, Methodik, 2. Aufl. Springer, Berlin, S 125–135

Steif PS et al (2007) The effect of temperature gradients on stress development during cryopreservation via vitrification. Cell Preserv Technol 5:104–115

Steponkus PL et al (1983) Destabilization of the plasma membrane of isolated plant protoplasts during a freeze-thaw cycle: the influence of cold acclimation. Cryobiology 20:448–465

Vali G (1995) Principles of ice nucleation. In: Lee Jr RE, Warren GJ (Hrsg) Biological ice nucleation and its applications. APS Press, St.Paul Minnesota, S 1–28

Vali G (1996) Ice nucleation—a review. In: Kulmala M, Wagner PE (Hrsg) Nucleation and atmospheric aerosols. Pergamon, Amsterdam, S 271–279

Wesley-Smith J et al (2015) Why is intracellular ice lethal? A microscopical study showing evidence of programmed cell death in cryo-exposed embryonic axes of recalcitrant seeds of Acer saccharinum. Ann Bot 115:991–1000

Wolkers WF, Oldenhof H (2021) Principles underlying cryopreservation and freeze-drying of cells and tissues. Methods Mol Biol 2180:3–25

Wolkers WF et al (2007) Effects of freezing on membranes and proteins in LNCaP prostate tumor cells. Biochim Biophys Acta 1768:728–736

Wowk B (2007) How cryoprotectants work. Cryonics 3. Quart 2007 (www.Alcor.org)

Wowk B, Fahy GM (2007) Ice nucleation and growth in concentrated vitrification solutions. Cryobiology 55:330 (Abstr. 21)

Yu G et al (2017) Characterizing intracellular ice formation of lymphoblasts using low-temperature Raman Spectroscopy. Biophys J 112:2653–2663

Zachariassen KE, Kristiansen E (2000) Ice nucleation and antinucleation in nature. Cryobiology 41:257–279

Zanotto ED (1998) Do cathedral glasses flow? Amer J Physics 66:392–395

Werkzeug für die Kryonik: Frostschutzmittel – ein großer Fortschritt aber noch nicht die komplette Lösung unserer Probleme

6

Die Schmelztemperatur und die Temperaturen, bei denen Wasser infolge verschiedener Kristallisationskeime friert, werden alle durch Frostschutzmittel erniedrigt. Mit genügend Frostschutzmittel könnte die Temperatur des Gefrierpunkts mit der Glasübergangstemperatur (s. bei Verglasung) zusammenfallen (Fahy et al. 1984). Dies wäre für die Kryonik ideal, wenn man die Konzentrationen und die Kühlgeschwindigkeit im Gewebe entsprechend steuern könnte.

Es ergibt sich aber eine etwas weniger ideale praktikable Möglichkeit. Denn wenn der Gefrierpunkt gesenkt wird, kann eine Gewebeprobe bei tieferen Temperaturen aber oberhalb des Gefrierpunkts gehalten werden. Das heißt sie befindet sich in unterkühlter Flüssigkeit, welche frei von Eiskristallen ist. Unterkühlungsstrategien sind bei Taylor et al. (2019) anschaulich besprochen.

Frostschutzmittel vermindern Schäden durch Ersatz von Wasser und andererseits durch Verdünnung von gelösten Stoffen, um schädliche Konzentrationen zu vermeiden. Sie vermindern die Eisbildung, indem sie Wasserstoffbindungen mit Wassermolekülen eingehen. Sie hindern damit Wasser daran, sich an Eiskristalle zu binden. Wissenschaftlich gesprochen können Frostschutzmittel die Eisbildung durch kolligative Interferenz mit Wasserstoffbindungen unterbrechen (Best 2015).

Frostschutzmittel erniedrigen praktischerweise sowohl den Gefrierpunkt als auch den Schmelzpunkt wässriger Lösungen. Der Schmelzpunkt einer wässrigen Lösung nimmt mit zunehmender Konzentration des Frostschutzmittels rapide ab. Bei einem (verstorbenen) Patienten, der mit Glyzerin durchströmt wurde, tritt das Schmelzen von Eis in der Nähe von −60 °C auf. Eine Konzentration von Frostschutzmitteln, welche den Schmelzpunkt auf −30 °C drückt, senkt den Gefrierpunkt auf die Glasübergangstemperatur.

Frostschutzmittel verhindern leider die Kristallbildung nicht gänzlich (Best B: vitrification in cryonics. benbest.com/cryonics/vitrify.html). Sie können aber bei langsamer Kühlung zu höheren Überlebensraten führen. So steigt z. B. bei

K. H. Sames, *Kryokonservierung – Zukünftige Perspektiven von Organtransplantation bis Kryonik,* https://doi.org/10.1007/978-3-662-65144-5_6

Steigerung der Glyzerinkonzentration von 0,4 M auf 1,25 M die Überlebensrate von Zellen (Sputtek 1996). Sie bringen also tatsächlich einen Fortschritt für die Kryonik.

Frostschutzmittel müssen vor einer Tiefkühlung zugegeben und beim Auftauen wieder verdünnt werden. Dadurch kommt es zu Veränderungen des osmotischen Drucks innerhalb und/oder außerhalb der Zellen, sodass man nicht zu schnell vorgehen darf. Eine hohe Wasserbindungsfähigkeit ist ein Anzeichen für die Wirksamkeit eines Stoffs als Frostschutzmittel.

Hintergrundinformation
Chemische Gruppen, die in verschiedenen Stoffen vorkommen und feste Wasserstoffbindungen mit Wasser bilden, wie Hydroxyl-, Amid- und Sulfoxidgruppen machen einen hohen Wassergehalt aus.

Die physikalischen und chemischen Frostschutzeigenschaften von Hydrocarbon-Abkömmlingen von Diolen, Glyzerin, Amiden und Sulfoxiden wurden schon lange ausführlich von Forschern geprüft (Pichugin 1993).

Die Wasser-anziehenden Eigenschaften sind wahrscheinlich als Voraussetzung für die Frostschutz-fördernden sogenannten kolligativen Qualitäten wirksam.

Wasserabstoßende Eigenschaften wirken sich dagegen negativ aus z. B. auf Membranen, Fett-Eiweiß-Verbindungen und neu gebildete Eiweißstoffe.

Die Wasserabstoßung steigt im Allgemeinen mit der Länge von Gruppen mit vielen Kohlenstoffatomen, wobei aber lange Ketten die Zellmembran schwerer passieren (Connor und Achwood-Smith 1973; Doebbler 1966; Jeyendran und Graham 1977; Lovelock 1953; Pichugin und Novikov 1989).

6.1   Klein aber wirksam

Frostschutzstoffe, welche fähig sind in Zellen einzudringen, nennt man membrangängige Frostschutzstoffe oder „penetrating cryoprotective agents" (CPAs). Sie können das Überleben von Zellen beträchtlich fördern. Bereits 1949 fanden Polge et al., dass Glyzerin die Wiederbelebung von Spermien, welche tiefen Temperaturen ausgesetzt wurden, förderte, indem es den Zellen Wasser entzog und das Wasser in den Zellen ersetzte. Dadurch wurde die Eisbildung verhindert.

Verschiedene Frostschutzstoffe passieren nun die Zellmembran mit unterschiedlicher Geschwindigkeit. Sie verändern sogar die Geschwindigkeit, mit der Wasser durch die Zellmembran dringt (Gilmore et al. 1995; Vian und Higgins 2014). Bei mittleren Konzentrationen von Frostschutzstoffen wie DMSO oder Ethylenglykol entstehen Poren in Membranen, welche die hydraulische Durchlässigkeit der Membranen steigern (Spindler et al. 2011; Kharasch und Thyagarajan 1983).

Eine schnelle Durchwanderung der Zellmembran ist also eine wünschenswerte Eigenschaft von Frostschutzstoffen. Sie ist von den aktiven chemischen Gruppen in den Molekülen abhängig. Zu den kleinen, gut zellgängigen, wasserliebenden Molekülen gehören z. B. auch Stoffe mit alkoholischen Gruppen wie Polyole oder

Diole (Äthandiol, Propandiol, Butandiol, Glyzerin). Solche Frostschutzstoffe, welche fähig sind, in die Zellen einzudringen, können einen zu hohen Wasserverlust der Zelle (wie er bei langsamer Kühlung auftritt) verhindern indem sie Wasser in der Zelle halten (der Wasserverlust selbst ist jedoch von vielen Faktoren u. a. von der Temperatur abhängig).

So senken diese Frostschutzlösungen die sogenannte Gleichgewichtstemperatur, was von ihrer Konzentration abhängt. Es kommt nun erst bei niedrigeren Temperaturen zu einem Wasserverlust des Zellinhalts, wenn sich außerhalb der Zellen Eiskristalle bilden und diese Wasser an sich ziehen. Solche Frostschutzmittel wirken der osmotischen Gleichgewichtsstörung beim Einfrieren also entgegen (Pegg 2007).

Bei niedrigen Temperaturen ist die hydraulische Durchgängigkeit von Membranen vermindert, da sie mit der Temperatur abnimmt. Auch hierdurch bleibt Wasser in der Zelle. Die Gefahr durch die Zellschrumpfung wird vermindert. Frostschutzmittel, die in die Zellen eindringen, senken natürlich auch in der Zelle den Gefrierpunkt. Diese Temperatur kann in isolierten Zellen bis zur Glasübergangstemperatur der Flüssigkeit abgesenkt werden, um erfolgreich tiefzukühlen (Sputtek 1996).

6.2 Was macht ein Frostschutzmittel aus?

Die Wasserbindungsfähigkeit und die Zellgängigkeit wurden bereits besprochen.

Wichtig sind für Frostschutzmittel die kolligativen Eigenschaften. Unter kolligativer Wirkung von Stoffen versteht man die Wirkung, welche von der Zahl der Teilchen, also nicht vom Gewicht oder Rauminhalt (Volumen) abhängt. Die Wirkung dieser Teilchen besteht zum Beispiel darin, dass Teilchen eines bestimmten Stoffes den Teilchen des Wassers bei der Eisbildung praktisch im Wege stehen.

Gute Membrangängigkeit und geringe Schädlichkeit, die Erniedrigung des Gefrierpunkts sowie Wasserbindungsfähigkeit und Zähflüssigkeit in Lösung spielen eine große Rolle für die Wirksamkeit eines Frostschutzstoffs (s. bei Karlsson und Toner 1996; Pegg 2007, 2015; s. bei Sputtek 1996).

Hintergrundinformation
Alkohole mit angehängten chemischen Methoxylgruppen (Amide und Sulfoxide) sind weniger schädlich und gehen besser in die Zellen (Dimethylformamid, Dimethylacetamid, Dimethylsulfoxid (DMSO) (Fahy et al.1987; Forsyth und MacFarlane 1990; Jeyendran und Graham 1977; Karow 1969; Wowk 1999).

Die zellgängigen Frostschutzmittel sollen Wasser in die Zelle ziehen. Sie sind aber, wie erwähnt, oft kleine Moleküle, die wenig Wasser binden. Es ist also schwierig, solche mit ausreichendem Wasserbindungsvermögen zu finden. Die Schadwirkung von Frostschutzstoffen nimmt meist mit der Konzentration der Moleküle zu. In der Gewichtsmenge eines Stoffs mit kleinen Molekülen müssen ja aber mehr Moleküle enthalten sein, als in derselben Menge eines Stoffs mit großen Molekülen. Daher können Stoffe mit kleinen Molekülen leichter zu Schäden führen (Lovelock 1953; Meryman 1971).

Frostschutzlösungen gehen aber auch unabhängig von ihrer Größe unterschiedlich schnell durch Membranen, zum Beispiel geht Ethylenglykol schneller in Zellen als Glyzerin.

Hintergrundinformation
Für zweiwertige Alkohole (Diole) wurde gezeigt, dass ihre Fähigkeit zur Unterdrückung der Kristallisierung von der Stärke der Wasserstoffbindung abhängt. Stärkere Bindung hemmt die Bewegung von Wassermolekülen und damit die Bildung von Kristallisationskeimen und das Kristallwachstum. Wird die Bindung zu stark, bilden sich jedoch Hydrate, die dann die Fähigkeit zur Verglasung (s. u.) begrenzen (Forsyth und McFarlane 1990).

Die Kryonik kann die Tatsache ausnutzen, dass bei langsamer Kühlung geringe Mengen von Frostschutzmitteln ausreichen können, da die Konzentrierung von Stoffen in der Zelle dabei auch als Frostschutz wirkt. Sind nämlich Frostschutzmittel bereits in die Zelle eingedrungen und die Zelle erleidet nun bei langsamer Kühlung einen Wasserverlust durch die Eisbildung außerhalb der Zelle, so wird die Lösung in der Zelle dicker und man braucht weniger Frostschutzmittel. So kann z. B. DMSO, das schädlich, aber gut zellgängig ist in unschädlichen Konzentrationen angeboten werden. DMSO geht leichter durch die Zellmembran als Glyzerin, ist aber schädlicher. Eine Kombination von beiden ist besonders raffiniert.

Es gibt nach dem Gesagten zwei Möglichkeiten Zellen bei langsamer Kühlung zu schützen:

a) es wird ihnen so viel Wasser entzogen, dass die Stoffe in der Zelle hoch konzentriert sind und so praktisch als Frostschutzmittel den Gefrierpunkt senken.

b) Frostschutzmittel dringen in die Zelle ein; und wird nun Wasser entzogen, so fördert dies die Wirkung der eingedrungenen Frostschutzmittel.

6.3   Auch große Frostschutzmoleküle haben Vorteile

Frostschutzmittel mit großen Molekülen sind meist Polymere, z. B. Polyvinylpyrrolidon (PVP), Polyethylenoxid (PEO), Polyethylenglycol (PEG), Trehalose, Dextrane, chemisch veränderte Gelatine, Hydroxyäthylstärke (HES), Albumin Eiweiß (Sputtek 1996) oder Proteoglykane, welche Letzteren überall im Gewebe vorhanden sind. Diese Stoffe dringen nicht in Zellen ein und sind daher leichter wieder zu entfernen. HES, Proteoglykane und Albumin Eiweiß sind für den Körper verträglich und müssen nicht wieder entfernt werden.

Auf den ersten Blick scheint es so, als könnten solche großen Moleküle weniger bewirken, da sie außerhalb der Zellen festgehalten werden. Es ist leider nicht in allen Einzelheiten bekannt, wie solche großen Moleküle dennoch als Frostschutz für Zellen wirken. Dafür gibt es verschiedene mögliche Erklärungen.

Einige Frostschutzmittel wie Trehalose oder Hydroxyethylstärke, welche die Zellmembran nicht durchdringen, sollen laut Theorie Eiweißsubstanzen durch eine bevorzugende Ausschlusswirkung (preferential exclusion effect) und Vorgänge der Wärmephysik stärken oder die Zellmembranen durch elektrische Wirkung stabilisieren. Es wurde gefunden, dass sie Schäden bei der Tiefkühlung am besten in Kombination mit Frostschutzmitteln wie DMSO verhindern.

Solche Stoffe ziehen Wasser aus der Zelle, wie es auch die Bildung von Eiskristallen tut (s. o.). Raffiniert ist dabei, dass sie gleichzeitig Eiskristalle verhindern. Mit diesen Frostschutzstoffen, wird also eine geringere Konzentration von Frostschutzmitteln innerhalb der Zellen benötigt.

Dann kann der Wasserentzug dazu führen, dass eine Verglasung (s. u.) innerhalb der Zelle stattfindet. Sie fördern die Verglasung noch, indem sie die Glasübergangstemperatur erhöhen (s. bei Wolkers und Oldenhof 2021). Eine Verglasung außerhalb der Zelle mit einem Zucker verhindert, dass Zellmembranen in Kontakt kommen und verschmelzen (Crowe et al. 1998, 2003).

Im Allgemeinen sind solche Stoffe weniger schädlich als diejenigen, welche in die Zellen eindringen, z. B. weil von ihnen weniger Moleküle in die gleiche Wassermenge passen. Deswegen werden sie gerne in gemischten Frostschutzlösungen verwendet. Manche nicht zellgängigen Stoffe vermindern zusätzlich den Gefrierbrand. Es lohnt sich also für die Kryonik, Frostschutzstoffe genau kennen zu lernen.

6.4 Molekülklauberei: einzelne Frostschutzmittel und ihre Wirkung

Insgesamt verfügen wir über eine große Auswahl von Frostschutzstoffen mit unterschiedlichen Wirkungen. Leider kann man nicht alle gleichzeitig einsetzen, aber es gibt durchaus wirksame Gemische. Einzelne werden wir weiter unten besprechen. Die Beschreibung einzelner Frostschutzstoffe zeigt, wie vielfältig ihre Einsatzmöglichkeiten bei der Steuerung von Gewebekühlung und Schutz der Zellen sind. Sie soll dem interessierten Leser nicht vorenthalten werden.

Hintergrundinformation

2,3-Butandiol ist ein starkes Frostschutzmittel. Leider enthält es Strukturtypen (Isomere), welche die Eisbildung fördern und ist in gereinigter Form teuer (Sutton 1992). Allerdings kann es wie Saccharose (s. u.) und andere Stoffe die Eiskristallbildung stark vermindern (Wowk et al. 2018). Für Abkühlung und Erwärmung gibt es in Geweben für verschiedene Frostschutzmittel kritische Geschwindigkeiten für welche die Kristallisierung während der Kühlung und Erwärmung getestet wurden z. B. mit Butandiol an Nierengewebe (Peyridieu et al. 1996). Amide sind schwache Frostschutzstoffe im Vergleich zu Vielfach-Alkoholen (Polyolen).

Dimethylsulfoxid (DMSO) ist eines der am häufigsten verwendeten Frost-schutzmittel. Zurzeit ist DMSO das meistgenutzte Frostschutzmittel für die Auf-bewahrung von Stammzellen (Bakken 2006). Als Frostschutzmittel wurde es zuerst von Lovelock und Bishop (1959) beschrieben. DMSO besitzt, wie erwähnt, für viele Zelltypen den Vorteil von gesteigerter Membrangängigkeit im Vergleich zu Glyzerin (Baust et al. 2009; Ock und Rho 2011; Polge et al. 1949). Es ist auch in den Frostschutzlösungen enthalten, mit denen zurzeit die Körper von Ver-storbenen durchströmt werden. DMSO kann schädigend wirken (Harriger et al. 1997; Karow et al. 1967). Es verändert vermutlich die Zellmembranen durch Ent-fernung von Wasser (Westh 2004) und vermindert die Eiskristallisierung (Klbik et al. 2022). Anders als bei den Mehrfachalkoholen Glyzerin, Ethylenglykol, Propylenglykol und anderen kann die Schädlichkeit von DMSO durch Mischung mit anderen Frostschutzmitteln vermindert werden. Bei der Mischung entsteht Wärme. Der Wärmegrad zeigt dabei an, wie stark die Verminderung der schäd-lichen Wirkung ausfällt (Fahy et al. 1987). Es wurden aber auch DMSO-freie Frostschutzlösungen oder solche mit reduzierter DMSO-Konzentration entwickelt (Svalgard et al. 2020; Weng und Beauchesne 2020).

Süß-saurer Frostschutz: die Frostschutzwirkung von Zuckern
Zucker Einzelzucker (Monosaccharide), Zweifachzucker (Disaccharide) wie Saccharose und Trehalose, dreifache Zucker (z. B. Raffinose) sowie vielfache Zucker (Zucker-Polymere oder Polysaccharide) wie Stärke wurden als Frost-schutzmittel benutzt (Kuleshova et al.1999).

Hintergrundinformation
Glyzerin wird so verbreitet angewendet, dass es hier nur erwähnt werden muss. Glyzerin demoliert Zellmembranen am wenigsten unter den Frostschutzmitteln mit kleinen Molekülen. Kritischer ist die Wirkung von Dimethysulfoxid (DMSO) oder von Ethylenglykol bei langsamer Kühlung (Hess et al. 2004).
Traubenzucker (Glucose) kommt bei Tieren als Frostschutzstoff vor. Eine Glucose, welche nicht am Stoffwesel teilnimmt, also nicht verbraucht wird (3-o-Methyl-n-Glucose = 3OMG) eignet sich besonders als Frostschutzmittel und wurde erfolgreich zusammen mit *Polyethylen-glykol (PEG)* zum Frostschutz der Leber eingesetzt (Berendsen et al. 2014).
Disaccharide wie Saccharose und Trehalose mit Molekülen aus zwei Einzelzuckern können die Zellmembran nicht überwinden.
Saccharose besteht aus Fructose-Glucose Einheiten. Sie kann – wie auch Butandiol (s. o.) und andere Stoffe – als Zugabe zu der neu entwickelten Frostschutzlösung *DP6* die Eisbildung reduzieren.
Saccharose und Trehalose schützen Eiweiße und Membranen am besten gegen Gefrier-brand, Eisbildung und Entwässerung. In Zellmembranen binden die beiden Zucker an die Kopf-Gruppen von phosporhaltigen Fettstoffen (Phospholipidmolekülen) und stabilisieren sie.

Trehalose besitzt erstaunliche Eigenschaften. Studien mit langsamem Ein-frieren zeigten, dass Trehalose die Reaktion zwischen Zellen und Eis verändern kann, wobei sich eine Verbesserung des Überlebens von Zellen ergibt (Arakawa und Timasheff 1983; Hubel et al. 2007; Mantri et al. 2015). Sie ist ein unschäd-licher Zucker mit Frostschutzwirkung. Sie bindet stärker als Wasser an Eiweiß-

und Fettbestandteile von Zellmembranen an den elektrisch aktiven Enden der Membranmoleküle. Trehalose verursacht dabei aber keine Verformung (Denaturierung) von Eiweißstoffen, wie andere Frostschutzmittel (Rudolp et al. 1986). Ihre Verglasungs-Eigenschaften können gesteuert werden (Weng und Elliot 2015). Auch die menschliche Fortpflanzung könnte durch Trehalose beeinflusst werden. Eine Mikroinjektion von Trehalose in menschliche Eizellen und Kombination mit DMSO in Maus-Eizellen verbessern die Kryokonservierung (Eroglu et al. 2002, 2009). Daher versucht man auch mit verschiedenen Mitteln Trehalose in die Zellen zu schleusen (Gao et al. 2022; Wolkers und Oldenhof 2021). Trehalose kann auch als Radikalfänger große Moleküle der Gewebe gegen freie Radikale schützen (Benaroudj et al. 2001), eine Eigenschaft, die in sterbenden Geweben erwünscht ist. So könnte man zwei Fliegen mit einer Klappe schlagen (Frostschutz und Entgiftung). Der große Wasserraum (hydratisiertes Volumen) den man um die Trehalose findet, entzieht der Eisbildung viel Wasser (Jain und Roy 2009; Sei et al. 2002).

Hydroxyäthylstärke (HES) dringt ebenfalls nicht in Zellen ein. Sie ist ein harmloser Plasmaexpander – für die Kryokonservierung roter Blutkörperchen genutzt – und muss nicht entfernt oder verdünnt werden, wie z. B. Glyzerin, welches man zu hoch anreichern muss, damit es wirkt (Scott et al.2005). Glyzerin ist allerdings nur in solchen hohen Konzentrationen schädlich.

Hintergrundinformation
Flavon-artige Polymerzuckerverbindungen aus der Gruppe der Glycoside, erlauben es, die Gefriertemperatur um bis zu 9 °C abzusenken (Kasuga et al. 2010).
   Polysaccharide erhöhen wie fast alle Zucker die Glasübergangstemperatur (Kuleshova et al. 1999). Man kann also langsamer kühlen, um die Glasübergangstemperatur zu erreichen.
   Zucker und Eiweiße sind auch eine Energiereserve. Hilft diese Energie in der Natur bei der Wiederbelebung nach dem Aufwachen bevor ein Tier kräftig genug ist Nahrung zu suchen? Biologisch abbaubare Polysaccharide mit Frostschutzwirkung eignen sich auch zum Konservieren von Nahrungsmitteln, Guerreiro et al. (2018) haben ein solches Polysaccharid entwickelt. Aber auch Stärke oder Glycosaminoglycanen kann man solche Eigenschaften zuschreiben.

Unser Körper ist bereits ein Gerüst aus Frostschutzmitteln und Fasern
Saure Zucker: die Frostschutzwirkung der Proteoglykane

Hintergrundinformation
Proteoglykane sind eine Gruppe der vielen Verbindungen von Eiweißstoffen mit Polymerzuckern und sie sind normale Bausteine unserer Gewebe. Sie liegen hauptsächlich außerhalb der Zellen und um die Zellen, kommen aber auch in den Zellen und sogar in den Zellkernen vor. Proteoglykane haben auch abgesehen vom Bau von Gerüsten in unseren Geweben viele wichtige Wirkungen. Bekannt ist auch ihre Wirkung als Frostschutzmittel.
   Proteoglykane sind biologische Riesenmoleküle aus Eiweißketten an welche Seitenketten aus sauren Vielfachzuckern angehängt sind (s. bei Sames 1994).
   Diese Zucker-Seitenketten – Vielfachzucker mit dem Namen *Mucopolysaccharide oder Glycosaminoglycane* – tragen an mindestens jedem zweiten Einzelzucker eine Seitengruppe mit negativer Ladung wodurch sie sauer sind. Es handelt sich um Chondroitin und Chondroitinsulfat,

Dermatansulfat, Keratansulfat, Heparin und Heparansulfat sowie Hyaluronsäure. Letztere wird wegen ihrer starken Wasserbindung als Kosmetikum benutzt, das die Haut praller macht und Falten vermindert. Ihre Wirkung ist dabei nicht dauerhaft. Sodass im Sinne der Anbieter viel Salbe verbraucht wird.

Heparin ist als Gerinnungshemmer bekannt. Andere Glycosaminoglycane hemmen die Blutgerinnung auch, aber schwächer.

Hintergrundinformation

Frostschutzeigenschaften von Proteoglykanen:

Langsam wird heute klar, welche Rolle diese Frostschutzstoffe spielen. Sie sind überall im Raum zwischen den Zellen am normalen Aufbau unserer Gewebe beteiligt, sogar in Knochen und Zähnen.

Sie machen zusammen mit Wicklungen aus Kollagenfasern die pralle Elastizität unseres Körpers aus. Dabei versuchen die Glycosaminoglycane, einen möglichst großen Wasserraum zu besetzen (teilweise 300mal so groß wie ihr eigener Rauminhalt). Dies behindert die Bildung von Eis.

So bauen diese Substanzen das gesamte Gerüst unseres Körpers mit auf. Überall ist Frostschutz. Hinzu kommen die zahlreichen Zucker und Eiweißstoffe anderer Klassen. Dass ein menschlicher Körper trotzdem nicht frostfest ist, muss nicht erwähnt werden, aber vielleicht könnte man die körpereigenen Stoffe beim Frostschutz nutzen. Vielleicht liegen sie nur nicht in genügend hohen Konzentrationen vor, um einen kompletten Frostschutz zu gewähren, aber so einfach muss es nicht sein.

Es wäre interessant, ein Gemisch von langen Ketten, zweifach Zuckern und Einzelzuckern der Glycosaminoglycane einzusetzen, die entsprechend ihrer Größe in unterschiedlichem Maße in die Zellen eindringen. Auch das Eiweiß der Proteoglykane könnte man auf seine Frostschutzwirkung testen. Wenn die Zellen leben, können die Einzelzucker in der Zelle zu Ketten verbunden werden, welche die Zelle nach außen abgibt.

Durch Chemikalien, welche die Ausschleusung aus der Zelle verhindern, kann man diese langen Ketten auch in den Zellen anreichern. Schützen sie so die Zelle bei der Kryokonservierung? Dies kann nur versucht werden, solange die Zellen leben.

Proteoglykane wurden bereits erfolgreich als Frostschutzmittel getestet z. B. Chondroitinsulfat in der Aufbewahrung von Hornhautgewebe bei 4 °C (Fuller et al. 2019; Lindstrom 1990).

Sie verändern den Typ der Eiskristallbildung in Lösungen. Normalerweise bilden viele Kristalle längsorientierte Muster, die ohne Rücksicht auf die Zellen durchs Gewebe wachsen. Mit Glycosaminoglycanen werden sie zu vernetzten oder zufällig orientierten Mustern (Allenspach und Kraemer 1989).

Die Zahl überlebender Rinderembryos (Tag 8) nach Einfrieren und Auftauen stieg durch Zusatz von Hyaluronsäure zu synthetischer Eileiterflüssigkeit von 11 auf 75 % (!) und die Veränderungen, die bei hoher Vergrößerung zu sehen sind, sowie der Verlust von speziellen genetischen und anderen Eigenschaften der Zellen (Entartung oder Entdifferenzierung) waren geringer (Stojkovic et al. 2002).

Wir haben an Knorpel lichtmikroskopisch eine exzellente Erhaltung des Gewebes ohne jedes Frostschutzmittel gefunden. Dies betrifft die Grundsubstanz (Matrix) außerhalb der Zellen, welche bis zu 40 % des Trockengewichts aus Proteoglykanen besteht.

Man könnte annehmen, dass Knorpel unter den Geweben der Frostschutzmeister ist. Seine Schwachstelle sind aber seine empfindlichen Zellen. Die Erhaltung der Zellen selbst im Knorpel ist bei Kühlung ohne zusätzliche

Frostschutzmittel nicht ideal. Eigentlich müssten Glycosaminoglycane den Zellen Wasser entziehen, aber sie sind von der Bildung der Gewebe an im Gleichgewicht mit dem Raum innerhalb der Zellen. Dabei mag es durchaus sein, dass sie den Wasserverlust der Zellen unter normalen Bedingungen begrenzen indem sie dieses Gleichgewicht erhalten. Bei Temperaturerniedrigung sind möglicherweise Gewebe mit extrem hohem Anteil an Proteoglykanen, wie der Knorpel, von Natur aus geschützt. Man könnte daraus schließen, dass etwa 30 % Proteoglykane eine langsame Tiefkühlung erlauben. In den meisten Geweben müsste man daher noch Proteoglykane zugeben, wenn man sie als Frostschutzmittel einsetzen möchte. Das ist momentan noch Spekulation.

Der hohe Proteoglykangehalt macht die Kryokonservierung von Knorpel besonders interessant. Sie wird daher bereits hier besprochen.

Hintergrundinformation
Knorpel behielt bei Kryokonservierung mit DMSO seine mechanischen Eigenschaften (Kiefer et al. 1989). Das ist vielleicht durch die Frostschutzeigenschaften von Proteoglykanen in der Grundsubstanz zu erklären. Sein Überleben nach Auftauen und Implantation wurde mehrfach bestätigt, insbesondere bei Verwendung von 10 % Dimethylsulfoxid, das aber für die Zellen nicht ganz unschädlich ist (Abazari et al. 2013; Jackson et al. 1992; Kawabe und Yoshinao 1990; Kiefer et al. 1989; Kushibe et al. 2001; Schachar et al. 1992; Sharma et al. 2007), wobei totale Zellverluste auftreten können (Arnoczky et al. 1988, 1992; Stevenson et al. 1989). Auch Knorpelzellen überstehen jedoch geeignete Einfriermethoden bei Erhaltung hoher Lebensfähigkeit, wobei ihre Fähigkeit Proteoglykane zu bilden erhalten bleibt (Almqvist 2001; Schachar et al. 1989). Sie können sogar zu 90 % überleben (Tomford 1984; Tomford et al. 1985).

Die Frostschutzwirkung der körpereigenen Frostschutzmittel und ihre Ausnutzung für die Kryokonservierung bleiben noch zu untersuchen. Da es Lebewesen gibt, die tiefste Temperaturen mit den Hilfsmitteln ihres eigenen Körpers überleben (s. u.), könnte das aussichtsreich sein.

6.5   Nebenwirkungen der Frostschutzmittel

Leider haben Frostschutzmittel auch Wirkungen, welche die biologischen Gewebe schädigen können. Das ist für die Kryonik eine schwierige Situation, da ja gerade Frostschutzlösungen verhindern sollen, dass Zellen und Gewebe bei Kühlung durch Eiskristalle zerstört werden. Die Schädlichkeit von Frostschutzmitteln stellt so eine Hauptherausforderung für die Kryokonservierung dar (Best 2015). Sie droht vor allem, den großen Fortschritt durch die Verglasung infrage zu stellen und es ist viel Arbeit investiert worden, um solche Nebenwirkungen zu erkennen.

Die Wissenschaft muss aber nicht aufgeben. Es gibt Möglichkeiten zur Abmilderung von Nebenwirkungen. Man kann sie dämpfen oder ausgleichen, z. B. so, dass Zellkulturen die Tiefkühlung überleben. Man muss aber einiges über das Verhalten der Frostschutzmittel und andererseits über die Reaktion der biologischen Gewebe auf diese Stoffe wissen.

Die Schadwirkung von Frostschutzmitteln nimmt bei sinkender Temperatur ab. Dagegen nimmt dabei ihre Zähflüssigkeit in Lösung zu. Man bewegt sich also auch hier auf einem schmalen Grat. Durchströmt man bei etwas höheren Temperaturen, um mehr Frostschutzmittel durch die Gefäße zu pumpen, so riskiert man eine erhöhte Schadwirkung des Frostschutzmittels. Bei tieferen Temperaturen werden diese zähflüssiger und gehen schlechter durch die Blutgefäße.

Eine offene generelle Frage ist, welche Schäden man bei der Tiefkühlung menschlicher Körper in Kauf nehmen muss, und ob man sie in Zukunft reparieren lernt, was also zu verkraften ist.

Die Schädlichkeit von Frostschutzmitteln ist darüber hinaus für unterschiedliche Zellarten und Gewebe verschieden (oft werden Spermien und Eizellen oder Embryos zum Testen benutzt). Z. B. ist Ethylenglykol für Rinder-Embryonen unschädlich (Gilmore et al.1997). Glyzerin ist im Vergleich zu anderen Stoffen für Nierenschnitte am wenigsten schädlich. Auch bei verschiedenen Tierarten unterscheidet sich die Schädlichkeit unterschiedlicher Frostschutzmittel selbst an denselben Geweben.

Für menschliche Zellen der Blutgefäßinnenwand sind selbst bei 4 °C DMSO und Ethylenglykol – die Frostschutzmittel der Lösung von Cryonics Institute – schädlicher als Propylenglykol oder 2,3-Butandiol (Wusteman MC et al. 2002), haben jedoch andere Vorteile.

Die Behandlung von Geweben und Organen, die ja viele verschiedene Zellen und Gewebebestandteile enthalten, ist schwierig.

Hintergrundinformation
Eine schädliche Wirkung, welche durch Eigenschaften entsteht, die verschiedenen Frostschutzmitteln gemeinsam zu eigen sind, nennt man nicht-spezifische Toxizität. Z. B. formen Frostschutzmittel Wasserstoffbindungen mit Eiweißstoffen. Dabei unterscheidet sich die Stärke dieser Bindungen von denen des Wassers, aber dadurch besteht die Möglichkeit, dass sie Eiweißstoffe bei hohen Konzentrationen schädigen (Arakawa 2007). Schädliche Eigenschaften, die für einzelne Frostschutzstoffe typisch sind, bilden die spezifische Toxizität.

Wichtig ist die Temperaturabhängigkeit der Wirkungen von Frostschutzmitteln. Vorschriften, nach denen Frostschutzmittel zu unterschiedlichen Zeiten und in verschiedenen Mengen zugegeben werden, können die Lebensfähigkeit der Gewebe nach dem Auftauen beeinflussen. Darüber hinaus ist es wegen der unterschiedlichen Eigenschaften von Zelltypen und Geweben entscheidend, dass der richtige Cocktail an Frostschutzmitteln in einer Art angewandt wird, welche den Eigenschaften der Probe angepasst ist (Fahy und Wowk 2015).

Weil so viele Gesichtspunkte gleichzeitig zu beachten sind, haben jüngere Studien auch Methoden mit hoher Verarbeitungskapazität wie Genexpressionsanalysen genutzt, um die Schädlichkeit von Frostschutzmitteln zu ermitteln. Hier muss erwähnt werden, dass Schadwirkungen in erster Linie von der Höhe der Konzentrationen abhängen (Cordeiro 2015; Warner et al. 2021).

Das schädliche Verhalten von Frostschutzmitteln wird besonders in der Wärme oder bei langsamer Kühlung und bei hohen Konzentrationen zum Problem. Eine Verminderung der Konzentration oder eine Verkürzung der Einwirkungszeit (z. B. durch schnelles Kühlen) können dagegen helfen. Eine Kühlug während des Sauerstoffmangels reduziert schädliche Reaktionen während der anschließenden Durchströmung (Khandoga et al. 2003).

Die Nebenwirkungen werden in großen Objekten wie Organen möglicherweise durch ungleiche Verteilung verstärkt. Daher ist es gut, Methoden zu haben, welche sie sichtbar machen (Corral et al. 2021).

6.6   Kritische Konzentrationsänderungen von Frostschutzmitteln

Die Zugabe und Verdünnung von Frostschutzmitteln führt zu starken Konzentrationsänderungen (osmotischer Stress).

Eine Verdünnung der Frostschutzmittel gestattet der Zelle, Wasser aufzunehmen und zu schwellen. Bei der Zugabe von Frostschutzstoffen wird zuerst Wasser aus den Zellen gezogen. Beim Durchströmen von Gewebe mit verdünnter Lösung bleibt dann Wasser in der Zelle, die anschwillt. Stoffe, welche die Zellmembran nicht passieren, wie Suchrose, können bei der Verdünnung als sogenannte osmotische Puffer wirken und Wasser außerhalb der Zellen festhalten (Armitage 1986 und s. unten).

Die Verdünnung von Frostschutzlösungen ist für die Zelle – wie erwähnt – gefährlicher als die Schrumpfung bei deren Zugabe. Zellen, welche die Blutgefäße auskleiden (Endothelzellen) und für die Durchgängigkeit wichtig sind, werden wie andere Zellen durch Schwellung stärker geschädigt als durch Schrumpfung.

Da das Wasser die Zellmembran schneller passiert als fast alle gelösten Stoffe (Armitage 1986), tritt bei der Zugabe von Frostschutzmitteln und ihrem Eintritt in die Umgebung der Zellen zuerst Wasser aus der Zelle aus. Sind dann Frostschutzmoleküle in die Zelle eingedrungen, so wird wieder Wasser nachgezogen, und das führt dann zur Schwellung der Zellen. Daher müssen sie langsam zugegeben und entfernt werden. Sie stauen sich sozusagen vor der Zelle und entziehen dieser Wasser, sodass sie schrumpft.

Es wird Zeit benötigt, und zwar sowohl für die Anreicherung als auch für die Verdünnung der Frostschutzmittel. Das bedeutet auch, dass das Frostschutzmittel oder die verdünnte Lösung bei der Kryonik von menschlichen Körpern längere Zeit in der Blutbahn verharren sollte. So kann ein weitgehender Ausgleich erfolgen. Dabei spielt die Durchlässigkeit der Zellmembran eine Hauptrolle. Allerdings spricht eine neuere Arbeit dafür, dass die Durchwanderung sehr schnell erfolgt, solange das Gewebe flüssig durchströmt wird (Bleisinger 2020).

Bei den kompliziert zusammengesetzten Geweben spielen neben den Zellmembranen andere Bauteile eine Rolle, z. B. ist die Durchlässigkeit der Grundsubstanz zwischen den Zellen (vor allem Fasern und Proteoglykane), die wie ein großes Sieb wirkt, wichtig. Natürlich wirken sich auch die mehr oder weniger weiten Wege aus, die ein Frostschutzmittel vom Blutgefäß bis zu den Zellen zurücklegen muss. Chemische Stoffe des Gewebes, die mit den Frostschutzmitteln reagieren, haben Einfluss.

Daher sind bildgebende Verfahren so interessant, welche versuchen, Frostschutzmittel im Gewebe sichtbar zu machen (Risco 2021; s. bei Wolkers Oldenhof 2021).

Bei der Kryonik belässt man das hoch konzentrierte Frostschutzmittel im Körper. Dadurch entsteht aber in der Zukunft ein Problem, wenn man wieder auftaut und Wasser in die Zellen eindringt. Zum Glück überleben bei niedrigen Temperaturen mehr Zellen einen hohen osmotischen Druck als bei Raumtemperatur (Zawlodska und Takamatsu 2005).

Mit Rücksicht auf die Widerstandsfähigkeit der verschiedenen Zellen gegenüber den hohen Konzentrationen von Frostschutzmitteln, müssen diese in Form eines Konzentrationsgefälles zugegeben und entfernt werden. Dadurch wird die Probe langsam dem Frostschutzmittel angepasst, um die Belastung durch die Veränderungen des osmotischen Drucks zu vermindern (Fahy und Wowk 2015). Man sollte Frostschutzmittel zunächst in geringen Konzentrationen geben, die man dann steigert (sogenanntes ramping). Das verringert die Schadwirkung. Gibt man Frostschutzmittel schnell zu, so sterben mehr Zellen als bei langsamer Zugabe (Muldrew und Mc Gann 1990, 1994). Eine Zugabe in mehreren Schritten ist dabei ungünstiger als eine stetige Steigerung (Bourne et al. 1994).

Darüber hinaus können Ungleichgewichte in der Konzentration von Frostschutzmittel zwischen verschiedenen Geweberegionen den Erfolg der Kryokonservierung beeinflussen (Fahy et al. 2009, 1984; Rall 1987).

Zugabe und Verdünnung von Frostschutzmitteln können also auf rein osmotische Weise d. h. durch Konzentrationsänderungen von Stoffen gleich mehrfach tödlich auf Zellen wirken. Das verdeutlicht, auf welche Probleme wir uns einlassen. Es ist ein Wunder, dass Kryobiologie überhaupt funktioniert. Bei der Kryonik muss man bedenken, dass viele Zellen nach einem Herzstillstand bereits inaktiv (dormant) oder tot sind, möglicherweise ohne sich weiter zu verändern, wenn der Körper abgekühlt ist. Sie nehmen aber wohl passiv an den Veränderungen teil (Burg et al. 1997, 2007; Copp et al. 2005; Gao et al. 1995; Liu und Foote 1998; Mullen et al. 2004; Pollock et al. 1986).

Die Membranen verschiedener Zellen reagieren unterschiedlich auf osmotische Veränderungen. Diejenige von menschlichen Spermien ist beispielsweise vierfach höher durchlässig für Ethylenglykol, verglichen mit Glyzerin, und diese Durchlässigkeit ist weniger temperaturabhängig als diejenige für Glyzerin (Gilmore et al. 1997).

Die Haargefäße der Blutbahn besitzen neben den Membranen ihrer Zellen weitere teilweise durchlässige Membranen. Diese können aber andere Stoffe passieren lassen als die Zellmembranen. Eine wieder etwas andere Durchlässigkeit hat die sogenannte Blut-Hirn-Schranke aus Membranen der Haargefäße und der sogenannten Gliazellen. Die Durchlässigkeit für Wasser ist hier vermindert und ebenso die für aktive Moleküle (Elektrolyte). So erhalten die elektrisch durch Ionenverteilung geladenen Nervenzellen des Gehirns einen chemischen Schutz.

Der osmotische Druck innerhalb der Haargefäße wird vor allem durch Eiweißstoffe verursacht, welche zu groß sind um durch die Membranen den Kreislauf zu verlassen (onkotischer Druck). Dieser Druck beträgt bei normalem Blutdruck etwa 28 mm Quecksilbersäule.

Sowohl die wässrige Zellschwellung (zelluläres Ödem) als auch die wässrige Gewebeschwellung, bei der sich Wasser auch außerhalb der Zellen ansammelt (Gewebeödem), können die Strömung in den Haargefäßen behindern.

Es wurde auch z. B. bei Leberzellen gefunden, dass die Wasserbindung in Zellkulturen ganz anders ist als bei Zellen, die im Gewebe sitzen. Damit ist wohl auch der Konzentrationsausgleich mit einem Frostschutzmittel verändert und man kann Ergebnisse an Zellkulturen nur mit Vorsicht auf Körperzellen übertragen (eigene Beobachtung und s. bei Karlsson, Toner 1996).

Die Ursachen der Schädlichkeit von Frostschutzmitteln sind trotz einiger Kenntnisse noch zu wenig erforscht. Es ist erstrebenswert, Erklärungen aufgrund der Struktur des einzelnen Frostschutzmoleküls für alle Stoffe zu finden (Fahy et al.1987).

Natürlich kann man die Schädlichkeit von Frostschutzmitteln schwer feststellen, wenn man die Lebewesen nicht wieder erwärmt und belebt. Deshalb sind Aussagen über die Kryonik am Menschen schwierig. Man kann ja bisher nur Rückschlüsse aus Versuchen an Zellkulturen oder isolierten Organen ziehen.

6.6.1   Was wird nun eigentlich wie geschädigt?

Es wurden Beziehungen zwischen der Schädlichkeit von Frostschutzmitteln und der Stabilität von Eiweißbestandteilen in den Zellmembranen gefunden. Daher nahm man an, dass die Schädlichkeit von Frostschutzmitteln durch Veränderungen an Eiweißen zustande kommt (Protein-Denaturierungs-Hypothese). Allerdings gilt dies wahrscheinlich nicht für die Temperaturen und Konzentrationen bei der Verglasung und damit nur für den Anfangsverlauf der Kryonikmethode (Arakawa et al. 1990; Fahy et al. 1990; Gilmore et al. 1995, 1997; Ivanov 2001).

Neben allgemeinen nicht spezifischen Nebenwirkungen der Frostschutzstoffe, die den meisten Frostschutzmitteln gemeinsam eigen sind (wie Wasserbindung oder Änderung des osmotischen Drucks mit der Konzentration) gibt es tatsächlich auch Wirkungen, die auf besonderen Eigenschaften eines Frostschutzmoleküls beruhen: spezifische Nebenwirkungen.

Hintergrundinformation

Frostschutzstoffe schädigen Zellmembranen und das sogenannte Skelett der Zelle (Zytoskelett) durch ihre spezifische Toxizität. Sie hemmen die Übertragung der Information vom Programm auf der DNA in die Zelle und ihre Organellen. Sie verändern die elektrische Ladung der Membran an den Atmungsorganellen und schädigen DNA und Eiweißstoffe direkt. Die Zellteilung kann behindert werden und es kann sogar der Selbstmord der Zelle (Apoptose) ausgelöst werden. Bei schneller Zugabe von Frostschutzlösung schrumpfen die Innenwandzellen der Gefäße so, dass die Zellverbindungen (Junktionen) brechen, was die Schutzfunktion der Zellschicht schwächt.

Gregory Fahy und Brian Wowk haben einen Maßstab für die Schadwirkung von Frostschutzlösungen, das qv*, gefunden und patentieren lassen.

Die Schädigung hängt nach ihrer Theorie von den elektrisch aktivierbaren (polaren) chemischen Gruppen in Frostschutzlöungen ab, gemessen bei Konzentrationen, die für die Verglasung erforderlich sind. Die Formel ist $q = Mw/Mpg$.

Mw ist dabei das Gewicht des Wassers in einem Liter der Frostschutzlösung, ausgedrückt in Mol. Mpg ist das Gewicht der aktiven Gruppen, ebenfalls in einem Liter der Lösung (in Mol). Das geheimnisvolle $qv*$ ist q bei der Konzentration, die zur Verglasung von 5–10 ml Frostschutzmittel bei einer Kühlgeschwindigkeit von 10 °C/min benötigt wird.

Wir hoffen, es bewahrheitet sich, dass wir damit eine Möglichkeit haben, die Schadwirkungen aller Frostschutzlösungen mit einer Formel anhand ihrer chemischen Werte festzustellen, ohne dass man dazu biologische Versuche benötigt. Durch qv lassen sich jedenfalls einzelne Tatsachen erklären. Zum Beispiel haben Frostschutzlösungen mit einem hohen q ja weniger elektrisch wirksame Gruppen. Sie binden stärker an Wasser, was ihre Schadwirkung erhöht. Wasser wird bekanntlich von vielen Molekülen lebender Gewebe für ihre Aktivität benötigt.

Zu den besten Eigenschaften von Frostschutzmitteln zählen geringe Schadwirkung und niedrige Zähflüssigkeit (Fahy et al. 2004; s. auch Best 2015).

6.7   Die Konzentrierung von Frostschutzmitteln, Schutz oder Tod?

Reduktion der schädlichen Wirkungen

Frostschutzmittel werden oft sehr hoch konzentriert um die Aufnahme in die Zellen zu fördern. Die hohe Konzentration steigert die Schadwirkung. Es gibt allerdings neben der Kühlung noch andere Möglichkeiten, um die Schadwirkungen auszugleichen.

Glücklicherweise sind Mischungen von Frostschutzmitteln oft weniger schädlich als einzelne Frostschutzstoffe. Dabei wird die spezielle Schädlichkeit jedes Stoffs sozusagen durch die anderen Stoffe verdünnt, während die erwünschte Wirkung von allen Stoffen verstärkt wird – ein alter Trick der Arzneimittelhersteller. Eine Mischung vermindert anders ausgedrückt die Schadwirkung der einzelnen Frostschutzstoffe, weil jeder eine andere Art von Schaden verursacht, aber alle den gleichen Nutzen bewirken. Vor allem ist es günstig, kleine zellgängige und große Moleküle, die nicht in die Zelle gehen, zu mischen und außerdem solche mit starker Verglasungswirkung oder solche, die die Schädlichkeit von anderen vermindern, zuzusetzen.

So wird die Schädlichkeit von Formamid sowohl durch Glyzerin (Warner et al. 2021) als auch durch DMSO verringert. Eine verminderte Konzentration der einzelnen Bestandteile erlaubt logischerweise eine höhere Gesamtkonzentration einer gemischten Lösung ohne Steigerung der Schädlichkeit.

Hintergrundinformation
Es wurde festgestellt, dass die Verwendung von Ethylenglykol anstelle von Propylenglykol die Schädlichkeit einer Lösung reduziert, da Ethylenglykol schwächere Wasserstoffbindungen bildet als Propylenglykol. Das bedeutet, dass große Molekülbausteine der Zellen und Gewebe weniger Wasser verlieren (Best 2015; Fahy 2010; Fahy et al. 2004).

Das von dem Institut Alcor für die Kryokonservierung Verstorbener (Suspension) verwendete Gemisch M22 ist eine fortschrittliche, rechtlich geschützte Lösung, entwickelt vom Institut 21Century Medicine.

Hintergrundinformation
Die Lösung enthält den methoxilierten Mehrfachalkohol 3-methoxy-1,2 Propandiol. Das Anhängen einer Methoxylgruppe verändert das Verhalten eines Alkohols. So gewinnt 3-methoxy-1,2-propandiol eine erhöhte Zellgängigkeit und verminderte Zähflüssigkeit. Die verminderte Zähflüssigkeit ist wichtig, weil die Fähigkeit des Frostschutzmittels zur Durchströmung der Gewebe dadurch gesteigert wird, ein großer Vorteil für die Kryonik. Zudem erniedrigt Propandiol die kritischen Raten der Erwärmung und der Kühlung von Lösungen, d. h. es ist mehr Zeit für die Durchtränkung der Gewebe mit Frostschutzmitteln vorhanden (Fahy et al. 2004; Fahy 2006; Wowk et al. 1999).

Die meisten Frostschutzstoffe in der Frostschutzlösung M22 gehen in die Zelle, mit Ausnahme von PVP, K12 und Eisblockern.

Das von Yuri Pichugin im Auftrag von CI entwickelte VM1 ist eine einfache Lösung (CI-VM-1). Sie enthält 35 % Ethylenglykol und 35 % Dimethylsulfoxid. Diese Kombination vermindert die Schädlichkeit. Ethylenglykol wirkt dabei günstig auf DMSO (Gautam et al.2008). VM-1 ist leider schädlicher als M22, hat aber auch Vorteile.

Hintergrundinformation
Brockbank testete 2014 an Knorpel und Blutgefäßen modifizierte von Fahy entwickelte Lösungen mit Propylenglykol und Formamid, DMSO sowie hoch konzentriertes VS55. Er erhielt hohe Vitalität bei guter Konservierung der Grundsubstanzen.

Die neuere Lösung DP6 berücksichtigt eine Reihe der aufgeführten Möglichkeiten und zeigt besonders günstige Eigenschaften (Wowk 2018).

Insgesamt zeigt sich, dass sich Möglichkeiten zur Verminderung der Schadwirkungen von Frostschutzmitteln entwickeln lassen. Dabei ist es vorteilhaft, die Wirkung von Frostschutzmitteln auf die Zelle während der Kryokonservierung zu kennen (Elliot et al. 2017).

Literatur

Abazari A et al (2013) Cryopreservation of articular cartilage. Cryobiology 66:201–209
Allenspach AL, Kraemer TG (1989) Ice crystal patterns in artificial gels of extracellular matrix macromolecules after quick-freezing and freeze-substitution. Cryobiology 26:170–179
Almqvist KF et al (2001) Biological freezing of human articular chondrocytes. Osteoarthritis Cartilage 9:341–350

Arakawa T, Timasheff SN (1983) Preferential interactions of proteins with solvent components in aqueous amino acid solutions. Arch Biochem Biophys 224:169–177

Arakawa T et al (1990) The basis for toxicity of certain cryoprotectants: a hypothesis. Cryobiology 27:401–415

Arakawa T et al (2007) Protein precipitation and denaturation by dimethyl sulfoxide. Biophys Chem 131:62–70

Armitage WJ (1986) Osmotic stress as a factor in the detrimental effect of glycerol on human platelets. Cryobiology 23:116–125

Arnoczky SP (1992) Cellular repopulation of deep-frozen meniscal autografts: an experimental study in the dog. Arthroscopy 8:428–436

Arnoczky SP et al (1988) The effect of cryopreservation on canine menisci: a biochemical, morphologic, and biomechanical evaluation. J Orthop Res 6:1–12

Bakken AM (2006) Cryopreserving human peripheral blood progenitor cells. Curr Stem Cell Res Ther 1:47–54

Baust JG et al (2009) Cryopreservation: an emerging paradigm change. Organogenesis 5:90–99

Benaroudj N et al (2001) Trehalose accumulation during cellular stress protects cells and cellular proteins from damage by oxygen radicals. J Biol Chem 276:24261–24267

Berendsen TA et al (2014) Supercooling enables long-term transplantation survival following 4 days of liver preservation. Nat Med 20:790–793

Best BP (2015) Cryoprotectant toxicity: facts, issues, and questions. Rejuvenation Res 18:422–436

Bleisinger N et al (2020) Me2SO perfusion time for whole-organ cryopreservation can be shortened: results of micro-computed tomography monitoring during Me2SO perfusion of rat hearts. PLoS ONE 15:e0238519. https://doi.org/10.1371/journal.pone.0238519

Bourne WM et al (1994) Human corneal endothelial tolerance to glycerol, dimethylsulfoxide, 1,2-propanediol, and 2,3-butanediol. Cryobiology 31:1–9

Brockbank KGM (2014) Tissue vitrification C-20 (conference abstract) Cryobiology 69:507

Burg MB et al (1997) Regulation of gene expression by hypertonicity. Annu Rev Physiol 5:437–455

Burg MB et al (2007) Cellular response to hyperosmotic stresses. Physiol Rev 87:1441–1474

Connor KW, Achwood-Smith ML (1973) Ineffectiveness of dimethyl sulfons as a cryoprotective agent. Cryobiology 10:87–89

Copp J et al (2005) Hypertonic shock inhibits growth factor receptor signaling, induces caspase-3 activation, and causes reversible fragmentation of the mitochondrial network. Amer J Physiol Cell Physiol 288:C403–C441

Cordeiro RM et al (2015) Insights on cryoprotectant toxicity from gene expression profiling of endothelial cells exposed to ethylene glycol. Cryobiology 71:405–412

Corral A et al (2021) Use of X-ray computed tomography for monitoring tissue permeation processes. In: Wolkers WF, Oldenhof H (Hrsg) Cryopreservation and freeze-drying protocols. Methods in molecular biology, 2180. Humana, New York, S 317–330

Crowe et al (1998) The role of vitrification in anhydrobiosis. Annu Rev Physiol 60:73–103

Crowe JH et al (2003) Stabilization of membranes in human platelets freeze-dried with trehalose. Chem Phys Lipids 122:41–52

Doebbler GF (1966) Cryoprotective compounds: review and discussion of structure and function. Cryobiology 3:2–11

Elliot GD et al (2017) Cryoprotectants: a review of the actions and applications of cryoprotective solutes that modulate cell recovery from ultra-low temperatures. Cryobiology 76:74–91

Eroglu A (2002) Beneficial effect of microinjected trehalose on the cryosurvival of human oocytes. Fertil Steril 77:152–158

Eroglu A et al (2009) Successful cryopreservation of mouse oocytes by using low concentrations of trehalose and dimethylsulfoxide. Biol Reprod 80:70–78

Fahy GM (2006) Cryopreservation of complex systems: the missing link in the regenerative medicine supply chain. Rejuvenation Res 9:279–291

Fahy GM (2010) Cryoprotectant toxicity neutralization. Cryobiology 60(3 Suppl):45–53

Fahy GM, Wowk B (2015) Principles of cryopreservation by vitrification. In: Wolkers WF, Oldenhof H (Hrsg) Cryopreservation and freeze-drying protocols. Methods in molecular biology, 1257. Springer Protocols Humana Press, Totowa, S 21–82

Fahy GM et al (1984) Vitrification as an approach to cryopreservation. Cryobiology 21:407–426

Fahy GM et al (1987) Some emerging principles underlying the physical properties, biological actions, and utility of vitrification solutions. Cryobiology 24:196–213

Fahy GM et al (1990) Cryoprotectant toxicity and cryoprotectant toxicity reduction. In search of molecular mechanisms. Cryobiology 27:247–268

Fahy GM et al (2004) Improved vitrification solution based on the predictability of vitrification solution toxicity. Cryobiology 42:22–35

Fahy GM et al (2009) Physical and biological aspects of renal vitrification. Organogenesis 5:167–175

Forsyth M, MacFarlane DR (1990) A study of hydrogen bonding in concentrated diol/water solutions by proton NMR correlations with glass formation. J Physical Chem 9:6889–6893

Fuller BJ et al (2019) Kap. 22.6.1 Corneas. In Fuller et al. (Hrsg) Life in the Frozen State, 1 Aufl. CRC Press, Boca Raton

Gao DY et al (1995) Prevention of osmotic injury to human spermatozoa during addition and removal of glycerol. Hum Reprod 10:1109–1122

Gao S et al (2022) Cryopreservation of human erythrocytes through high intracellular trehalose with membrane stabilization of maltotriose-grafted ε-poly(L-lysine.). J Mate Che B. Accepted Manuscript

Gautam SK et al (2008) Effect of type of cryoprotectant on morphology and developmental competence of in vitro-matured buffalo (Bubalus bubalis) oocytes subjected to slow freezing or vitrification. Reprod Fertil Dev 20:490–496

Gilmore JA et al (1995) Effect of cryoprotectant solutes on water permeability of human spermatozoa. Biol Reproduct 53:985–995

Gilmore JA et al (1997) Determination of optimal cryoprotectants and procedures for their addition and removal from human spermatozoa. Hum Reprod 12:112–118

Guerreiro BM et al (2018) A novel polysaccharide-based approach for cryopreservation. Cryobiology 85:125

Harriger MD et al (1997) Reduced engraftment and wound closure of cryopreserved cultured skin substitutes grafted to athymic mice. Cryobiology 35:132–142

Hess R et al (2004) Ethylene glycol: an estimate of tolerable levels of exposure based on a review of animal and human data. Arch Toxicol 78:671–680

Hubel A et al (2007) Cell partitioning during the directional solidification of trehalose solutions. Cryobiology 55:182–188

Ivanov IT (2001) Rapid method for comparing the cytotoxicity of organic solvents and their ability to destabilize proteins of the erythrocyte membrane. Pharmazie 56:808–809

Jackson DW et al (1992) Meniscal transplantation using fresh and cryopreserved allografts. An experimental study in goat. Am J Sports Med 20:644–656

Jain NK, Roy I (2009) Effect of trehalose on protein structure. Protein Sci 18:24–36

Jeyendran RS, Graham EF (1977) Cryoprotetctive compounds for bull spermatozoa. Cryobiology 14:703 (Conference abstract)

Karlsson JEM, Toner M (1996) Long-term storage of tissues by cryopreservation: critical issues. Biomaterials 1:243–256

Karow AM (1969) Cryoprotectants – a new class of drugs. J Pharm Pharmacol 21:209–213

Karow AM Jr et al (1967) Toxicity of high dimethyl sulfoxide concentrations in rat heart freezing. Cryobiology 3:404–468

Kasuga J et al (2010) Analysis of supercooling-facilitating (anti-ice nucleation) activity of flavonol glycosides. Cryobiology 60:240–243

Kawabe N, Yoshinao M (1990) Cryopreservation of cartilage. Int Orthop 14:231–235

Kharasch N, Thyagarajan BS (1983) Structural basis for biological activities of dimethyl sulfoxide. Ann N Y Acad Sci 411:391–402

Khandoga A et al (2003) Impact of intraischemic temperature on oxidative stress during hepatic reperfusion. Free Radic Biol Med 35:901–909

Kiefer GN et al (1989) The effect of cryopreservation on the biomechanical behavior of bovine articular cartilage. J Orthop Res 7:494–501

Klbik et al (2022) On crystallization of water confined in liposomes and cryoprotective action of DMSO. RSC Adv 12:2300–2309

Kuleshova LL et al (1999) Sugars exert a major influence on the vitrification properties of ethylene glycol-based solutions and have low toxicity to embryos and oocytes. Cryobiology 38:119–130

Kushibe K et al (2001) Tracheal allotransplantation maintaining cartilage viability with long-term cryopreserved allografts. Ann Thorac Surg 71:1666–1669

Lindstrom RL (1990) Advances in corneal preservation. Trans Am Ophthalmol Soc 88:555–648

Liu Z, Foote RH (1998) Bull sperm motility and membrane integrity in media varying in osmolality. J Dairy Sci 81:1868–1873

Lovelock JE (1953) The mechanism of protective action of glycerol against hemolysis by freezing and thawing. Biochem Biophys Acta 11:28–36

Lovelock JE, Bishop MW (1959) Prevention of freezing damage to living cells by dimethyl sulphoxide. Nature 183:1394–1395

Mantri S et al (2015) Cryoprotective effect of disaccharides on cord blood stem cells with minimal use of DMSO. Indian J Hematol Blood Transfus 31:206–212

Meryman HT (1971) Cryoprotective agents. Cryobiology 8:173–183

Muldrew K, McGann LE (1990) Mechanisms of intracellular ice formation. Biophys J 57:525–532

Muldrew K, McGann LE (1994) The osmotic rupture hypothesis of intracellular freezing injury. Biophys J 66:532–541

Mullen SF et al (2004) The effect of osmotic stress on the metaphase II spindle of human oocytes, and the relevance to cryopreservation. Hum Reprod 19:1148–1154

Ock SA, Rho GJ (2011) Effect of dimethyl sulfoxide (DMSO) on cryopreservation of porcine mesenchymal stem cells (pMSCs). Cell Transplant 20:1231–1239

Pegg DE (2007) Principles of cryopreservation. Methods Mol Biol 368:39–57

Pegg DE (2015) Principles of cryopreservation. In: Wolkers WF, Oldenhof H (Hrsg) Cryopreservation and freeze-drying protocols. Methods in molecular biology, 1257. Springer, New York, S 3 19

Peyridieu JF et al (1996) Critical cooling and warming rates to avoid ice crystallization in small pieces of mammalian organs permeated with cryoprotective agents. Cryobiology 33:436–446

Pichugin YI, Novikov AN (1989) The dependence of cytotoxicity and cryoprotective efficiency of diols on their structure and physico-chemical properties. In: Kharkow (Hrsg) Cryopreservation of cells and tissues. S 15–28 (Russisch)

Pichugin Y (1993) Results and perspectives in searching of new endocellular cryoprotectants. Problems of Cryobiology (Kharkov, Ukraine) 2:3–9

Polge C et al (1949) Revival of spermatozoa after vitrification and dehydration at low temperatures. Nature 164:666

Pollock GA et al (1986) An isolated perfused rat mesentery model for direct observation of the vasculature during cryopreservation. Cryobiology 23:500–511

Rall WF (1987) Factors affecting the survival of mouse embryos cryopreserved by vitrification. Cryobiology 24:387–402

Risco R (2021) Session 3 – experimental evidence of return to life with high intensity focused ultrasound. Biostasis the annual biostasis conference, Zurich

Rudolp AS et al (1986) Effects of three stabilizing agents– proline, betaine, and trehalose– on membrane phospholipids. Arch Biochem Biophys 245:134–143

Sames K. (1994) The role of proteoglycans and glycosaminoglycans in aging. Interdiscip Top Gerontol Geriatr, Bd 28. Karger, Basel

Schachar N et al (1989) Cryopreserved articular chondrocytes grow in culture, maintain cartilage phenotype, and synthesize matrix components. J Orthopaedic Research 7:344–351

Schachar N et al (1992) Metabolic and biochemical status of articular cartilage following cryopreservation and transplantation: a rabbit model. J Orthop Res 10:603–609

Sharma R et al (2007) A novel method to measure cryoprotectant permeation into intact articular cartilage. Cryobiology 54:196–203

Scott KL et al (2005) Biopreservation of red blood cells: past, present, and future. Transfus Med Rev 19:127–142

Sei T et al (2002) Growth rate and morphology of ice crystals growing in a solution of trehalose and water. J Cryst Growth 240:218–229

Spindler R et al (2011) Dimethyl sulfoxide and ethylene glycol promote membrane phase change during cryopreservation. Cryo Letters 32:148–157

Sputtek A (1996) Kryokonservierung von Blutzellen. In: Müller-Eckhard C (Hrsg) Transfusionsmedizin, Grundlagen, Therapie, Methodik, 2. Aufl. Springer, Berlin, S 125–135

Stevenson S et al (1989) The fate of articular cartilage after transplantation of fresh and cryopreserved tissue-antigen-matched and mismatched osteochondral allografts in dogs. J Bone Joint Surg Am 71:1297–1307

Stojkovic M et al (2002) Effects of high concentrations of hyaluronan in culture medium on development and survival rates of fresh and frozen-thawed bovine embryos produced in vitro. Reproduction 124:141–153

Sutton RL (1992) Critical cooling rates for aqueous cryoprotectants in the presence of sugars and polysaccharides. Cryobiology 29:585–598

Svalgaard JD et al (2020) Cryopreservation of adipose-derived stromal/stem cells using 1–2% Me2SO (DMSO) in combination with pentaisomaltose: an effective and less toxic alternative to comparable freezing media. Cryobiology 96:207–213

Taylor MJ et al (2019) New approaches to cryopreservation of cells, tissues, and organs. Transfus Med Hemother 46:197–215

Tomford WW (1984) Studies on cryopreservation of articular cartilage chondrocytes. J Bone Joint Surg Am 66:253–259

Tomford WW et al (1985) Experimental freeze-preservation of chondrocytes. Clin Orthop 197:11–14

Vian AM, Higgins AZ (2014) Membrane permeability of the human granulocyte to water, dimethyl sulfoxide, glycerol, propylene glycol and ethylene glycol. Cryobiology 68:35–42

Warner RS et al (2021) Rapid quantification of multi-cryoprotectant toxicity using an automated liquid handling (2015)ng method. Cryobiology 98:219–232

Weng L, Beauchesne PR (2020) Dimethyl sulfoxide-free cryopreservation for cell therapy: A review. Cryobiology 94:9–17

Weng L, Elliot GD (2015) Different glass transition behaviors of trehalose mixed with Na2HPO4 or NaH2PO4: evidence for its molecular origin. Pharm Res 32:2217–2228

Westh P (2004) Preferential interaction of dimethyl sulfoxide and phosphatidyl choline membranes. Biochim Biophys Acta 1664:217–223

Wolkers WF, Oldenhof H (2021) Principles underlying cryopreservation and freeze-drying of cells and tissues. Methods Mol Biol 2180:3–25

Wowk B et al (1999) Effects of solute methoxylation on glass-forming ability and stability of vitrification solutions. Cryobiology 39:215–227

Wowk B et al (2018) Vitrification tendency and stability of DP6-based vitrification solutions for complex tissue cryopreservation. Cryobiology 82:70–77

Wusteman MC et al (2002) Vitrification media: toxicity, permeability, and dielectric properties. Cryobiology 44:24–37

Zawlodzka S, Takamatsu H (2005) Osmotic injury of PC-3 cells by hypertonic NaCl solutions at temperatures above 0 degrees C. Cryobiology 50:58–70

Weitere Methoden zum Schutz der Zellen und der Vermeidung von Eiskristallen

7

7.1 Schutz der lebenswichtigen Membranen

Die Zellmembran macht Leben erst möglich. Sie schließt physikalische und chemische Einwirkungen der Umgebung aus, welche die Richtung der Stoffwechselvorgänge abfälschen können.

Da die Zellmembran in besonderer Weise Angriffspunkt von Gefrierschäden ist, sind Frostschutzmittel günstig, die neben der Verhinderung der Eisbildung auch die Zellmembranen schützen (z. B. Schutz der Zellmembran durch Ethylenglykol). Sogenannte 3-Block-Polymere wie P188 wirken sogar in Konzentrationen von einem Tausendstel Mol (Lee 2002).

Es gibt auch Mittel zur Stabilisierung der Zellmembran gegen Gefrierbrand und Eisbildung.

Hintergrundinformation

Solche sind: Prolin, Betain, Sarcosin, Glyzerin, DMS. Trehalose und Saccharose. Sie verhindern zum Teil Membranverschmelzungen. Prolin, Betain und Sarcosin stabilisieren die phosporhaltigen Fettstoffe der Membran (Phosphlipide) auch durch wasserabweisende (hydrophobe) Reaktionen (Anchordoguy et al. 1987).

Dem Membranschutz dienen auch Verwandte des Kortisons wie Dexamethason.

7.2 Chemische Fixierung

Fixiermittel erhalten diejenigen Moleküle mit denen sie reagieren, z. B. Glutaraldehyd die Proteine durch Reaktion mit Aminosäuren. Lipide und Carbohydrate nehmen hieran nicht teil. Sie können sogar verloren gehen.

Eine chemische Fixierung könnte die Veränderungen, welche durch den Durchblutungsstopp entstehen, nach der Todesbescheinigung schnell anhalten. Lange

K. H. Sames, *Kryokonservierung – Zukünftige Perspektiven von Organtransplantation bis Kryonik*, https://doi.org/10.1007/978-3-662-65144-5_7

Zeit wurde aber argumentiert, dass solche Methoden in Experimenten die Eisbildung in den Zellen förderten. Da jetzt Methoden existieren, welche die Eisbildung verhindern, ist eine neue Untersuchung interessant.

Im Versuch war die Durchströmung fixierter Gewebe unbehindert, wenn vor der Fixierung kein längerer Durchblutungsstopp bestand. Nach Kühlung auf die Temperatur von flüssigem Stickstoff fand keine Eiskristallbildung statt, auch nicht nach zwei Wochen in der Kälte. Das Besondere war, dass eine Gewebeschwellung fehlte. Allerdings bestand dabei auch eine starke Entwässerung des fixierten Gehirns. Auch eine Substanz zur Öffnung der sogenannten Blut-Hirn-Schranke, damit Wasser über diese Schranke fließen kann (also vom Blut in das Gewebe und die Zellen) änderte nichts daran.

Trat eine Verzögerung zwischen Todesbescheinigung und Fixierung auf, so kam es jedoch zu der bekannten Bildung von Eiskristallen. Bei einer Stunde Verzögerung traten bereits schwere Strömungshindernisse und Eiskristalle auf. Proben für das Elektronenmikroskop wurden noch Stunden nach dem Tod und Lagerung bei Raumtemperatur entnommen.

Die Konsequenz aus den Ergebnissen ist auch hier wieder, dass die Kühlung (oder gleich die Fixierung) möglichst früh erfolgen sollte und ebenso ein Blutersatz direkt vor Ort durch Organschutzlösung (Washout), um die Behinderung der Durchströmung und die Bildung von Eiskristallen nach Blutaustausch und Kühlung zu vermindern (De Wolf und de Wolf 2013).

Gravierend ist bei der Fixierung die starke Veränderung von Molekülstrukturen, wie z. B. Eiweißstrukturen, und der Wasserbindung durch chemische Reaktionen. Wie man diese bei einer Wiederbelebung rückgängig machen könnte, bleibt offen. So konnte der Autor früher zeigen, dass die Darstellung von Proteoglykanen (und damit die Bilder des Bindegewebes) mit den üblichen Kontrast- und Fällungsmethoden der Elektronenmikroskopie Kollaps-Artefakte darstellen. Sie werden als Matrix-Granula bezeichnet und meist als normale Gewebestruktur akzeptiert. Es zeigte sich aber, dass man sie durch geeignete Methoden vermeiden kann (Sames 1990, 1994, S. 37). Galhuber et al. (2021) fanden ein Verfahren zur Erhaltung der Ultrastruktur bei Kryokonservierung. Mit den üblichen Methoden sind feine Zusammenhänge oft kaum darstellbar. Artefakte entstehen wahrscheinlich durch Fällung z. B. von Eiweißmolekülen. Es ist schwer zu sagen, was Artefakt ist und was der normalen Struktur entspricht, und es ist nicht klar, ob man Artefakte „entzerren" könnte, z. B. um ein reales Bild des Konnektoms zu erstellen und endlich und zuletzt wieder eine Aufnahme von Gewebewasser (Rehydrierung) und Wiederbelebung zu ermöglichen.

7.3 Methoden zur Bewältigung der riesigen Datenmengen

Leider beeinflussen zahlreiche Faktoren die Tiefkühlung von biologischen Objekten. Eine Reihe davon haben wir bereits erwähnt.

Hintergrundinformation

Es ist nicht nur die Temperatur oder Kühlgeschwindigkeit. Es sind auch Kristallisationskeime, Eigenschaften der Frostschutzmittel, die gegenseitige Beeinflussung von Frostschutzmitteln untereinander, die Konzentration von Frostschutzmitteln, Eigenschaften von Flüssigkeiten und gelösten Stoffen, osmotischer Druck, Eigenschaften der Zellmembranen und der Flüssigkeit in den Zellen (Zytosol), der Aufbau der Gewebe besonders derjenigen des Kreislaufs, die Durchlässigkeit von biologischen Strukturen und die Stoffe, welche Zellen und Gewebe aufbauen und – ganz entscheidend – die Größe der Objekte (s. auch Wolkers und Oldenhof 2021).

Die ideale Kombination aller Möglichkeiten zu finden und sie sogar noch zu verbessern ist kaum durch Experimente möglich und rechnerisch zu umfangreich. Bisher geht man von den besten Ergebnissen aus und erprobt in Versuchen deren weitere Verbesserung, was bereits erstaunliche Fortschritte erbracht hat (Gautam et al. 2008).

In dieser Situation wird der Einsatz von Computerprogrammen mehr und mehr ins Auge gefasst, welche heute bereits biologische Tests mit großen Datenmengen standardisieren können (s. z. B. Luechtenfeld et al. 2018). Allerdings ist es manchmal schwierig, die erwähnten Eigenschaften in Zahlen zu fassen oder die gegenseitigen Einflüsse gemeinsam zu berücksichtigen, z. B. in „-omics" genannten Studien.

Die vorhandenen Programme sind meist mit biochemischen Eigenschaften befasst oder mit der Arbeit des Gehirns oder synthetischer Biologieforschung. Auch in der Kryokonservierung waren ähnliche Methoden hilfreich. Pionierarbeit leistete dabei P. Mazur (1963). Er stellte heraus, dass es unterschiedliche ideale Kühlgeschwindigkeiten für verschiedene, einzelne Zelltypen gibt. Das führte zu mathematischen Formeln für die Beziehung zwischen idealen Kühlgeschwindigkeiten und Zelleigenschaften. In jüngerer Zeit wurden solche Modelle benutzt, um Zeitabläufe für die Zugabe und Entfernung von Frostschutzmitteln aufzustellen. Ebenso wurde die Beziehung von Kühlgeschwindigkeit und Temperatur, z. B. für das Eintauchen in flüssigen Stickstoff, ermittelt (Benson et al. 2012; Kashuba et al. 2014; Mazur 1990).

Es wurden auch Simulationen der Molekülvorgänge benutzt, um die Frostschutzwirkungen verschiedener Konzentrationen von Frostschutzmitteln und Temperaturen zu verfolgen. Das kann helfen den Einfluss von Frostschutzmitteln auf der Ebene der Moleküle zu verstehen. Um die Beziehung der Temperaturbelastung zum Rauminhalt zu studieren, wurde auch ein Computermodell benutzt (Bojic et al. 2014; Feldschuh et al. 2005; Solanki et al. 2017; Valojerdi et al. 2009; Weng et al. 2011).

In kompliziert gebauten Geweben wäre es wichtig, beispielsweise kleinste gemeinsame Nenner für die Reaktionen unterschiedlicher Zellen oder Baueinheiten zu finden.

Man sollte da allerdings keinen schnellen Durchbruch erwarten. Bisher sind nur in umfangreicher Arbeit einzelne Probleme durch Computermodelle angegangen worden. Damit sind Letztere aber bereits eine wertvolle Ergänzung zu den Experimenten, wie man aus den Beispielen sieht.

Eine Beziehung von Frostschutzmitteln zu den Vorgängen bei der Verglasung ist schon mehrmals angeklungen. Man kann sie aber ganz gezielt für die Verglasung einsetzen.

7.4 Wie Frostschutzmittel bei der Verglasung (Vitrifizierung) helfen

Man kann die Verglasung fördern, denn eine hohe Zähflüssigkeit (Viskosität) kann bereits vor der Kühlung durch eine starke Konzentration von Frostschutzstoffen (s. u.) erreicht werden. (Wowk et al. 2000; Fahy et al. 2004a). Normalerweise wählt man eine Konzentration von 30–50 % maximal 9M. Da die Zellen so hohe Konzentrationen schlecht vertragen, ist die schrittweise Zugabe von Lösungen bei der Verglasung noch wichtiger als bei langsamer Kühlung.

Ein wichtiges Kriterium für die Wirkung von Frostschutzlösungen ist die Zähflüssigkeit (Viskosität). Sie hängt nicht nur von der Konzentration der Frostschutzmittel sondern auch von Eigenschaften ihrer Moleküle ab.

Eine Reihenfolge der Zähflüssigkeit ist: Glyzerin > Propylenglykol > Ethylenglykol > DMSO.

Die Glasübergangstemperatur reicht von −80 bis −130 °C. Es wurde früher gezeigt, dass die Vitrifizierung von kleinen biologischen Proben (z. B. menschlichem Sperma) ohne Frostschutzmittel erreicht werden kann, wenn man eine extrem hohe Kühlgeschwindigkeit benutzt (Nawroth et al. 2002).

Im Allgemeinen wird man – vor allem bei der Kryokonservierung von Organen – so vorgehen, dass man zunächst niedrigere Konzentrationen benutzt, um der Aufnahme in die Zellen Zeit zu lassen und dann, wenn die Temperatur niedriger geworden ist, höhere Konzentrationen zum weiteren Entzug von Wasser aus den Zellen verwendet (Guerreiro et al. 2016).

Die Frostschutzmittel verhindern die Eisbildung neben der Erniedrigung des Gefrierpunktes der Lösung auch durch Erhöhung der Glasübergangstemperatur. Durch diese Wirkungen erniedrigen Frostschutzmittel die notwendige Kühlgeschwindigkeit und erlauben der Probe, sich zu verglasen bevor die Eisbildung auftreten kann (Courbiere et al. 2006; Fahy und Wowk 2015). Damit bietet sich auch eine Möglichkeit, das Problem großer Proben in gewissem Grad zu reduzieren, denn eine verminderte Kühlgeschwindigkeit schafft stets mehr Zeit für den Temperaturausgleich auch in größeren Proben.

Das größte Problem der Verglasung ist dann aber, dass sehr hohe Konzentrationen von Frostschutzmitteln schädlich sind. Die Zugabe von Frostschutzmitteln erst bei einer niedrigen Temperatur kann selbstverständlich die schädliche Wirkung vermindern (Best 2015; Fahy et al. 1990; Wowk 2010).

Verschiedene Frostschutzmittel besitzen eine unterschiedliche Glasbildungsbereitschaft, z. B. in 45 %iger Lösung. Diese nimmt in der folgenden Reihenfolge von Stoffen ab:

Propylenglykol > DMSO > DMF > 1,4-Butandiol > Ethylenglykol > Glyzerin > 1,3-Propandiol.

An Nierenschnitten wurde gezeigt, dass diejenigen Frostschutzmittel, die am stärksten an den Wasserstoff des Wassers binden auch am besten verglasen (Fahy et al. 2004a).

Aber man darf sich nicht zu früh freuen, denn dieselben Frostschutzmittel reagieren auch stark mit dem Wasserstoff von Eiweißverbindungen und können deren Form ändern, die zum Funktionieren wichtig ist. Sie könnten vielleicht auch dem Gewebe Wasser entziehen und das Gewebe so schädigen. Ärgerlicherweise verglasen deshalb gerade die unschädlichsten Frostschutzmittel nur schwach.

Die folgende Reihe listet Stoffe entsprechend ihrer Schadwirkung auf. Sie nimmt von links nach rechts ab:

Formamid > Propylenglykol > DMSO   (Dimethyl   Sulfoxid) > Ethylenglykol > Glyzerin.

Interessanterweise ist dies also auch etwa die Reihenfolge der Glasbildungsfähigkeit (Baudot et al. 2000). Formamidlösung kann allerdings nicht verglasen. In Schnitten von der Niere erweisen sich die Lösungen in etwa umso schädlicher, je besser sie Glas bilden.

Vitrifikationslösungen können zwar die Verglasung größerer Proben fördern. Das sind aber noch lange keine Proben von der Größe menschlicher Organe. Proben mit großem Rauminhalt im Verhältnis zur Oberfläche kühlen im Inneren verzögert zumindest, wenn sie nicht durchströmt werden (Hopkins et al. 2012; Kilbride et al. 2016).

Mit M22 wurde ein Kaninchenhirn ohne Eisbildung verglast (Lemler et al. 2004). VM1 ist ein stärkeres und preiswerteres Frostschutzmittel als M22. Es verglast auch besser. Leider ist es schädlicher.

Ähnlich wie die schnelle Temperatursenkung begünstigt eine Drucksteigerung die Zähflüssigkeit, fördert die Verglasung und behindert Kristallbildung. Daher können Steigerung des Drucks und gleichzeitige Senkung der Temperatur bei der Verglasung in Kombination angewendet werden. Ursprünglich hatte man auch keine andere Methode. Die früher übliche Vitrifikationslösung VS4 vitrifizierte bei einem Druck von 100 Atmosphären. Solche Drucke sind für große Objekte technisch schwer zu verwirklichen.

Ein gutes Beispiel für die Lösung von Problemen, die anfangs unlösbar erschienen, war hier die Entwicklung einer neuen Frostschutzlösung. Für die Verglasung im Labor wurden Gemische aus DMSO, Formamid und Propandiol (VS41A) in wässriger Salzlösung auf 55 Gewichtsprozente dosiert. Bei einem Druck von 1 Atmosphäre wirkten sie so wie VS4 bei 100 Atmosphären. Der Druck konnte dadurch also normalisiert werden (Kheirabdi und Fahy 2000; Mehl 1993).

Die Eignung von Proteoglykanen für die Verglasung wurde noch nicht geprüft.

Eiskristalle können leider auch in einer Mischung, mit der man die Verglasung erreichen möchte, gebildet werden. Man findet das, wenn z. B. ein Kryonikpatient unzureichend perfundiert wird.

Mit M22 können sich zwischen −100 und −135 °C der maximalen Eis-Kristallisationstemperatur Kristallisationskeime aus Eis bilden. Bei −140 °C hört die Eisbildung in M22 auf. Die Kristallisationskeime bestehen aus lokalen Nestern von Wassermolekülen, die dann bei der Aufwärmung das Wachstum von weiteren

Eiskristallen fördern können. Sie selbst sind unschädlich, zeigen aber eine Beweglichkeit von Molekülen an, die schädlich sein könnte.

Nicht nur Frostschutzmittel unterstützen die Vitrifizierung. Die Träger(Carrier)-Lösungen können die Menge an Frostschutzmittel vermindern, welche für die Verglasung nötig ist. Damit wird die schädliche Wirkung von Frostschutzmitteln sozusagen verdünnt. Wasser verglast nämlich leichter, wenn es Salz oder Frostschutzmittel enthält. Salzlösungen haben ihre höchste Glasübergangstemperatur bei ihrer eutektischen Konzentration. Die ist aber für die kryobiologische Anwendung zu hoch.

Lösungen mit verschiedenen Salzen verglasen bei unterschiedlichen Temperaturen, abhängig von den chemischen Eigenschaften der Salze (Angell und Sare 1970).

Wie die Glasübergangstemperatur durch die Natur der anwesenden Frostschutzmittel und die anderer gelöster Stoffe beeinflusst wird, kann man leicht beobachten. Sie liegt z. B. für Propylenglykol 10–20 °C höher als für Glyzerin. Durch eine hohe Zähflüssigkeit der konzentrierten Lösungen vermindern Frostschutzmittel auch die Bildung von Kristallisationskeimen und hemmen damit eine Kristallisierung. Eine Vitrifikation in konzentrierten – also zähflüssigen – Frostschutzlösungen kann bereits bei geringerer Kühlgeschwindigkeit eintreten, weil die Zähflüssigkeit ja Teil der Verglasung ist.

Bei der Verglasung kann nach allem bisher Gesagten ein Kristallwachstum somit durch zwei Maßnahmen vermieden werden:

a) durch eine hohe Geschwindigkeit der Kühlung
b) durch hohe Konzentrationen von Frostschutzmitteln.

Geeignete Konzentrationen sind etwa 6–8 Mol pro Liter. Als Faustregel mag gelten, dass die Konzentration, die praktisch brauchbar ist, um eine Verglasung zu erreichen, das 10-Fache derjenigen für ein Freeze-Thaw-Protokoll (s. o.) mit langsamem Einfrieren betragen kann (s. bei Karlsson und Toner 1996; Kheirabadi und Fahy 2000).

Die Glasübergangstemperatur (Tg) steigt mit der Konzentration von Frostschutzmitteln dabei an, wodurch sie bei Kühlung früher erreicht wird, während die Temperatur für die Eiskristallbildung abnimmt.

Da das Kristallwachstum mit der Zähflüssigkeit abnimmt, muss es auch mit sinkender Temperatur abnehmen, weil Lösungen dabei zäher werden. Bei Erreichen der Glasübergangstemperatur gibt es kaum eine Bewegung der Moleküle und kaum eine Kristallbildung mehr. Eiskristalle können also zwischen dem Schmelzpunkt und der Glasübergangstemperatur gebildet werden. Durch schnelle Kühlung können wir den Zeitraum hierfür verkürzen (Uhlmann 1972).

Glyzerin würde bei 68 % des Raumanteils einer Lösung in Wasser bei keiner Temperatur unter 0 °C kristallisieren, aber Glyzerinkonzentrationen über 55 % sind zu zähflüssig und toxisch für eine Durchströmung des Kreislaufs. Der amerikanische Kryobiologe Brian Wowk zeigte aber, dass eine Kombination von

58,4 % (8 molar) Glyzerin und 1 % des Eisblockers X100 in einer Lösung den Inhalt einer 2 l-Flasche verglasen kann, sodass dies rein von der Masse her auch mit einem Hirn möglich wäre. Bei hohen Konzentrationen geht Glyzerin übrigens wenig in die Zellen und zieht Wasser aus den Zellen, was zur Entwässerung (Dehydratation) der Zellen führt. Mit Glyzerin kann man nicht vitrifizieren, da bei einer Verwendung der höchsten Konzentration zwar genug davon in die Zellen eindringt, um eine teilweise Verglasung durchzuführen, aber etwa 20 % des Wassers in Eis übergehen (Zum Vorhergehenden: Ben Best: Vitrification in cryonics. https://www.benbest.com/cryonics/vitrify.html).

Eine Vitrifikationslösung enthält in der Regel Frostschutzmittel, eine physiologische (isotone) Salzlösung und ein oder mehrere gelöste Stoffe mit großen Molekülen z. B. Polyethylenglykol mit Zusatz von PVP, Ficoll oder Dextran. Dabei kann die benötigte Konzentration eine Summe der Konzentrationen von Molekülen mit ähnlicher Wirkung sein (Shaw et al. 1997). Wichtig ist, dass die glasige Beschaffenheit während des Auftauens am Schmelzpunkt beibehalten wird.

Die Eiskristallbildung wird durch übliche Lösungen beim Herunterkühlen bis z. B. −125 °C unterdrückt, wo die Glasübergangstemperatur erreicht wird, bei der keine Kristallbildung mehr erfolgt. Schnelle Kühlung kann bei solchen Lösungen eine umso geringere Rolle spielen, je besser die Lösungen werden. Ein Beispiel ist die neue Lösung DP6.

Eine zusätzliche Rolle spielen alle möglichen Zusatzstoffe aus Geweben, Blut oder Gewebezucht-Flüssigkeiten.

Insgesamt ergeben die oben angeführten Informationen, dass man an vielen Stellen angreifen kann, um schädliche Nebenwirkungen zu vermeiden, aber oft mit nur geringem Handlungsspielraum. Exakte Kenntnisse und hartnäckiges Experimentieren können auch in schwierigem Gelände zu Erfolgen führen (s. bei Fahy et al. 2004b). Man muss den Optimismus bei dem Vorhaben der Kryonik nicht an den Nagel hängen, und wir haben noch weitere Möglichkeiten zu besprechen.

7.4.1   Gebundenes Wasser

Die Entfernung von Wasser führt im Allgemeinen nicht gleich zu schädlicher Entwässerung der Zelle. Entfernt man aber das gebundene Wasser, so entstehen solche Schäden. Wasser kann in Kristalle von vielen anorganischen und organischen Molekülen einbezogen sein (Hydratformen von griechisch hydor = Wasser). Eiweißkristalle enthalten z. B. normalerweise 50 % Wasser. Große Moleküle (Makromoleküle) fangen aber an, chemisch miteinander zu reagieren, wenn sie die schützende Hülle von (gebundenem) Wasser verlieren. Das meiste Wasser ist ungebunden. Gebundenes Wasser ist so zähflüssig, dass es leicht verglast ohne Kristalle zu bilden. Mindestens 10 % des Zellwassers ist deswegen nicht fähig zu frieren (d. h. Eiskristalle zu bilden).

Hintergrundinformation

In Lösungen von Biopolymeren wie Stärke, Gluten, Kollagen, Albumineiweiß etc. von hohem Molekulargewicht liegt die Glasübergangstemperatur für das gebundene Wasser um −10 °C.

Auch wässrige Lösungen von Frostschutzmitteln können gefrieren. Auch dabei liegt die Glasübergangstemperatur für das gebundene Wasser höher als die Glasübergangstemperatur für das gesamte Wasser. Die maximal durch Einfrieren eingedickte Portion einer Probe besitzt natürlich eine hohe Zähflüssigkeit (Bai et al. 2001; Brake und Fennema 1999; Goff 1995).

Wenn Eiskristalle Wasser aus der freien Lösung binden, gewinnt die ungefrorene Portion, welche daneben vorhanden ist durch den Wasserentzug eine höhere Konzentration an gelösten Stoffen. Das verursacht auch eine höhere Glasübergangstemperatur in diesem Bereich (Izutsu et al. 2009; Wowk 2010).

Wenn eine Probe Eiskristalle neben restlicher ungefrorener Lösung enthält, besteht der ungefrorene Anteil auch aus gebundenem Wasser (Best B: Physical parameters of cooling in cryonics. https://www.benbest.com/cryonics/cooling.html; Schreuders et al. 1996; Sun 1999).

7.4.2　Eiskristalle sind nicht lecker

Auch bei einer der beliebtesten Köstlichkeiten, welche die Zivilisation uns bietet, nämlich beim Speiseeis spielt die Kristallisierung besonders auch beim Auftauen eine Rolle. Eis wird von Natur aus von einer flüssigen Phase begleitet, wodurch eine weichere Masse entsteht. Man verhindert zusätzlich auch mit Eisblockern aus Winterweizengras (ganz junger Weizen) die Kristallisierung im Speiseeis (Regand und Goff 2006). Für Eiskrem stellt das nicht gefrorene Wasser 35 % des Gewichts (Fennema 1996).

Wenn ein Patient beim Auftauen entglast (s. u.), wird man in einzelnen Regionen Eis finden, in anderen die hoch angereicherte ungefrorene Lösung, die – für sich genommen – bereits bei −110 °C verglasen kann (anstatt wie üblich z. B. bei −123 °C für M22 bei Alcor oder CI-VM1 bei Cryonics Institute). Die Lagerungstemperatur sollte auf jeden Fall unterhalb der Glasübergangstemperatur liegen, d. h. etwa ab −138 °C (s. bei Sputtek 1996).

7.5　Ein weiterer Fortschritt: Nie wieder Eiskristalle? Die Eisblocker

Eisblocker sind eine besondere Art nicht membrangängiger Frostschutzstoffe, denn sie binden direkt an Eiskristalle und andere Kristallisationskeime (Heteronuclei). Sie stellen die synthetische Entsprechung von Frostschutzeiweißen dar, welche in der Natur vorkommen (Wowk 2007). Die nicht membrangängigen Eisblocker wie Polyvinylalkohol oder Polyglycerol sind somit eine billigere und wirksamere Alternative zu tierischen Frostschutzeiweißen. Die Zugabe von Eisblockern in kleinen Mengen verhindert die Kristallisation durch fremde Kristallisationskeime. Stoffe wie der Zweifachzucker Trehalose oder Eisblocker hemmen so die Kristalle außerhalb der Zellen schneller als innerhalb, weil dort mehr Kristallisationskeime vorhanden sind (Fahy und Wowk 2015). Trehalose, die nicht in die Zellen geht, kann das Kristallwachstum entlang der a-Achse verhindern und zwar besser als Saccharose und hemmt den Selbstmord von Zellen, vermindert die Größe von Eiskristallen und fördert die Vitalität der Zellen (Sei et al. 2002; Shinde et al. 2019; Solocinski et al. 2017).

Verschiedene Tiere sind dafür bekannt, dass sie Stoffe produzieren, unter anderen Eiweiße, welche ihnen das Überleben niedriger Temperaturen erlauben indem sie eine Eisbildung verhindern. Aminosäuren wie Threonin und Serin in den Eiweiß-Kettenmolekülen bilden dabei Wasserstoffbindungen mit Eis (Zachariassen und Kristiansen 2000).

Arktische Fische nutzen Eiweiße um die Gefriertemperatur ihres Körpers auf $-2,2$ °C oder darunter zu halten also unter der Temperatur ihres Seewassers ($-1,9$ °C). die Frostschutzstoffe können Glycoproteine sein d. h. Eiweißmoleküle mit Seitenketten aus Zuckern zu denen man auch die erwähnten Proteoglykane rechnen kann, wobei wir beide Gruppen solcher Stoffe auch in unserem Körper tragen. Eisblocker können bei kryogenen Temperaturen nicht in der Kryonik angewendet werden, aber es wird untersucht, ob sie andere Frostschutzmittel ergänzen könnten (Guerreiro et al. 2016; Tas et al. 2021).

Entsprechende Stoffe in der Kryonik anzuwenden könnte einen weiteren Fortschritt bringen. Die Gewinnung solcher Stoffe aus tierischem Material ist aber teuer. Daher wurden auch pflanzliche Stoffe untersucht (Kawahara 2008), aber synthetische Stoffe bevorzugt. So hemmt Polyvinylalkohol das Kristallwachstum und Polyglycerol die Kristallkeimbildung. Sie wirken bereits in kleinen Mengen.

Während andere Frostschutzmittel ein Wachstum von Eiskristallen erlauben, wirken Eisblocker gezielt gegen die Bildung von Eis-Kristallisationskeimen in Form von Eiskriställchen ohne welche das Eiskristallwachstum in reinem Wasser nicht startet.

Sie hemmen damit das Fortschreiten der Kristallisierung, während normale Frostschutzmittel die Kristallbildung vorwiegend während der Kühlung verzögern, sodass sie erst bei tieferen Temperaturen auftritt.

Eisblocker bieten im oberen Temperaturbereich unterhalb von 0 °C die Möglichkeit, eine Bildung von Kristallisationskeimen außerhalb der Zellen und in der Blutbahn zu reduzieren. Dadurch können bei der Verglasung bis zu 55 % Frostschutzmittel gespart werden. Das bedeutet eine Verminderung der Schädlichkeit. Dabei können Eisblocker sowohl Kristallisationskeime binden und unschädlich machen als auch das Kristallwachstum entlang verschiedener Achsen stoppen.

Bei der Verglasung versucht man deshalb die schädlichen Wirkungen durch Zugabe von Eisblockern zurückzudrängen (z. B. Polyvinylalkohol s. Wowk et al. 2000). Polyvinylalkohol erwies sich als besonders geeignet für den Einsatz bei Verglasung (Naitana 1997).

Die stärkste Bildung von Kristallisationskeimen erfolgt just oberhalb der Glasübergangstemperatur (-85 bis -120 °C). Das stärkste Wachstum von Eiskristallen findet sich dagegen knapp unterm Schmelzpunkt (-80 bis -40 °C).

Eiskristalle sind also bei der Kühlung viel leichter vermeidbar als beim wieder Aufwärmen (Devitrifizierung), denn beim Erwärmen werden zuerst mal Kristallisationskeime aufgenommen und danach kommt man in die Zone des Kristallwachstums.

Vor dem Gebrauch von Eisblockern glaubte man, dass nur hohes Aufwärmtempo, z. B. Radiofrequenz-Aufwärmung, die Kristallbildung während des Aufwärmens vermeiden könne. Die Anwendung von Eisblockern ist ein echter Fortschritt. Allerdings verhindern sie das Kristallwachstum bei der Aufwärmung keineswegs total.

Eisblocker können auf drei Arten wirken, von denen bereits zwei erwähnt wurden: a) durch Bindung von Kristallisationskeimen, b) durch Blockieren der a-Achsen und c) durch Blockierung der c-Achsen von Eiskristallen (Zachariassen und Kristiansen 2000). Eiskristalle können nämlich um 6 Achsen wachsen, die in derselben Ebene liegen, die a-Achsen und eine Achse, welche senkrecht darauf steht, die c-Achse. Bei höheren Temperaturen erfolgt das Wachstum der Eiskristalle entlang der a-Achsen, was das sechseckige Bild von Schneeflocken ausmacht. Das c-Achsen-Wachstum führt zu nadelförmigen Kristallen, die besonders schädlich sein können. In Form von Fischproteinen nehmen wir Eisblocker häufig mit der Nahrung auf (Crevel et al. 2002; Davies und Hew 1990).

Wir berühren hier ein kompliziertes Gebiet der Physik, das uns nur interessiert, soweit man es auf die Kühlung von biologischen Einheiten anwenden kann.

Inzwischen gibt es viele spezielle Untersuchungen zu Antifrosteiweißen, wie sie von Lebewesen in der Natur genutzt werden (s. u.).

Hintergrundinformation
Polymere wie Polyvinylalkohol hindern bei Zusatz z. B. zu Glyzerinlösungen die Eisbildung und Kristallisierung schon in niederen Dosen. Es scheint, dass hierbei eine Zerstörung von Zellen und Geweben durch Kristallbildung vermieden werden kann und auch Gefrierbrüche vermindert werden (Wowk et al. 2000). 21st Century Medicine vertreibt eine Mischung aus 20 % Vinyl Azetat und 80 % Vinyl Alkohol als Supercool X-1000. Es kann die Konzentration an Glyzerin senken, die man für Glyzerin-haltige Vitrifikationsgemische braucht. Polyglyzerol von 21st Century Medicine bindet und inaktiviert Eiweißstoffe, die als Kondensationskerne bei der Eisbildung dienen können (Wowk und Fahy 2002).

Da Eisblocker die Blut-Hirn-Schranke nicht passieren, können sie sich z. B. im Hirn nur im Gefäßsystem aufhalten und dies stellt nur 4 % des Gehirns dar. Eisblocker werden allerdings in Zellen kaum gebraucht, da das Zellinnere wenige Keime für die Kristallbildung enthält. Sie können aber verhindern, dass Eiskristalle in den Gefäßen die Blut-Hirn-Schranke schädigen. Frostschutzmittel gehen oft nur in geringen Mengen durch die kleinen Gefäße und die Gefahr der Eisbildung ist dort dann groß.

Fast scheinen Eisblocker die Lösung aller Probleme zu sein, aber das wäre...

7.5.1   Zu schön um wahr zu sein

Verwendet man Eisblocker ohne die notwendige Konzentration von anderen Frostschutzmitteln oder senkt die Temperatur zu langsam, so kann dies bei tiefen Temperaturen zu einer Eisbildung führen, die gefährlicher ist als die bei höheren Temperaturen. Eisblocker verhindern ja die Eisbildung außerhalb der Zellen. Weil dann den Zellen weniger Wasser durch Eisbildung außerhalb der Zellen entzogen wird, kommt es in solchen Fällen zu Eisbildung in den Zellen, in welche die Eisblocker ja nicht eindringen können.

Der Zusatz von Eisblockern zu Lösungen anderer Frostschutzmittel führte zu verschiedenen guten Erfolgen (Capicciotti et al. 2015; Eisenberg et al. 2012; Marco-Jimenez et al. 2012).

Gegen eine Beimischung von Bestandteilen mit großen Molekülen wie Trehalose oder Saccharose zur Verminderung von Frostschutzmitteln spricht zumindest bei VM-1 – der vitrifizierenden Lösung von Cryonics Institute – eine verminderte „Stabilität" der Hirn-Verglasung, die zu Devitrifizierung (s. u.) und Eisbildung führen kann. Dies ließ sich an Hirnschnitten zeigen. Es sei bemerkt, dass längere Aufbewahrung bei niedrigen Temperaturen über 0 °C problematisch ist (Pichugin 2006a). So ist VM1 schädlicher als Lösungen mit Eisblockern, vitrifiziert aber stabiler. Cryonics Institute verwendet diese Lösung, während Alcor Gemische mit Eisblockern wie M22 benutzt (Übersicht: Ben Best: Vitrification in cryonics https://www.benbest.com/cryonics/cryonics.html).

Eine weitere Gruppe von Frostschutzmitteln sind organische Stoffe mit kleinen Molekülen (Osmolyte) wie Hydroxyectoin, Ectoin und L-Prolin, die von Mikroorganis   men unter Stress gebildet werden. Sie sind verträgliche Lösungen. Diese wurden benutzt, um die Menge von membrangängigen Frostschutzmitteln (die ja oft durch ihre hohe Konzentration oder ihre Eigenschaften schädlich wirken) bei langsamem Einfrieren zu vermindern. Synthetische solche Stoffe sind auch für die Vitrifizierung günstig (Fahy und Wowk 2015; Fahy et al. 2004a, 2013; Freimark 2011; Guan et al. 2013; Leather et al. 1993; Lee und Denlinger 1991; Nickell et al. 2013; Sei et al. 2002; Sformo et al. 2010; Sun et al. 2012; Tan et al. 2012; Ting et al. 2012, 2013; Wowk und Fahy 2002; Wowk et al. 2000; Fahy und Wowk 2015; zitiert nach Bojic et al. 2021).

7.6   Klathrate: Wasser sperrt Gastmoleküle in Käfige, Eis muss draußen bleiben

Klathrate könnten für die Verhinderung der Eisbildung eine interessante Alternative darstellen.

Viele Moleküle ohne elektrische Ladung (apolare Moleküle) können in Wasser gelöst sein, ohne dass elektrische Anziehungskräfte (wie bei der Hydratisierung durch gebundenes Wasser) im Spiel sind.

Nicht elektrische Gruppen in Eiweißstoffen sind z. B. die Methylgruppe (beispielsweise in der Aminosäure Alanin), die Benzylgruppe (z. B. von Phenylalanin)

oder die Isopropylgruppe (z. B. von Valin). Die meisten finden sich an der Oberfläche eines Eiweißes. Sie binden durch sogenannte Wasserstoffbindungen die
relativ schwach sind. Andere werden wegen einer gewissen Abstoßung durch
Wasser (Hydrophobe Kräfte) ins Innere eines großen Eiweißmoleküls gedrängt.
Mit Abnahme der Temperatur wird diese Abstoßung geringer und die Wasserstoffbindungen werden stärker.

Nun, durch all diese Chemie formen Wassermoleküle eine Art Käfig (Klathrat)
um wasserabstoßende (nicht polare) „Gastmoleküle" herum. Dabei bilden die
Wassermoleküle selbst durch elektrische Kräfte ein Hydrat worin die „wasser-
scheuen" Moleküle durch sogenannte van der Waalssche Kräfte eingeschlossen
sind.

Alkohole können sowohl als Gastmoleküle vorkommen als auch die
Klathratbildung behindern. Dies hängt von Temperatur und Druck ab. Klathrate
haben sehr interessante positive Wirkungen. So verhindert die Klathratbildung,
dass sich Wasser in Form von purem Eis von den Lösungen der Gewebe trennt.
Klathrate wie das von Xenon könnten Schäden durch eine hohe Salzkonzentration
verhindern.

Klathrate können Zellen vor Austrocknung schützen, indem sie Wasser in
der Zelle halten. Das ist während des Gefrierens wichtig, wobei normalerweise
Wasser aus der Zelle in die Umgebung austritt. Die Zelle wird vor einem Schaden
geschützt und außerhalb der Zelle bildet sich weniger Eis. Sensationell ist, dass
Xenonklathrate die Zellen davor schützen sollen, dass beim Auftauen wieder Eiskristalle entstehen (Alavi et al. 2010; Makiya et al. 2010).

Klathrate haben aber nicht nur Vorteile. Der Rauminhalt eines Klathrat-Käfigs
ist größer als ein sechskantiges Eismodell mit der gleichen Anzahl von Molekülen,
sogar wenn die Gastmoleküle entfernt werden. Klathrate erzeugen daher voraus-
sichtlich im biologischen Gewebe mehr Schaden als das Einfrieren (die Eiskristallbildung). Klathrat-bildende Gase wie Xenon können, wenn sie frei werden,
Blasen bilden, welche den Kreislauf behindern (Pulver et al. 2018). Klathrate sind
Eiskristallen ähnlich und ihre Bildung wird bei der Verglasung verhindert, wie diejenige der Eiskristalle.

Der entscheidende Nachteil von Klathraten ist ihr großer Rauminhalt und der
mechanische Schaden, der deswegen bei ihrer Bildung verursacht wird (Best B:
Viability, cryoprotectant toxicity and chilling injury in cryonics. https://www.
benbest.com/cryonics/cryonics.html). Für ihren Einsatz im Frostschutz ist jedenfalls mehr Forschung nötig.

Literatur

Alavi S et al (2010) Effect of guest–host hydrogen bonding on the structures and properties of
    clathrate hydrates. Chem-A Eur J 16:1017–1025
Anchordoguy J et al (1987) Modes of interaction of cryoprotectants with membrane
    phospholipids during freezing. Cryobiology 24:324–331
Angell CA, Sare EJ (1970) Glass-forming composition regions and glass transition temperatures
    for aqueous electrolyte solutions. J Chem Phys 52:1058–1068

Bai Y et al (2001) State diagram of apple slices: glass transition and freezing curves. Food Res Internat 34:89–95

Baudot A et al (2000) Glass-forming tendency in the system water–dimethyl sulfoxide. Cryobiology 40:151–158

Benson JD et al (2012) Analytical optimal controls for the state constrained addition and removal of cryoprotective agents. Bull Math Biol 74:1516–1530

Best BP (2015) Cryoprotectant toxicity: facts, issues, and questions. Rejuvenation Res 18:422–436

Bojic S et al (2021) Winter is coming: the future of cryopreservation. BMC Biol 19, 56

Brake NC, Fennema OR (1999) Glass transition values of muscle tissue. J Food Sci 64:10–15

Capicciotti CJ et al (2015) Small molecule ice recrystallization inhibitors enable freezing of human red blood cells with reduced glycerol concentrations. Sci Rep 5:9692

Courbiere B et al (2006) Cryopreservation of the ovary by vitrification as an alternative to slow-cooling protocols. Fertil Steril 86:1243–1251

Crevel RW et al (2002) Antifreeze proteins: occurrence and human exposure. Food Chem Toxicol 4:899–903

Davies PL, Hew CL (1990) Biochemistry of fish antifreeze proteins. FASEB J 4:2460–2468

De Wolf A, De Wolf G (2013) Human cryopreservation research at advanced neural biosciences. In: Sames KH (Hrsg) Applied human cryobiology, Bd 1. Ibidem, Stuttgart, S 45–59

Eisenberg DP et al (2012) Thermal expansion of the cryoprotectant cocktail DP6 combined with synthetic ice modulators in presence and absence of biological tissues. Cryobiology 65:117–125

Fahy GM, Wowk B (2015) Principles of Cryopreservation by Vitrification. Methods Mol Biol 1257:21–82

Fahy GM et al (1990) Cryoprotectant toxicity and cryoprotectant toxicity reduction: in search of molecular mechanisms. Cryobiology 27:247–268

Fahy GM et al (2004a) Improved vitrification solution based on the predictability of vitrification solution toxicity. Cryobiology 42:22–35

Fahy GM et al (2004b) Cryopreservation of organs by vitrification: perspectives and recent advances. Cryobiology 48:157–178

Fahy GM et al (2013) Cryopreservation of precision-cut tissue slices. Xenobiotica 43:113–132

Feldschuh J et al (2005) Successful sperm storage for 28 years. Fertil Steril 84:1017.e3-1017.e4

Fennema OR (1996) Food chemistry, 3. Aufl. CRC Press Inc, Boca Raton. Marcel Dekker, INC, New York

Freimark D (2011) Systematic parameter optimization of a Me(2)SO- and serum-free cryopreservation protocol for human mesenchymal stem cells. Cryobiology 63:67–75

Galhuber M et al (2021) Simple method of thawing cryo-stored samples preserves ultrastructural features in electron microscopy. Histochem Cell Biol 155:593–603

Gautam SK et al (2008) Effect of type of cryoprotectant on morphology and developmental competence of in vitro-matured buffalo (Bubalus bubalis) oocytes subjected to slow freezing or vitrification. Reprod Fertil Dev 20:490–496

Goff HD (1995) The use of thermal analysis in the development of a better understanding of frozen food stability. Pure Appl Chem 67:1801–1808

Guan N et al (2013) Analysis of gene expression changes to elucidate the mechanism of chilling injury in precision-cut liver slices. Toxicol Vitro 27:890–899

Guerreiro BM et al (2016) Physicochemical analysis of antifreeze properties in chemical compounds and proteins for cryopreservation. B.Sc. Thesis, Lissabon

Hopkins JB et al (2012) Effect of common cryoprotectants on critical warming rates and ice formation in aqueous solutions. Cryobiology 65:169–178

Izutsu K et al (2009) Freeze-drying of proteins in glass solids formed by basic amino acids and dicarboxylic acids. Chem Pharm Bull 57:43–48

Karlsson JEM, Toner M (1996) Long–term storage of tissues by cryopreservation: critical issues. Biomaterials 17:243–256

Kashuba CM et al (2014) Rationally optimized cryopreservation of multiple mouse embryonic stem cell lines: I-Comparative fundamental cryobiology of multiple mouse embryonic stem cell lines and the implications for embryonic stem cell cryopreservation protocols. Cryobiology 68:166–175

Kawahara H (2008) Cryoprotectants and ice-binding proteins. In: Margesin R et al (Hrsg) Psychrophiles: from biodiversity to biotechnology. Springer, Berlin, S 229–246

Kilbride P et al (2016) Spatial considerations during cryopreservation of a large volume sample. Cryobiology 73:47–54

Kheirabadi BS, Fahy G (2000) Permanent life support by kindneys perfused with a vitrifiable (7.5 molar) cryoprotectant solution. Transplantation 70:51–57

Leather SR et al (1993) The ecology of insect overwintering. Cambridge University Press, Cambridge

Lee RC (2002) Cytoprotection by stabilization of cell membranes. In Sipe JD et al.: Reparative medicine. Growing tissues and Organs. Ann NY Acad Sci 981:271–275

Lee RE, Denlinger DL (1991) Insects at low temperature. Chapman and Hall, New York

Lemler J et al (2004) The arrest of biological time as a bridge to engineered negligible senescence. Ann NY Acad Sci 1019:559–563

Luechtefeld T et al (2018) Machine learning of toxicological big data enables Read-Across Structure Activity Relationships (RASAR) outperforming animal test reproducibility. Toxicol Sci 165:198–212

Makiya T et al (2010) Synthesis and characterization of clathrate hydrates containing carbon dioxide and ethanol. Phys Chem Chem Phys 12:9927–9932

Marco-Jimenez F et al (2012) Effect of "ice blockers" in solutions for vitrification of in vitro matured ovine oocytes. Cryo Letters 33:41–44

Mazur P (1963) Kinetic of water loss from cells at subzero temperatures and the likelihood of intracellular freezing. J Gen Physiol 47:347–369

Mazur P (1990) Equilibrium, quasi-equilibrium, and nonequilibrium freezing of mammalian embryos. Cell Biophys 175:53–92

Mehl PM (1993) Nucleation and crystal growth in a vitrification solution tested for organ cryopreservation by vitrification. Cryobiology 30:509–518

Naitana S (1997) Polyvinyl alcohol as a defined substitute for serum in vitrification and warming solutions to cryopreserve ovine embryos at different stages of development. Anim Reprod Sci 48:247–256

Nawroth F et al (2002) Vitrification of human spermatozoa without cryoprotectants. Cryo Letters 23:93–102

Nickell PK et al (2013) Antifreeze proteins in the primary urine of larvae of the beetle Dendroides canadensis. The J Exp Biol 216:1695–1703

Pichugin Y (2006a) Problems of long-term cold storage of patients' brains for shipping to CI. The Immotalist 38:14–20

Pulver A et al (2018) Combined approach to the development of protocol for vitrification of bulky biological objects. In: Sames KH (Hrsg) Applied human biostasis, Bd 2. Ibidem, Stuttgart, S 47–55

Regand A, Goff HD (2006) Ice recrystallization inhibition by ice structuring proteins from winter wheat grass. J Dairy Sci 89:49–57

Sames K (1990) Age related changes of morphological parameters in hyaline cartilage. In: Robert L, Hofecker G (Hrsg) The theoretical basis of aging research, Bd 2. Facultas, Wien, S 177–184

Sames K (1994) The role of proteoglycans and glycosaminoglycans in aging. In: Hahn HP (Hrsg) Interdiscip Top Gerontol, Bd 28. Karger, Basel

Schreuders PD et al (1996) Characterization of intraembryonic freezing in anopheles gambiae embryos. Cryobiology 33:487–501

Sei T et al (2002) Growth rate and morphology of ice crystals growing in a solution of trehalose and water. J Cryst Growth 240:218–229

Sformo T et al (2010) Deep supercooling, vitrification and limited survival to −100°C in the Alaskan beetle Cucujus Clavipes Puniceus (Coleoptera: Cucujidae) Larvae. J Exper Biol 21:502–509

Shaw JM et al (1997) Vitrification properties of solutions of ethylene glycol in saline containing PVP, Ficoll, or Dextran. Cryobiology 35:219–229

Shinde P et al (2019) Freezing of dendritic cells with trehalose as an additive in the conventional freezing medium results in improved recovery after cryopreservation. Transfusion 59:686–696

Solanki PK et al (2017) Thermo-mechanical stress analysis of cryopreservation in cryobags and the potential benefit of nano warming. Cryobiology 76:129–139

Solocinski J et al (2017) Effect of trehalose as an additive to dimethyl sulfoxide solutions on ice formation, cellular viability, and metabolism. Cryobiology 75:134–143

Sputtek A (1996) Kryokonservierung von Blutzellen. In: Müller-Eckhard C (Hrsg) Transfusionsmedizin, Grundlagen, Therapie, Methodik, 2. Aufl. Springer, Berlin, S 125–135

Sun WQ (1999) State and phase transition behaviors of Quercus rubra seed axes and cotyledonary tissues: relevance to the desiccation sensitivity and cryopreservation of recalcitrant seeds. Cryobiology 38:372–385

Sun H et al (2012) Compatible solutes improve cryopreservation of human endothelial cells. Cryo Letters 33:485–493

Tan X et al (2012) Successful vitrification of mouse ovaries using less-concentrated cryoprotectants with Supercool X-1000 supplementation. In Vitro Cell Dev Biol Anim 48:69–74

Tas RP et al (2021) From the freezer to the clinic. EMBO Rep 22:e52162

Ting AY et al (2012) Synthetic polymers improve vitrification outcomes of macaque ovarian tissue as assessed by histological integrity and the in vitro development of secondary follicles. Cryobiology 65:1–11

Ting AY et al (2013) Morphological and functional preservation of pre-antral follicles after vitrification of macaque ovarian tissue in a closed system. Hum Reprod 28:1267–1279

Uhlmann DR (1972) A kinetic treatment of glass formation. J Non-Cryst Solids 7:337–348

Valojerdi MR et al (2009) Vitrification versus slow freezing gives excellent survival, post warming embryo morphology and pregnancy outcomes for human cleaved embryos. J Assist Reprod Genet 26:347–354

Weng L et al (2011) Molecular dynamics study of effects of temperature and concentration on hydrogen-bond abilities of ethylene glycol and glycerol: implications for cryopreservation. J Phys Chem A 115:4729–4737

Wolkers WF, Oldenhof H (2021) Principles underlying cryopreservation and freeze-drying of cells and tissues. Methods Mol Biol 2180:3–25

Wowk B (2007) How cryoprotectants work. Cryonics (Alcor) 3. Quart (2007) (www.Alcor.org)

Wowk B (2010) Thermodynamic aspects of vitrification. Cryobiology 60:11–22

Wowk B, Fahy GM (2002) Inhibition of bacterial ice nucleation by polyglycerol polymers. Cryobiology 44:14–23

Wowk B et al (2000) Vitrification enhancement by synthetic ice blocking agents. Cryobiology 40:228–236

Zachariassen KE, Kristiansen E (2000) Ice nucleation and antinucleation in Nature. Cryobiology 41:257–279

Verbleibende Hürden und erstaunliche Lösungsansätze

8

8.1 Wie Zellen gefüttert werden, Stoffaustausch zwischen Blut und Zellen

Bei einem Stopp der Durchblutung können zwei gegensätzliche Reaktionen auftreten. Zum einen können die Blutgefäße verstopfen, zum andern können die Gefäßwände „undicht" (permeabel) werden. Beim Kreislaufstillstand und Verlust der Energiespender, welche über das Blut zu den Zellen gelangen, versagen wichtige Lebensvorgänge der Zellen. Auch die Innenwandzellen der Blutgefäße sind betroffen. Sie schwellen und dadurch werden Gefäße eingeengt.

Gewebeschwellungen entstehen dagegen besonders bei Schädigung der Blutgefäße, wenn z. B. die Gefäßwände durch einen Stopp der Durchblutung und seine Folgen durchlässiger werden und auch große Moleküle durchlassen. Das ist vor allem im Gehirn wichtig. Es kann Wasser in das Gewebe und die Zellen übertreten und zur Hirnschwellung führen.

Normalerweise befinden sich 67 % der Flüssigkeiten in Zellen, 26 % außerhalb der Zellen und 7 % im Blut. Daran lässt sich ablesen, welche Mengen aus den Gefäßen fließen und auch wieder zurückströmen müssen.

8.1.1 Rolle der Zellmembran als „Mund" der Zelle

Die Wanderung von Teilchen mit elektrischer Ladung wird an Membranen mehr oder weniger blockiert. Die Zellmembran schützt das Innere der Zelle mit seiner Stoffwechselchemie vor Einwirkungen der Umgebung. Damit ist aber erst mal auch die Zufuhr von Stoffen für den Stoffwechsel blockiert und die nützlichen Produkte des Stoffwechsels wie auch seine Abfallprodukte können die Zellmembran nur passieren, soweit sie fähig sind, durch die Membran zu wandern. Die Membran selbst ist ja teildurchlässig (semipermeabel).

© Der/die Autor(en), exklusiv lizenziert an Springer-Verlag GmbH, DE, ein Teil von Springer Nature 2022
K. H. Sames, *Kryokonservierung – Zukünftige Perspektiven von Organtransplantation bis Kryonik*, https://doi.org/10.1007/978-3-662-65144-5_8

Damit die Zellmembran keine unüberwindliche Grenze darstellt und eine Reaktion der Zelle mit ihrer Umgebung möglich bleibt, muss es Durchlässe geben. Man könnte das mit dem römischen Limes vergleichen, der keine totale Sperre war, sondern eher zur Kontrolle von Transport und Austausch diente. In der Zellmembran gibt es dafür Kanäle. Diese gestatten speziellen Stoffen die Wanderung über die Membran, auch ohne dass sie diese durchdringen müssen.

Diese in der Zellmembran existierenden Kanäle aus Eiweißen erlauben manchen Stoffen eine schnelle Durchwanderung, z. B. Wasser Natriumionen (Na^+) oder Kaliumionen (K^+).

Ob eine Zelle in einer Lösung durch Verlust von Wasser schrumpft, hängt von den Eigenschaften der Zellmembran und – wie besprochen – von dem osmotischen Druck (Tonizität) der Lösungen in der Zelle im Verhältnis zu demjenigen außerhalb der Zelle ab.

Zellmembranen bestehen aus einer doppelten Lage von Phosphor-haltigen Fettstoffmolekülen, durchsetzt von eingebauten Eiweißmolekülen. Daher gehen fettlösliche Stoffe leichter durch die Membran (z. B. Sauerstoff, Stickstoff, Kohlendioxyd und Alkohole), während Moleküle mit positiven oder negativen Ladungen eher blockiert werden. Moleküle können aber auch durch die Kanäle wandern, die durch die Zellmembran führen. Zum Beispiel kann mit ihrer Hilfe Wasser schnell die Zellmembran passieren. Die Öffnung der Kanäle kann dabei von Zellen kontrolliert werden. Die Eiweißmoleküle der Kanäle sind nicht die einzigen in der Zellmembran. Eiweißstoffe mit unterschiedlicher Wirkung sitzen auf der Membran oder gehen hindurch (ein Trick um innen und außen lückenlos zu verbinden).

Zuerst muss ein Stoff aber aus dem Blut in die Umgebung der Zelle gelangen. Ist ein Stoff im Blut stark angereichert, so wandert (diffundiert) er – wenn möglich – durch die Gefäßwand ins Gewebe. Ist ein Stoff im Gewebe stärker angereichert als im Blut so kann er umgekehrt – entsprechend den Gesetzen der Osmose – durch die Gefäßwand ins Blut wandern, um die Konzentration auszugleichen.

In der Kryonik gibt man nun sehr hoch angereicherte Lösungen von Frostschutzmitteln, weil sie ins Gewebe und in die Zellen wandern sollen.

Ist die Wanderung nicht möglich, so entsteht ein osmotischer Druck (s. o.). Dieser zieht zum Beispiel Wasser an oder zum Ausgleich wandern andere Stoffe. Jedes Molekül, ob klein oder groß, trägt in gleicher Weise zum osmotischen Druck bei. Wie erwähnt ist der osmotische Druck für einen Stoff aus kleinen Molekülen deswegen höher als der osmotische Druck eines Stoffs mit großen Molekülen, wenn beide in gleicher Menge vorliegen (z. B. das gleiche Gewicht haben). Streng genommen ist für den osmotischen Druck die Zahl der Teilchen (Moleküle wie Ionen) entscheidend. Kann ein Molekül wie NaCl mehr als ein Ion freisetzen so ist die Zahl seiner Ionen für den osmotischen Druck verantwortlich.

Die sogenannte Osmolarität ist die Zahl der Teilchen in einem Liter Lösung. Dagegen ist die Osmolalität die Zahl der Teilchen in einem Kilogramm einer Lösung.

Auch die Wände der Blutgefäße bestehen aus Zellmembranen, aber auch aus anderen Membranen. Die Blut-Hirn-Schranke besteht aus aneinander grenzenden

Membranen von Zellen und dazwischen gelegenem Membranmaterial. Nach einem ähnlichen Prinzip sind andere Grenzen zwischen Zellen und Blutbahn gebaut, z. B. In Lungenbläschen und Hormondrüsen.

Besonders für den Transport von Aminosäuren, die als Überträgerstoffe der Nervenerregung dienen, wird normalerweise der Übertritt über die Blut-Hirn-Schranke begrenzt, sodass keine Überschwemmung des Gehirns mit diesen Stoffen entsteht (Bernacki et al. 2008). Das gilt z. B. für den Überträgerstoff Norepinephrin aus der Nebenniere.

Auf die gleiche Weise werden auch andere Stoffe reguliert, welche für das Gehirn eine Rolle spielen. Auch Wasser gelangt schwerer über die Schranke als über andere Haargefäßwände. Für verschiedene Ionen gilt dies ebenso (Smith und Rapoport 1986; Padridge 2003, 2005). Die Blut-Hirn-Schranke ist also ein besonderer Kontrollpunkt und interessiert die Kryonik in hohem Maße, weil die Erhaltung des Hirns von zentraler Bedeutung ist.

Stoffe aus der Blutbahn wandern so im Allgemeinen über die Wandungen der Haargefäße ins Gewebe und in die Zellen. Im Gehirn sind jedoch die Innenwandzellen der Gefäße ohne Zwischenräume dicht gefügt. Dies beeinflusst den Transport von Stoffen über die Blut-Hirn-Schranke. Diese Schranke ist gegen einen Durchblutungsstopp besonders empfindlich und bei einer Wiederdurchströmung, die auf einen Stopp folgt, nimmt die Durchlässigkeit über die Zwischenräume der Zellen zu (Witt et al. 2003).

Bei der Frostschutzmittel-Durchströmung ist eine erhöhte Durchlässigkeit erwünscht. Zufällig ist DMSO nicht nur Frostschutzmittel, sondern wurde auch (neben Äthanol und Detergenzien) bei der künstlichen Durchströmung (Perfusion) benutzt, um die Blut-Hirn-Schranke zu öffnen (Pardridge 2005). Diese Wirkung ist also auch in verschiedenen Vitrifikationslösungen enthalten. Ebenso wurden Capsaicin und das Kontrastmittel Optison benutzt, um die Blut-Hirn-Schranke aufzubrechen (Hu 2005; Mychaskiw et al. 2000). Obwohl das momentane Vorgehen eine genügende Sättigung des Hirns mit Frostschutzmitteln gewährleistet, ist das Passieren der Blut-Hirn-Schranke schwer zu steuern. Sie müsste gezielt geöffnet werden, ohne dass es zur Hirnschwellung kommt.

In Gefäßen herrscht während des Lebens nicht nur osmotischer Druck, sondern auch dynamischer Blutdruck. In den Haargefäßen erreicht der Blutdruck auf der Venenseite, die zum Herzen zurückführt, aber den Nullwert. Das Blut kann nur zum Herzen fließen, weil Venenklappen den Rückfluss hindern und das Herz einen Sog ausübt. In den Haargefäßen herrscht an ihrem Anfang auf der Arterienseite noch ein höherer Druck. Dadurch tritt Flüssigkeit ins Gewebe aus, welche von Lymphgefäßen wieder gesammelt und zu den Venen transportiert wird.

Durch die Aufteilung in Haargefäße nimmt der Durchmesser aller Blutgefäße zusammen genommen zu. So fällt der Blutdruck durch den Widerstand der Gefäße ab.

Bei der künstlichen Durchströmung (z. B. Perfusion in der Kryonik) fließen typischerweise 1 oder 2 l/min bei einem Druck von 80 mm Quecksilbersäule. Nimmt die Zähflüssigkeit der Lösung zu (zum Beispiel durch Abkühlung), muss der Druck steigen um die Durchflussmenge zu erhalten, oder die Flüssigkeit fließt langsamer. Würden die Gefäße unter einem zu hohen Druck bersten, so könnte eine Perfusion fehlschlagen.

Bei geeigneten Konzentrationen von Polymeren wie PVP, K360, Dextran 500 und Dextransulfat 500 erhöht sich die Zähflüssigkeit. Eine Erniedrigung der Temperatur erhöht ebenfalls die Zähflüssigkeit. Ein erhöhter Strömungsdruck bei Hirnen mit 24 und 48 h kaltem Durchblutungsstopp verschlechterte das Resultat (De Wolf und De Wolf 2013).

Die Erstarrungstemperatur von Glyzerin liegt bei $-90\,°C$. Wenn bei $-78\,°C$ in Trockeneis transportiert wurde, war das Glyzerin also noch zähflüssig, aber Glyzerin ist bei dieser Temperatur zäh genug, um einen Patienten für ein paar Tage in Trockeneis zu halten.

Bei $37\,°C$ ist Glyzerin fast 600-mal zäher als Wasser, bei $10\,°C$ natürlich wesentlich höher.

Glücklicherweise sind die neuen Frostschutzmittel wesentlich weniger zähflüssig als das früher verwendete Glyzerin (Übersicht: Best B: Perfusion and diffusion in cryonics protocol https://www.benbest.com/cryonics/cryonics.html).

8.2   Hindernisse für die Aufbewahrung von Zellen und Gewebe

Neben den erwähnten Hindernissen bei Kühlung, Erwärmung und Frostschutz bestehen weitere wie Gefrierbrand und Kälteschock sowie Schwierigkeiten bei der praktischen Durchführung der Kryonik.

8.2.1   Probleme der Durchführbarkeit bei Vitrifikation und Wiedererwärmung

Eine Übersicht über die Schäden durch die Kryokonservierung hat Ben Best gegeben (Best 2018). Das vielleicht wichtigste biologische Hindernis für die Kryonik ist, dass die Wiederbelebung erst Sinn hat, wenn Alternsveränderungen und Krankheitsfolgen behoben werden können, ein langwieriges Unterfangen.

Krankheits- und Alternsveränderungen kann erst die Zukunft – vielleicht – beseitigen. Das Hauptproblem beim praktischen Vorgehen ist somit, dass die Kryonik – wie bereits erwähnt – heute noch, den „Tod" mitsamt Alterns- und Krankheitsschäden abwarten muss. Praktische Hemmnisse für die Kryonik hat A. De Wolf (2018) zusammengestellt.

Wichtig sind: „Kälteschock", pH-Verschiebungen, Phasenumwandlungen und Separationen in den Membranen, Lipidperoxidation, Bläschenbildung, Eiweißveränderungen, Wirkungen freier Radikale, sogenannter thermoelastischer Stress, Versprödung, Rissbildung, Devitrifizierung und Kristallisierung beim Erwärmen (s. bei Sputtek 1996).

Wir können – zum Glück für den Leser – in diesem Buch nicht alle diese Vorgänge in jedem Detail besprechen. Ein Oberbegriff heißt: Zellschädigung. Einige der Veränderungen haben eine gemeinsame Ursache und nicht jede erfordert eigene Gegenmaßnahmen.

Kryonik funktioniert erstaunlicherweise trotzdem bereits an Zellen und kleinen Organen.

Die ältere Methode, Zellkulturen mittels Glyzerins zu schützen, zeigt, dass es vor allem die Konzentration ist, welche Frostschutzlösungen schädlich macht. Während Glyzerin in gesunden Zellen als wichtiger Bestandteil des Zuckerstoffwechsels vorkommt, ohne bei normalen Konzentrationen schädlich zu sein, sind die hohen Konzentrationen, wie man sie für den Frostschutz verwendet, schädlich. Nebenbei gesagt, sind auch fast alle Stoffe unserer Nahrung in sehr hohen Konzentrationen giftig. Durch Kühlung wird die Schadwirkung vermindert (Fahy et al. 1990a, b, 2004; Wowk et al. 2000). Die Schädigung kann daher durch verkürzte Einwirkung auf die Probe, durch Verdünnung oder durch Temperaturerniedrigung vermindert werden oder man kann statt reiner Lösung Gemische verwenden. Die Temperatur sollte im Idealfall auf bis zu +10 bis −4 °C erniedrigt sein, bevor die höchsten notwendigen Konzentrationen von Frostschutzmitteln zur Anwendung kommen.

Bei der Wiedererwärmung z. B. von Kulturzellen sorgt man für schnelles Erreichen des flüssigen Zustands und schnelle Verdünnung, und das funktioniert an Zellkulturen bereits seit Langem routinemäßig.

Die Schadwirkung der Frostschutzmittel wird in der Wärme wieder gefährlicher. Die Schwierigkeiten bei der Wiedererwärmung werden unten besprochen.

8.3 Probleme mit Objektgröße, Gefrierbrand und Kälteschock

Man darf ein Organ nicht als einen einheitlichen Klotz sehen. Wir kühlen über den Kreislauf, solange die Strömung aufrechterhalten werden kann. Da die Haargefäße auf einen Abstand von Nanometern an die wichtigsten Zellen herankommen, sind die Schichten zwischen Gefäßen und Zellen sehr dünn, und wir schalten die Pumpe möglichst erst dann ab, wenn Frostschutzmittel überall hingelangt ist. Beim Abschalten der Pumpe, wenn die Frostschutzlösung durch die Kühlung zu zäh wird, kann aber die Kühlung nicht mehr über den Kreislauf erfolgen. Jetzt erfolgt die Kühlung nur noch von außen her.

Beim Gefrieren wie bei der Verglasung wird aber dann das gesamte Gewebe zu einem festen Klotz. Er wird nur von der Oberfläche her gekühlt bzw. erwärmt. Im Inneren hinkt die Temperaturveränderung nach. Das führt zu Spannungen und Rissen. Risse treten auf, wenn unterhalb der Glasübergangstemperatur weiter gekühlt wird (Adam et al. 1990, s. u.). Schon wenige Milliliter Proben zeigen Risse bei einer Kühlung auf die Temperatur von flüssigem Stickstoff.

Das Brechen tritt vor allem bei schneller Kühlung wie auch Erwärmung (s. u.) auf.

Leider sind verglaste Frostschutzlösungen recht empfindlich gegenüber thermodynamischem Stress. Man kann dem heute nur begrenzt entgegenwirken, indem man die Kühlung kurz vor dem Erreichen der Glasübergangstemperatur für längere Zeit anhält, damit die Temperaturen sich zwischen Äußerem und Innerem ausgleichen können. Zudem führt man die Kühlung von der Glasübergangstemperatur auf die Temperatur von flüssigem Stickstoff hinab sehr langsam durch.

Die großen Nachteile der Verglasung sind also insgesamt die toxischen Wirkungen, das Brechen oder Bersten und die Möglichkeit einer Eisbildung innerhalb der Zelle durch die schnelle Kühlung. Die obere Grenze der Schädigung bei Verglasung liegt laut dem Institut 21. Century Medicine bei 2 % Eiskristallbildung.

Ob man die Kühlung so verzögern kann, dass keine Risse auftreten, ist beim Menschen aus praktischen Gründen kaum zu testen. Es könnte in der Praxis bei einem so großen Körper einfach zu lange dauern.

Heute werden bei der Tiefkühlung von menschlichen Körpern die Risse nicht repariert. Dies bleibt wie die Beseitigung von Altersveränderungen und Krankheitsfolgen der Zukunft überlassen. Die Reparatur eines Risses dürfte ein simpleres Problem sein als beispielsweise der Stopp und die Beseitigung von Altersveränderungen. In Tierversuchen oder bei der Kryokonservierung von Transplantatorganen, in denen man eine Wiederbelebung versucht, muss man sich aber aktuell mit diesem Problem befassen.

Eisblocker vermindern das Ausmaß der Gefrierbrüche, verhindern sie aber nicht völlig.

Eine fast ideale Möglichkeit wäre die Lagerung bei Temperaturen nahe der Glasübergangstemperatur, aber die Temperatur darf nicht höher sein, da oberhalb von $-138\,°C$ große Eisbezirke auf Kosten der kleineren (harmloseren) zunehmen. Dadurch ist z. B. eine Lagerung bei $-80\,°C$ für längere Zeit als ein halbes Jahr schädlich. Man muss daher bei Temperaturen knapp unterhalb von -138 bis $-140\,°C$ lagern (Petrenko et al. 1999). Dagegen spricht vielleicht das Überleben winziger Lebewesen für etwa 20.000 Jahre bei den relativ hohen polaren Temperaturen, wie wir es weiter unten besprechen.

Das Institut Alcor machte einen Versuch mit einer Lagerung bei Temperaturen, die nicht weit unter der Glasübergangstemperatur liegen.

Risse treten ja erst unterhalb der Glasübergangstemperatur auf. Je tiefer die Temperatur unter der Glasübergangstemperatur liegt, desto intensiver sind die Gefrierbrüche. Leider ist die verfügbare Technik für eine Lagerung bei Temperaturen oberhalb von $-196\,°C$ nicht ganz so simpel wie die Aufbewahrung in flüssigem Stickstoff. Weiter ist die Lagerung bei entsprechend hohen Temperaturen teuer (Best 2013a, b; Fahy et al. 1990a, b; Wowk 2011).

Bei Cryonics Institut (CI) in Michigan geht man jetzt tatsächlich mit der Vitrifikationslösung VM1 bis auf Stickstofftemperatur hinunter, wodurch die Dauerkühlung vereinfacht wird, während sich das Problem der Risse verstärkt. Deswegen kühlt man schnell bis $-120\,°C$ mit VM1-Frostschutzlösung und dann langsam über etwa 5 Tage bis auf die Temperatur von flüssigem Stickstoff, um die Bruchschäden möglichst gering zu halten.

Die Grenze für eine annehmbare Abweichung in der Kühlgeschwindigkeit zwischen Äußerem und Innerem einer Probe liegt etwa bei 1 mm Schichtdicke.

D. h. bisher sind nur bei Stückchen von Kantenlängen unter einem Millimeter die Unterschiede zwischen innen und außen zu gering, um Risse zu erzeugen.

1990 veröffentlichten G. Fahy et al. Ergebnisse von Versuchen zu Gefrierbrüchen mit Propylenglycol als Frostschutzmittel. Propylenglycol hat eine Glasübergangstemperatur von −108 °C, aber in der Trägerlösung RPS-2 gelöst beträgt sie −102 °C. In einem Experiment begannen die Gefrierbrüche für kleinere Proben bei niedrigeren Temperaturen: −143 °C für eine 46-ml-Probe, −116° für 482 ml und −111° für 1412 ml, dieser letzte Rauminhalt ist mit dem eines menschlichen Gehirns vergleichbar.

Bei den tieferen Temperaturen waren die Risse dünner und zahlreicher als bei höheren Temperaturen. Je niedriger die Temperatur unter der Glasübergangstemperatur lag, desto stärker und feiner verteilt waren die Gefrierbrüche (Rabin und Plitz 2005). Große Risse traten durch schnellere Kühlung und bei höheren Temperaturen auf.

Das Institut Alcor benutzte eine drastische Methode zum Nachweis des Crackings. Man plazierte ein Abhörgerät („crackphone") unter die Schädeldecke, um das Brechen zu hören. Biologische Objekte widerstehen zum Glück dem Brechen besser als reine Lösung (mit der die Vorversuche oft gemacht werden).

Eine Frage aber ist noch offen, nämlich ob eine stärkere Beweglichkeit von Molekülen besteht, wenn man bei −140 °C statt in flüssigem Stickstoff lagert (s. bei Ben Best 2013a, b). Also könnte die Aufbewahrung bei −196 °C doch am Ende günstiger sein.

Nahe der Glasübergangstemperatur kann man zur Vermeidung der oberflächlichen Gefrierbrüche langsamer kühlen, weil die Zähflüssigkeit für eine Eisbildung bereits zu hoch ist. Objekte von der Größe eines menschlichen Kopfes können ohne Gefrierbrüche nicht mehr als 20 °C unter der Glasübergangstemperatur gehalten werden. Die Aufbewahrung bei Temperaturen knapp unter der Glasübergangstemperatur reduziert Gefrierbrüche und die Bildung von Kristallisationskeimen, verhindert sie aber doch nicht völlig. Eine Erhöhung der Wärmeleitfähigkeit könnte die Brüche möglicherweise verhindern.

Leider können auch bei −130 °C-Lagerung dort Brüche auftreten, wo die Perfusion nicht alle Gewebeareale erreicht. Zudem ist nicht klar, wie lange man bei diesen Temperaturen wirklich lagern kann. Z. B können bei solchen Temperaturen auch Strahlen leichter einwirken.

Flüssiger Stickstoff ist zurzeit einfach das sicherste und preiswerteste Medium für die Aufbewahrung tiefgekühlter biologischer Objekte (Best B: Vitrification in cryonics https://www.benbest.com/cryonics/vitrify.html).

8.3.1 Weite Wege, ungleiche Strukturen

Bei großen Objekten kommen zu den großen Strecken für Austauschvorgänge Eigenschaften im Aufbau der Gewebe hinzu d. h. sie spielen hier eine größere Rolle als in kleineren Einheiten. Gegenseitige Abhängigkeiten von Strukturen existieren in vieler Hinsicht z. B. Vernetzung von Zellen mit anderen Zellen und von Zellen mit Grundsubstanzen sowie umgekehrt. Im gleichen Organ gibt es unterschiedliche Zell- und Gewebearten (Arbeitsgewebe, Nerven, Gefäße). Auch die Grundsubstanz zwischen den Zellen leidet z. B. bei langsamem Einfrieren (Schenke-Layland et al. 2007). Bei künstlichen Geweben kommen Eigenschaften von Kunststoffen hinzu. Wenn die Wärmeverteilung innerhalb des Gewebes Unterschiede aufweist kommt es leichter zu Brüchen. In Blutgefäßen kann Wasser verbleiben, dort frieren und zum Aufreißen führen. Das alles kann zu Ungleichheiten bei Temperaturänderungen führen.

Verzögerungen bei der Durchströmung oder Temperaturänderung in dicken Schichten erhöhen natürlich auch die Gefahr, dass sich schädliche Beeinträchtigungen häufen (Baxter und Lathe 1971). Auch ist die Unterscheidung der Folgen von Belastungen durch Verglasung und Wiedererwärmung sowie der Schadwirkung von Frostschutzmitteln schwierig. Dazu kommen methodische Variationen für die speziellen Zelltypen (siehe z. B. Fahy 2013; McLellan und Day 1995). Erforderlich wäre vor allem eine höhere Geschwindigkeit von Kühlung und Erwärmung im Inneren der Probe.

Die Wanderungs- und Durchdringungsgeschwindigkeiten von Molekülen werden in Geweben zusätzlich bei niedriger Temperatur erniedrigt. Im Inneren kann die Selbstverdauung des Gewebes bei aussetzender Durchblutung früh einsetzen. Der Gewebeverband eröffnet anders als Zellkulturen auch Schadmöglichkeiten der Zellverbindungen usw.

Im Inneren eines großen Organs kann die Temperaturveränderung so verzögert sein, dass während der Kühlung das noch nicht mit Frostschutzmittel durchtränkte Gewebe Schaden erleidet.

Bei einem Rauminhalt, der im Vergleich zur Oberfläche groß ist, benötigen die Vitrifizierungslösungen infolgedessen eine höhere Startkonzentration, um im Inneren in wirksamer Konzentration anzukommen. Allerdings ist das bei der Kühlung kein großes Problem, solange eine Perfusion läuft. Es ist interessant Lösungen zu finden, welche eine viel langsamere Kühlung und Erwärmung erlauben, ohne dass Eiskristalle entstehen. So kann man der Durchwanderung Zeit geben und mit niedrigeren Konzentrationen arbeiten. Das wurde für die Lösung DP6 gezeigt, und verschiedene Zusätze verstärkten diese Eigenschaft noch (Wowk et al. 2018).

Haargefäße in Gewebestückchen verbessern ohne Durchströmung die Wanderung von Stoffen anscheinend nicht, z. B. in isolierten Gewebeproben, welche nicht an den Blutkreislauf angeschlossen sind. Diese sind daher nur bedingt geeignet, um die Anwendung von Frostschutzlösungen zu untersuchen. Bei einer 1 cm^3 großen Probe wurde eine Verzögerung von 1 h für die DMSO-Aufnahme im Inneren der Probe (Herzmuskelgewebe vom Schwein) im Vergleich zur Oberfläche festgestellt. Dadurch sind Schäden an oberflächlichen Zellen kaum zu vermeiden, falls man mit der Kühlung so lange wartet, bis die notwendige Konzentration an Frostschutzmitteln im Inneren erreicht ist.

Sind jedoch viele Haargefäße (Kapillaren) im Gewebe vorhanden, so wird der Vorgang beschleunigt, solange die Frostschutzlösung in ihnen fließt. Kapillaren kommen in Geweben mit regem Stoffwechsel eng an die Zellen heran, meist auf Distanzen weit unterhalb des Millimeterbereichs. Daher ist der Wärmeaustausch und das Angebot von Frostschutzstoffen für die Zellen günstig, solange die Lösung fließt.

Bleisinger et al. berichteten 2020 über die Beobachtung der Durchströmung mithilfe eines Jod-haltigen Kontrastmittels an Rattenherzen. Danach durchströmte DMSO bei Raumtemperatur die Zellen und die außerzellulären Räume in 35 sec bis zu einem 95 %igen Ausgleich. Das folgende Auswaschen benötigt 49 sec. Die Autoren raten zur Verkürzung der Durchströmung mit toxischen Frostschutzmitteln oberhalb des Gefrierpunkts. Die Schichtdicke des Gewebes scheint bei Perfusion kein Hindernis für die Aufnahme eines Frostschutzmittels zu sein.

Da die Frostschutzlösungen bereits oberhalb des Gefrierpunkts von Wasser angeboten werden, sind die Strecken, welche sie überwinden müssen gering, nämlich nur von den Haargefäßen zu den Zellen. Erst wenn die Strömung langsamer wird und stoppt, nehmen Verzögerungen zu. Dann sollten idealerweise die Frostschutzstoffe bereits in den Zellen angekommen sein und zwar bei Temperaturen, bei denen ihre schädliche Wirkung bereits stark abgenommen hat. Die Verzögerungen im Inneren großer Proben machen sich daher besonders beim Auftauen und der dabei erfolgenden Verdünnung schädlicher Frostschutzmittelkonzentrationen bemerkbar.

Verzögerungen sind übrigens nicht nur ungünstig. Sie mildern eine zu schnelle Anreicherung oder Verdünnung ab. Dadurch werden auch ein zu schneller Wechsel des osmotischen Drucks und die Schäden, die damit verbunden sein können verringert. Fahy und seine Mitarbeiter haben (1990a, b) die Probleme bei der Kühlung großer Körper zusammengefasst.

Trotz aller Schwierigkeiten ist Forschung an großen Objekten notwendig. Z. B. reagieren isolierte Zellen besonders nach längerer Zeit in Kultur anders als Zellen in lebendem Gewebe. Dies betrifft z. B. Durchlässigkeit der Membranen, den Wasserentzug und die Kristallisierung (Karlsson und Toner 1996). Es leuchtet ein, dass Zellkulturen als alleiniges Modell für die Kryobiologie untauglich sind. Dies unterstreicht unsere Ansicht, dass man auch an Organen, an Tieren und selbst an verstorbenen Menschen forschen sollte.

8.4 Gefrierbrand (chilling injury) und Kälteschock (cold shock)

Diese Erscheinungen vermindern die Lebensfähigkeit von Zellen bei niedrigen Temperaturen auch oberhalb des Gefrierpunkts, die jedoch nicht so hoch sind, dass die Zellen von Warmblütern normal funktionieren. Gefrierbrand in Tierzellen kommt wahrscheinlich durch einen Phasenübergang in Zellmembranen zustande (Hays et al. 2001).

Der Kälteschock zeigt sich durch verminderte Lebensfähigkeit der Zellen. Er tritt entweder durch einen rasanten oder durch einen tiefen Abfall in der Temperatur ein (Al-Fageeh und Smales 2006). Die Struktur der Kernsäuren DNA und RNA sowie Eiweißmoleküle, die mit ihnen reagieren, spielen hierbei eine Rolle. Der Kälteschock wurde am sorgfältigsten an Bakterien untersucht. Er betrifft tatsächlich ebenfalls fast unmittelbar die Fettstoffe der Membranen (Weber und Marahiel 2002). Die Durchwanderung von Stoffen durch die Zellmembran ist dabei vermindert.

Es gibt eine Überlappung der Einwirkungen von Kälteschock und Gefrierbrand auf Zell-Organellen, besonders an den Membranen. Leider sind die Bezeichnungen etwas konfus.

Fettstoffe in Zellmembranen sind die Moleküle, welche Wasser abstoßen. Sie sollen bei Gefrierbrand während der Kühlung von der flüssigen Phase zu einer zähen halbfesten Gelphase übergehen, und zwar zwischen 0 und −20 °C. In diesem Temperaturbereich ist der Gefrierbrand am ausgeprägtesten (Murata et al. 1992). Dabei erhöht sich die Durchlässigkeit von Membranen wegen Unregelmäßigkeiten in der Packung von Molekülen zwischen flüssiger Phase und dieser halbfesten Gel-Phase.

Hintergrundinformation
Wichtiger ist wohl eine Reaktion zwischen Eiweißmolekülen in den Membranen und dort gelegenen Fettstoffen, die Phosphorverbindungen enthalten (Phospholipiden), welche etwas mit dem Übergang zwischen den Phasen zu tun haben.

In seinem Verglasungsversuch mit Ethylenglykol an Embryonen der Fliege Drosophila (Taufliege), welche bereits 50.000 Zellen besitzen, fand der Kryobiologe Mazur, dass die Embryos extrem empfindlich gegen Gefrierbrand waren. Solche Embryos besitzen bereits Gewebe und Organe wie Muskeln und Nerven. Für diese Embryos war das Unterlaufen des Gefrierbrands durch Kühlung um 20.000 °C pro Minute für die erfolgreiche Verglasung unverzichtbar (Mazur et al. 1992a, b). Auch bei Hausfliegen wurden Schäden durch freie Radikale während des Gefrierbrandes nachgewiesen (Rojas und Leopold 1996). Fischembryos können selbst durch solch rapide Kühlung nicht kryokonserviert werden (Liu et al. 2001).

Auch Blutplättchen sind besonders durch Gefrierbrand verletzlich und somit sind auch erwachsene Säugetiere betroffen (Gousset et al. 2004).

Ein anderer Schaden durch Gefrierbrand und Kälteschock ist die Veränderung (Denaturierung) von Eiweißen. Einige der betroffenen Eiweißstoffe sind ausgerechnet antioxidative Enzyme, welche gefährliche Sauerstoffverbindungen und freie Radikale unschädlich machen. Besonders sind Formen des Enzyms Superoxid-Dismutase (SOD) wichtig. Aber auch das antioxidative Enzym Katalase zeigt eine Abnahme seiner Aktivität bei Erniedrigung der Temperatur. Diese Enzyme spielen eine wesentliche Rolle beim Umgang mit den freien Radikalen.

Bei der Kühlung von Schnitten aus der Rinde der Rattenniere in Vitrifikationslösung nimmt der Gefrierbrand von 0 °C bis −85 °C linear zu. Das ist nicht durch einen Phasenübergang der Membranen zu erklären. Dabei ist die Lebensfähigkeit der Zellen das Maß (Fahy et al. 2004).

Das K-/Na-Verhältnis ist hier um 85–90 % vermindert. Das Verhältnis von K-/Na-Ionen in der Zelle sagt aus, dass die K-Na-Pumpen funktionieren und die

Zellmembranen intakt sind. Die Pumpe funktioniert nur, wenn genügend energiereiches Phosphat (z. B. ATP) gebildet wird. Wenn z. B. das K-/Na-Verhältnis 85 % (des Normalwerts) beträgt, werden die Zellen als 85 %ig vital bezeichnet. Die Messung ist preiswert und einfach (s. auch Best B: viability, cryoprotectant toxicity and chilling injury in cryonics. https://www.benbest.com/cryonics/viable.html).

8.4.1 Lebewesen schützen sich selbst

Schnelle Kühlung oder Erwärmung vermindern den Membranschaden. Der Gefrierbrand nimmt mit der Zeit zu und kann durch schnelle Kühlung im Bereich der kritischen Temperaturen vermindert werden (Hays et al. 2001; Mazur et al. 1992a). Durch Vitrifizierung kann der Gefrierrand sozusagen überspurtet werden (Fahy und Wowk 2021).

Eine höhere Temperatur für den Phasenübergang findet man bei solchen Membranen, die einen höheren Anteil von gesättigten Fettsäuren enthalten. Wasserentzug oder die Zugabe eines Zuckers verändern die Phasenübergangstemperatur ebenfalls (Koster et al. 2000).

Der Zucker Trehalose (s. o.) kann Membranen durch Wasserstoffbindung mit ihren Phospholipiden und Eiweißen gegen Gefrierbrand schützen, während z. B. Sucrose dies nicht tut (Benaroudj et al. 2001; Crowe et al. 2003). Zum Glück gibt es noch andere Maßnahmen gegen die Schäden durch Gefrierbrand. So kann der Ausschluss von Luft den Gefrierbrand vermindern.

Lösungen mit verstärktem osmotischem Druck (hypertone Lösungen, 1,2- bis 1,5-fach isoton) löschten den Gefrierbrand zwischen 0 °C und −22 °C vollkommen aus. Unterhalb dieser Temperatur bis −135 °C wurde der Gefrierbrand am K/Na-Verhältnis, das bedeutet am Überleben von Zellen, gemessen. Vitrifizierungslösungen mit osmotischem Überdruck besitzen eine erhöhte Konzentration von nicht membrangängigen (großen) Komponenten. Während die Gründe für die schützende Wirkung des erhöhten osmotischen Drucks noch kaum verstanden sind, vermutet man, dass sich dadurch die Zellmembranen bei Wärme weniger stark zusammenziehen (Fahy 2015; Fahy et al. 2004).

Manche Lebewesen besitzen die erstaunliche Fähigkeit, die Sättigung der Fettsäuren bei einem Abfallen der Temperatur nach Bedarf zu steigern. Pflanzen können gegen Gefrierbrand unempfindlich sein. Ihr Trick besteht in einer erhöhten Menge des Enzyms Katalase. Dieses Enzym wirkt – wie erwähnt – gegen freie Radikale.

Der Gefrierbrand gefährdet mehr die Lebensfähigkeit der Zellen als ihren Aufbau und mag daher in der Kryonik weniger Sorge bereiten. Der Nachweis eines positiven Verlaufs ist sehr wertvoll, denn er besagt, dass diese Schäden überlebt werden können.

8.5   Gewagter Schritt zum Erfolg: Erwärmung

Erwärmung und Wiederbelebung sind bereits bei kleinen Organen möglich. Beim menschlichen Körper ist zurzeit wohl neben einer längeren Periode ohne Sauerstoffzufuhr seine Größe das wichtigste Hindernis, vor allem für die Erwärmung. Einige Ursachen dafür sind bekannt und sollen hier besprochen werden.

8.5.1   Rekristallisierung, das Comeback der Eiskristalle

Ein größeres Problem als die Kristallisierung bei Abkühlung ist die sogenannte Rekristallisierung beim Wiedererwärmen, wenn das Glas sich löst (Devitrifizierung) und die Temperatur noch unter 0 °C im Bereich des Eiskristallwachstums liegt.

Generell verursacht die hohe Wärmekapazität des Wassers eine verzögerte Wärmeleitung, was das Aufwärmen erschwert. Man sieht eine Zusammenlagerung von Eispartikeln, die trotz schneller Kühlung entstanden waren. Größere Eisbezirke wachsen auf Kosten der kleineren.

Die Kristallbildung, welche wir während der Kühlung ängstlich vermeiden, kann uns also bei der Wiedererwärmung noch einholen. Ein Grund besteht darin, dass die Konzentration, die zur Erreichung der Verglasung mindestens notwendig ist, auf der anderen Seite für die Vermeidung der Devitrifizierung zu niedrig ist. Das beinhaltet aber auch, dass Frostschutzmittel die Devitrifizierung und das kritische Tempo der Erwärmung günstig beeinflussen können (Armitage 1991, 2002; Karlsson 2001).

Erwärmungsgeschwindigkeiten, welche dem Typ der Zellen und Gewebe angepasst sind, können möglicherweise das Problem der Devitrifizierung und Rekristallisierung zu vermindern helfen, und die Verglasungslösungen müssen dafür geeignet sein (s. bei Fahy und Wowk 2015).

Vitrifizierte Organe können leider auch bei der Erwärmung leicht Risse entwickeln, wenn sie zu schnell von außen erfolgt (Scudellari 2017).

8.5.2   Wie Erwärmung zu Eis führt

Bei der Kühlung mit Frostschutzmitteln spielt die Temperatur des stärksten Kristallwachstums keine Rolle, weil es bei diesen Temperaturen noch kaum Kristallisationskeime gibt. Das Hauptproblem ist die Temperatur der stärksten Bildung von Kristallisationskeimen. Sie liegt niedriger als die Temperatur, bei der die Eiskristalle wachsen und sich vermehren (Asahina et al. 1970; Fahy und Wowk 2021). Für die Verglasungslösung M22 liegt die Temperatur der größten Bildung von Kristallisationskeimen bei -110 bis -120 °C. Bei über -90 und unter -140 °C hört sie praktisch auf.

Das stärkste Wachstum der Kristalle erfolgt dagegen bei Temperaturen von −50 bis −80 °C und ist praktisch bei −93 °C beendet (Wowk und Fahy 2007).

Das liegt auch daran, dass die Kristallbildung (Keimbildung) tiefe Temperaturen benötigt, wobei sie durch erhöhte Zähflüssigkeit gehindert wird, während bei abnehmender Zähflüssigkeit mit der Erwärmung ein Kristallwachstum möglich wird.

Zurzeit gilt es als sicher, Patienten nach Kühlung auf −78 °C (d. h. in Trockeneis) von Europa in die USA zu senden. Dort wird dann tiefer gekühlt. Ein Versand in flüssigem Stickstoff würde dagegen die Transportcontainer an die Gewichtsgrenze der Fluggesellschaften bringen.

Bei Erwärmung dicker verglaster Gewebeschichten kommt die Erwärmung im Inneren verzögert an, und das kann zu Kristallisierung führen. Es können in den Zellen Kristalle vorhanden sein, die bei zu langsamer Erwärmung ein Kristallwachstum auslösen. Solche Kristalle in den Zellen entstehen bei schnellem Einfrieren mit ungenügender Entwässerung der Zellen.

8.5.3   Stellt Erwärmung die Fortschritte der Tiefkühlung infrage?

Die Tatsache, dass das Kristallwachstum in verglasten Proben bei der Erwärmung so viel heftiger sein kann als bei der Kühlung, nennt man das Devitirifizierungsproblem.

Taut man eine Probe auf, so formen sich winzige Eispartikel und die kleinen Eiskristalle, welche bereits beim Runterkühlen entstanden sind, stellen ideale Kristallisationskeime dar. Bei weiterer Erwärmung kann dann das Kristallwachstum erfolgen. Bei der Kühlung ist es umgekehrt. Erst kurz vor der Glasübergangstemperatur werden bei Kühlung Kristallisationskeime verfügbar, aber für ein Kristallwachstum kommt das zu spät.

Etwas missverständlich meint Devitrifizierung oft nicht die Auflösung von Glas bei Erwärmung, sondern die Kristallbildung während der Erwärmung.

Bei der Kühlung ist es ideal, so schnell zu sein, dass die Glasbildung eintritt, bevor die Kristallisationskeime wirksam werden. Auch wenn Kristallisationskeime (kleine Eiskristalle) entstehen, verhindert schnelle Kühlung und die sehr hohe Zähflüssigkeit in der Nähe der Glasübergangstemperatur ein rapides Wachstum der Kristalle. Große Eiskristalle sind – wie erwähnt – schädlicher als kleine. Sehr kleine mögen sogar unschädlich sein, während man herunter kühlt (s. Best B: vitrification in cryonics. https://www.benbest.com/cryonics/vitrify.html).

Alles in Allem können wir heute größere Objekte ganz passabel kühlen aber noch nicht ebenso gut auftauen. Mazur und Seki wiesen entsprechend 2011 an einem kleinen Objekt – der Eizelle – nach, dass der Erfolg der Verglasung weniger von der Kühlmethode als von der Methode der Erwärmung abhängt.

8.5.4   Strategien der Kryonik zur Milderung der „Entglasung"

Beim Auftauen mit Start bei niedrigen Temperaturen ist die Bildung von Eiskristallen das größte Hindernis. So müsste nach Verglasung das Erwärmungs-
tempo 300 °C/min betragen (von -100 auf 0 °C in weniger als 20 Sek), um sie
zu vermeiden. Sehr kleine Embryonen lassen sich schnell erwärmen. Hohe
Erwärmungsraten erlauben eine Vitrifizierung von sehr kleinen Embryonen mit
einer geringeren Konzentration einer Vitrifizierungslösung und langsamerem Einfrieren (Seki et al. 2014).

Wasserabweisende Zusätze wie n-Propanol oder Methyl-1,2-Propandiol
erlauben eine langsamere Erwärmung.

Eine Rekristallisierung kann langsam eingefrorene Zellen, denen dabei Wasser
entzogen wurde, schädigen (wahrscheinlich durch überstürzte Wiederaufnahme
von Wasser das in der Zelle kristallisiert). Daher ist langsame Erwärmung für
langsam gekühlte Proben, bei denen das Wasser aus der Zelle gezogen wurde
(Karlsson 2001; Karlsson und Toner 1996) und schnelle Erwärmung für schnell
gekühlte Proben zu empfehlen.

Die optimalen schnellen Erwärmungsraten werden aber bisher erst bei kleinen
Objekten erreicht.

Es leuchtet ein, dass die kritischen Geschwindigkeiten für die Vermeidung der
Kristallbildung für Kühlung und Erwärmung unterschiedlich sind. Bei Kühlung
muss man – wie erwähnt – mit wenigen Kristallisationskeimen rechnen, bei der
Erwärmung mit vielen. Bemerkenswerterweise werden viele kleine Kristalle
(100–3000 nm) besser vertragen als wenige große. Dabei wurde gezeigt, dass
ein Anhalten der Temperatur während der Erwärmung bei der Glasübergangstemperatur für einige Zelltypen den Einfluss physikalischer Kräfte während des
Tauens beeinflussen kann (Asahina et al. 1970; Fahy und Wowk 2015; Solanki
et al. 2017; Takahashi et al. 1988).

Besonders die neue Methode der elektromagnetischen Erwärmung von Nano-
partikeln könnte zu einem Durchbruch der Kryonik führen. Manuchehrabadi
et al. (2017, 2018) zeigten, dass induktive Erwärmung von magnetischen Nano-
partikeln benutzt werden kann, um die Erwärmung zu beschleunigen (s. auch
Etheridge et al. 2013; Risco et al. 2018; Solanki et al. 2017). Die Nanopartikel
muss man vorher ins Gewebe wandern lassen. Sie können im Prinzip Objekte
fast unabhängig von der Größe erwärmen. Dazu wurden ganze Rattenherzen mit
supermagnetischen Eisenoxyd-Nanopartikeln in VS55 Frostschutzlösung durchströmt. Sie konnten nach einer Woche Aufbewahrung bei der Temperatur flüssigen
Stickstoffs und Wiedererwärmung im magnetischen Feld erfolgreich entfernt
werden. Eine Wiederbelebung wurde nicht versucht. Dennoch ist dies ein wesentlicher Fortschritt in der Organ-Kryokonservierung (Chiu-Lam 2021).

Solche Manipulationen sind jedoch nicht ganz einfach vor allem das Auswaschen der Nanopartikel und die Kontrolle des elektrischen Feldes.

Eine Erwärmung im Brennpunkt gebündelten Ultraschalls wurde erfolgreich
eingesetzt, um den Fadenwurm C. elegans aufzutauen und wiederzubeleben, der

in einer Kultur auf −80 °C gekühlt worden war. Das ist ein hervorragender Beweis für das Funktionieren der Methode. Der Brennpunkt kann vergrößert werden, sodass auch größere Objekte erwärmbar werden (Olmo et al. 2021; Risco 2021). Allerdings sind diese Würmer sehr robust und können auch auf andere Art aus der Tiefkühlung wiederbelebt werden.

Für die Erwärmung wurden des Weiteren elektromagnetische Erwärmung und Induktion vorgeschlagen (Evans et al. 1992; Luo et al. 2006; Robinson et al. 2002; Ruggera und Fahy 1990; Wowk und Corral 2013; Wustemann et al. 2002, 2004). Die verschiedenen Methoden werden bei Taylor et al. 2019 übersichtlich dargestellt (s. hierzu auch Bojic et al. 2021).

Da die Frostschutzlösungen unter 0 °C flüssig bleiben, dürfte es im Prinzip möglich sein, sie zu verdünnen und zu entfernen, ehe der Organismus im Ganzen zu hoch erwärmt wird. Da auch zähe Lösungen sich bewegen, wenn ein Druckunterschied herrscht, könnte man vielleicht versuchen, einen nicht zu hohen Druck über sehr lange Zeit wirken zu lassen, um die Frostschutzmittel bei Temperaturen unter 0 °C auszuwaschen. Am schwierigsten ist es dabei, die zähe Flüssigkeit über das Netz der Haargefäße zu treiben, welches selbst einen so hohen Widerstand bildet, dass in lebendem Zustand der Blutdruck hier auf null sinkt.

Beim Auftauen durch Mikrowellen (Burdette et al. 1980), entsteht per Rückfluss an Hindernissen Unordnung und es bilden sich heiße und kältere Punkte. Mikrowellenherd-Frequenzen (2450 MHz) können wegen dieser ungleichen Temperaturverteilung nicht für die schnelle Erwärmung verwendet werden, da die Gewebe stellenweise bereits überhitzen, stellenweise aber noch für Eisbildung anfällig sind. Elektromagnetische Wellen von 300–1000 MHz können gleichmäßiger erwärmen als Mikrowellen.

Propylenglycol kann in einem 434 MHz di-elektrischen Feld mit größerer Gleichförmigkeit erwärmt werden als z. B. 2,3-Butan-diol (Robinson et al. 2002).

Bei Drosophila Fliegen-Embryos von 50.000 Zellen war eine Erwärmung von 100.000 °C/min erforderlich, um die Devitrifizierung zu vermeiden. Es überlebten 12 % der Embryonen dieses Vorgehen. Bereits bei einer Erwärmung mit dem hohen Tempo von 2000 °C/min überlebten die Embryonen nicht (Mazur et al. 1992a, b).

Die Firma 21. Century Medicine hat 2004 eine Lösung mit Frostschutzmitteln und Eisblockern entwickelt, die in einer 10-ml-Probe die Entglasung bei einer Erwärmung um 0,4 °C/min vermeidet (Fahy et al. 2004). Eine Verglasungslösung, die nicht hoch genug konzentriert ist, ist metastabil, d. h. sie wird entglasen, wenn sie nicht schnell genug gekühlt oder aufgewärmt wird.

8.6   Verfrühter Einsatz oder Experiment? Kryonik zur Lebensverlängerung heute lebender Menschen

Als Kryonik wird oft in eingeengtem Sinne nur die Kryokonservierung des eigenen Körpers angesehen, die auf Wunsch des Patienten erfolgt. Sie kann lediglich mit den noch unreifen Mitteln durchgeführt werden, die wir zurzeit schon haben. Dies ist Kryonik nach einem Organversagen („Tod") und damit meist nach längerem Sauerstoffmangel. Durch die heutige Medizin kann totales Organversagen nach einigen Minuten Dauer nur in Ausnahmefällen (z. B. Ertrinken in Eiswasser) rückgängig gemacht werden. Das Organversagen muss für die Kryokonservierung des Menschen leider abgewartet werden, solange wir menschliche Körper nicht aus der Kryokonservierung bei Temperaturen unter $-130\,°C$ wiederbeleben können.

Die vorzeitige Anwendung der Kryonik am Menschen – d. h. ohne beweisende Tierversuche oder klinische Studien – ist verständlicherweise – umstritten. Kühlung kann aber im Prinzip den endgültigen Zelltod der überwiegenden Zahl aller Zellen, welche noch leben, vorläufig aufhalten. Allein dies ist Anlass, auf eine Chance der Wiederbelebung zu hoffen, so gering sie auch sein mag (s. u.), zumal wir bei der Durchführung der Kryonik neue Schäden einkaufen können.

Was bleibt ist, dass man das heute Machbare mit den besten wissenschaftlich bewiesenen Methoden durchführt. Dabei kann man die Methoden verbessern und man kann aus Fehlern lernen. Im Langzeitprojekt bei mitlaufender Forschung und mit ständig neuen Ideen wird Kryonik für Menschen zunehmend verwirklicht.

Die Methoden für die Anwendung an menschlichen Organen und Körpern befinden sich zurzeit im Planungsstadium mit ersten Schritten ins Experiment. Jedes erkannte Problem kann zu neuen Experimenten führen. Die geringe Zahl der Kryonikanhänger weltweit führt jedoch zu knappen Ressourcen, sodass dringende Untersuchungen auf der Strecke bleiben.

Nach früheren Zweifeln ist heute akzeptiert, dass kleine tiefgekühlte Organe und Gewebe wiederbelebt werden können (siehe z. B. Fuller et al. 2019)

Die Schwierigkeiten die wir oben besprochen haben, müssen in Kauf genommen werden, wenn man bereits heute einen Verstorbenen kryonisiert. Die erörterten Lösungsmöglichkeiten zeigen aber, dass auch scheinbar übermächtige Probleme nicht in Stein gemeißelt sind.

Literatur

Adam M et al (1990) The effect of liquid nitrogen submersion on cryopreserved human heart valves. Cryobiology 27:605–614

Al-Fageeh MB, Smales CM (2006) Control and regulation of the cellular responses to cold shock: the responses in yeast and mammalian systems. Biochem J 397:247–259

Armitage WJ (1991) Preservation of viable tissues for transplantation. In: Fuller BJ, Grout BWW (Hrsg) Clinical applications of cryobiology. CRC Press, Boca Raton, S 170–189

Armitage WJ (2002) Recovery of endothelial function after vitrification of cornea at -110 degrees C. Invest Ophthalmol Vis Sci 43:2160–2164

Asahina E et al (1970) A stable state of frozen protoplasm with invisible intracellular ice crystals obtained by rapid cooling. Exp Cell Res 59:349–358

Baxter SJ, Lathe GH (1971) Biochemical effects of kidney of exposure to high concentrations of dimethyl sulphoxide. Biochem Pharmacol 20:1079–1091

Benaroudj N et al (2001) Trehalose accumulation during cellular stress protects cells and cellular proteins from damage by oxygen radicals. J Biol Chem 276:24261–24267

Bernacki J et al (2008) Physiology and pharmacological role of the blood-brain barrier. Pharmacol Rep 60:600–622

Best B (2013a) Cryonics: introduction and technical challenges. In: Sames KH (Hrsg) Applied human cryobiology, Bd. 1. Ibidem, Stuttgart, S 61–77

Best BP (2013b) Effects of temperature on preservation and restoration of cryonics patients. Cryonics Magazine (Institute Evidence-based Cryonics)

Best BP (2018) Forms of cryopreservation damage and strategies for prevention and mitigation. In: Sames KH (Hrsg) Applied human cryobiology, Bd. 2. Ibidem, Stuttgart, S 75–81

Bleisinger N et al (2020) Me2SO perfusion time for whole-organ cryopreservation can be shortened: results of micro-computed tomography monitoring during Me2SO perfusion of rat hearts PLOS ONE 15:e0238519

Bojic S et al (2021) Winter is coming: the future of cryopreservation. BMC Biol 19:56

Burdette EC et al (1980) Microwave thawing of frozen kidneys: a theoretically based experimentally-effective design. Cryobiology 17:393–402

Chiu-Lam A et al (2021) Perfusion, cryopreservation, and nanowarming of whole hearts using colloidally stable magnetic cryopreservation agent solutions. Sci Ad 7(2):eabe3005

Crowe JH et al (2003) Stabilization of membranes in human platelets freeze-dried with trehalose. Chem Phys Lipids 122:41–52

De Wolf A (2018) Identification, validation, and implementation of new cryonics technologies (an assay). In: Sames KH (Hrsg) Applied Human Cryobiology, Bd 2. Ibidem, Stuttgart, S 83–94

De Wolf A, de Wolf G (2013) Human cryopreservation research at advanced neural biosciences. In: Sames KH (Hrsg) Applied human cryobiology, Bd. 1. Ibidem, Stuttgart, S 45–59

Etheridge ML et al (2013) 003 Radiofrequency heating of magnetic nanoparticle cryoprotectant solutions for improved cryopreservation protocols. Cryobiology 67:398–399

Evans S et al (1992) Design of a UHF applicator for rewarming of cryopreserved biomaterials. IEEE Trans Biomed Eng 39:217–225

Fahy GM, Wowk B (2015) Principles of cryopreservation by vitrification. In: Wolkers WF, Oldenhof H (Hrsg) Cryopreservation and freeze-drying protocols. Methods Mol Biol 1257 Springer Protocols Humana Press, Totowa, S 21–82

Fahy GM, Wowk B (2021) Principles of ice-free cryopreservation by vitrification. In: Wolkers WF, Oldenhof H (Hrsg) Cryopreservation and freeze-drying protocols. Methods Mol. Biol 2180, 4. Aufl. Springer Protocols Humana Press, Totowa, S 27–97

Fahy GM et al (1990a) Cryoprotectant toxicity and cryoprotectant toxicity reduction: in search of molecular mechanisms. Cryobiology 27:247–268

Fahy GM et al (1990b) Physical problems with the vitrification of large biological systems. Cryobiology 27:492–510

Fahy GM et al (2004) Improved vitrification solution based on the predictability of vitrification solution toxicity. Cryobiology 42:22–35

Fahy G (2013) Consequences and control of ice formation in the renal inner medulla. Cryobiology 67:409–410

Fahy G (2015) Conference abstract 16. Controlling cryoprotectant toxicity and chilling injury. Cryobiology 71:169

Fuller BJ et al (2019) Kap. 22.6.1 corneas. In: Life in the Frozen State. CRC Press, Boca Raton (2004)

Gousset Kl et al (2004) Important role of raft aggregation in the signaling events of cold-induced platelet activation. Biochim Biophys Acta 1660:7–15

Hays LM et al (2001) Factors affecting leakage of trapped solutes from phospholipid vesicles during thermotropic phase transitions. Cryobiology 42:88–102

Hu DE (2005) TRPV1 activation results in disruption of the blood-brain barrier in the rat. British J Pharmacol 146:576–584

Karlsson JO (2001) A theoretical model of intracellular vitrification. Cryobiology 42:154–169

Karlsson JO, Toner M (1996) Long –term storage of tissues by cryopreservation: critical issues. Biomaterials 17:243–256

Koster KL et al (2000) Effects of vitrified and nonvitrified sugars on phosphatidylcholine fluid-to-gel phase transitions. Biophys J 78:1932–1946

Liu XH et al (2001) Effect of cooling rate and partial removal of yolk on the chilling injury in zebrafish (Danio rerio) embryos. Theriogenology 55:1719–1731

Luo D et al (2006) Development of a single mode electromagnetic resonant cavity for rewarming of cryopreserved biomaterials. Cryobiology 53:288–293

Manuchehrabadi N et al (2017) Improved tissue cryopreservation using inductive heating of magnetic nanoparticles. Sci Transl Med 9(379):eaah4586

Manuchehrabadi N et al (2018) Ultrarapid inductive rewarming of vitrified biomaterials with thin metal forms. Ann Biomed Eng 46:1857–1869

Mazur P, Seki S (2011) Survival of mouse oocytes being cooled in a vitrification solution to −196° at 95° to 70.000°C/min and warmed at 610° to 118.000°C/min: A new paradigm for cryopreservation by vitrification. Cryobiology 62:1–7

Mazur P et al (1992a) Cryobiological preservation of drosophila embryos. Science New Series 258:1932–1935

Mazur P et al (1992b) Characteristics and kinetics of subzero chilling injury in Drosophila embryos. Cryobiology 29:39–68

McLellan MR, Day JG (1995) Cryopreservation and freeze-drying protocols. Introduction. Methods Mol Biol 38:1–5

Murata et al (1992) Genetically engineered alteration in the chilling sensitivity of plants. Nature 356:710–713

Mychaskiw G et al (2000) Optison (FS069) disrupts the blood-brain barrier in rats. Anesth Anal 91:798–803

Olmo A et al (2021) The use of high-intensity focused ultrasound for the rewarming of cryopreserved biological material. IEEE Trans Ultrason Ferroelectr Freq Control 68:599–607

Pardridge WM (2003) Blood-brain barrier drug targeting: the future of brain drug development. Mol Interv 3:90–105

Pardridge WM (2005) The blood brain barrier: bottleneck in brain drug development. NeuroRx 2:3–14

Petrenko VF, Whitworth RW (1999) Physics of ice. Oxford University Press (OUP), Oxford

Rabin Y, Plitz J (2005) Thermal expansion of blood vessels and muscle specimens permeated with DMSO, DP6, and VS55 at cryogenic temperatures. Ann Biomed Eng 33:1213–1228

Risco R (2021) Experimental evidence of return to life with high intensity focused ultrasound. Biostasis the annual biostasis conference, Zurich

Risco R et al (2018) New advances in organ cryopreservation. Electromagnetic rewarming and selective targeting of ice nuclei. In: Sames KH (Hrsg) Applied human cryobiology, Bd. 2. Ibidem, Stuttgart, S 65–74

Robinson MP et al (2002) Electromagnetic re-warming of cryopreserved tissues: effect of choice of cryoprotectant and sample shape on uniformity of heating. Phys Med Biol 47:2311–2325

Rojas RR, Leopold RA (1996) Chilling injury in the housefly: evidence for the role of oxidative stress between pupariation and emergence. Cryobiology 33:447–458

Ruggera PS, Fahy GM (1990) Rapid and uniform electromagnetic heating of aqueous cryoprotectant solutions from cryogenic temperatures. Cryobiology 27:465–478

Schenke-Layland et al (2007) Optimized preservation of extracellular matrix in cardiac tissues: implications for long term graft. Ann Thorac Surg 83:1641–1650

Scudellari M (2017) Core concept: cryopreservation aims to engineer novel ways to freeze, store, and thaw organs. PNAS 114:13060–13062

Seki S et al (2014) Extreme rapid warming yields high functional survivals of vitrified 8-cell mouse embryos even when suspended in half-strength vitrification solution and cooled at moderate rates to −196°. Cryobiology 68:71–78

Smith QR, Rapoport SI (1986) Cerebrovascular permeability coefficients to sodium, potassium, and chloride. J Neurochem 46:1732–1742

Solanki PK et al (2017) Thermo-mechanical stress analysis of cryopreservation in cryobags and the potential benefit of nanowarming. Cryobiology 76:129–139

Sputtek A (1996) Kryokonservierung von Blutzellen. In: Müller-Eckhard C (Hrsg) Transfusions-medizin, Grundlagen, Therapie, Methodik, 2. Aufl. Springer, Berlin, S 125–135

Takahashi et al (1988) Mechanism of cryoprotection by extracellular polymeric solutes. Biophys J 54:509–518

Taylor MJ et al (2019) New approaches to cryopreservation of cells, tissues, and organs. Transfus Med Hemother 46:197–215

Weber MHW, Marahiel MA (2002) Coping with the cold shock response in the Gram-positive soil bacterium Bacillus subtilis. Philos Trans R Soc Lond B Biol Sci 375:895–907

Witt KA et al (2003) Effects of hypoxia-reoxygenation on rat blood-brain barrier permeability and tight junctional protein expression. Amer J Physiol 285:H2830–H2831

Wowk B (2011) Systems for intermediate temperature storage for fracture reduction and avoidance. Cryonics (Alcor) 3. Quart 2011

Wowk B, Corral A (2013) 023 Adaptation of a commercial diathermy machine for radio-frequency warming of vitrified organs. Cryobiology 67:404

Wowk B, Fahy GM (2007) Ice nucleation and growth in concentrated vitrification solutions. Cryobiology 55:330 (Abstract 21)

Wowk et al (2000) Vitrification enhancement by synthetic ice blocking agents. Cryobiology 40:228–236

Wowk B et al (2018) Vitrification tendency and stability of DP6-based vitrification solutions for complex tissue cryopreservation. Cryobiology 82:70–77

Wusteman MC et al (2002) Electromagnetic re-warming of cryopreserved tissues: effect of choice of cryoprotectant and sample shape on uniformity of heating. Phys Med Biol 47:2311–2325

Wusteman M et al (2004) Vitrification of large tissues with dielectric warming: biological problems and some approaches to their solution. Cryobiology 48:179–189

Eine kaum bekannte Erfolgs-Story: Konservierung von Zellen, Embryonen, Geweben und kleinen Organen – viele Menschen waren schon einmal „eingefroren"

9.1 Zellen

Eine große Zahl von Zellarten – besonders in Kulturen – können heute, wie erwähnt, ohne große Verluste kryokonserviert und in flüssigem Stickstoff aufbewahrt werden. Auskunft über die benötigten Kühlraten, die meist einige Grad pro Minute betragen, geben Mazur et al. (1972). Einige besondere Zellarten sollen hier erwähnt werden.

Stammzellen aus verschiedensten Quellen einschließlich solchen von Nervengewebe wurden kryokonserviert (Ballen et al. 2013, 2009; Bojic et al. 2014; Gluckman et al. 1989; Harris 2014; Hilkens 2016; Huang et al. 2019; Hunt 2017; Kashuba et al. 2014; Kawata et al. 2012; Ochiai et al. 2021; Sun et al. 2016; Uhrig et al 2022; Weissman 2000; Xie et al. 2022).

Herzmuskelzellen von Küken wurden bereits 1968 von Schöpf und Ebner et al. eingefroren. Von Ihnen überlebte nur ein sehr kleiner Prozentsatz von bewegungsfähigen Zellen. Auch Rattenherzzellen wurden eingefroren und bis zu 3 Tage bei −180 bis −190 °C gehalten. Es wurde ein normales Aussehen und normale Bewegungsfähigkeit erreicht. Auch menschliche Herzmuskelzellen wurden bereits kryokonserviert und waren nach dem Auftauen normal. Sie wurden auch aus Gewebe isoliert, welches bereits kryokonserviert und wieder aufgetaut war, und konnten in Kultur gehalten werden. Außerdem wurden ganze Schichten aus Muskelzellen für die Reparatur von Herzmuskelgewebe vitrifiziert. DMSO wirkt bei Temperaturen über Null toxisch auf Herzmuskelzellen (Alink GM et al. 1977, 1978; Bustamante und Jachimowicz 1988; Carmine et al. 2014; Hak et al. 1973; Kasten und Yip 1974; Ohkawara et al. 2018; Wollenberger 1967,1967a).

Müller-Zellen der Netzhaut sind Gliazellen, wie sie im Nervensystem überall vorkommen. Sie gehören zur sogenannten Makroglia. Sie spielen eine Rolle für das Funktionieren der Netzhaut, aber auch für krankhafte Vorgänge und sie wurden kryokonserviert (Biedermann et al. 2002).

© Der/die Autor(en), exklusiv lizenziert an Springer-Verlag GmbH, DE, ein Teil von Springer Nature 2022
K. H. Sames, *Kryokonservierung – Zukünftige Perspektiven von Organtransplantation bis Kryonik*, https://doi.org/10.1007/978-3-662-65144-5_9

Spermien und Eizellen können heute mit ausreichender Sicherheit vitrifiziert werden (Gosden 2011; Mazur und Seki 2011).

Spermien werden seit Langem (1950er-Jahren) tiefgekühlt und können bei drohenden Fruchtbarkeitsschäden und künstlicher Befruchtung eingesetzt werden. Hier soll nur auf die Wichtigkeit dieser Methode hingewiesen werden (Rodriguez-Wallberg et al. 2019). Langsames Einfrieren von Spermien vermindert die Beweglichkeit (Mossad et al. 1994). Die Vitrifizierung schädigt die DNS weniger, erhält die Beweglichkeit besser und verlangt weniger Zeit und Kosten (Li et al. 2019; Riva et al. 2018; Vutyavanich et al. 2010). Spermien von toten spanischen Rothirschen konnten mit unterschiedlichen Methoden kryokonserviert werden (Medina-Chavez 2022). Für Pferdespermien wurden besondere Verglasungs-methoden eingesetzt (Devireddy et al. 2002; Oldenhof et al. 2017; Pruß et al. 2021). Langzeitlagerung (bis zu 40 Jahren) beeinträchtigt die Befruchtungsfähig-keit der Spermien nicht (Feldschuh et al. 2005; Horne 2004; Szell et al. 2013).

Eizellen können verglast werden (Du et al. 2022) obwohl sie spezielle Eigen-schaften haben (Paynter et al. 1999). Bei Kälbern waren Geburtsgewicht und Lebergröße erhöht, wenn sie als reife Eizellen verglast worden waren (Jacobsen et al. 2000). Der hohe Wassergehalt von Eizellen macht diese für Kryo-Schäden anfälliger als es Embryonen sind, und sie erzielen niedrigere Geburtenraten als Embryonen (Hudson et al. 2017). Eizellen werden auch im Zusammenhang mit Ovarialgewebe besprochen.

Hintergrundinformation
Schädliche Effekte der Kryokonservierung an Eizellen (Übersicht bei Angarita et al. 2016) findet man als Verhärtung der Zona pellucida (Matson et al. 1997), Schädigung der meiotischen Spindel der Eizelle, Schädigung des Zytoskeletts und als körnigen Rindenschaden durch Eiskristalle (Boiso et al. 2002).

Geringere Fruchtbarkeitsraten (Pickering et al. 1991) und ein geringeres Über-leben als mit der Vitrifizierung (Hochi et al. 2001; Jin et al. 2014) wurden beim langsamen Einfrieren gefunden (Edgar und Gook 2012).

Rote Blutkörperchen sind ein leicht verfügbares Untersuchungsmaterial. Ihre Kryokonservierung ist aber etwas heikel. Bei Tiefkühlung der roten Blutkörper-chen muss das Frostschutzmittel Schritt für Schritt angereichert werden, um Schäden durch Schwankungen des osmotischen Drucks zu vermeiden. Bei hoher Schadwirkung lösen sich rote Blutkörperchen auf (Hämolyse).

Hintergrundinformation
Bei Verwendung von 70 % VM-1 (der vitrifizierenden Frostschutzlösung von Cryonics Institute) erfolgte keine sofortige Auflösung der roten Blutkörperchen von Schafen, wenn die Lösung (VM1) schrittweise bei Raumtemperatur oder nahe 0 °C zugegeben wurde. Auch mikroskopisch sind die Veränderungen gering. Wurde die Lösung aber in einem einzigen Schritt zugegeben, so führte das zur Auflösung der roten Blutkörperchen und sogar bei tiefen Temperaturen stärker. VM1 enthält Ethylenglykol und Dimethylsulfoxid (DMSO). DMSO ist dabei ein besserer Glas-former als Ethylenglykol, jedoch führt schrittweise Zugabe einer DMSO-Lösung bis auf 70 % zu einer sofortigen kompletten Auflösung der Blutkörperchen.

Leider zeigt sich, dass der Test mit roten Blutkörperchen zwar einfach, aber schlecht mathematisch auszuwerten ist und außerdem zu unempfindlich, um feinere Schäden festzustellen (De Wolf und De Wolf 2013). Kürzlich konnten sie erfolgreich kryokonserviert werden (Murray et al. 2022).

9.2 Embryonen

Es wurde bereits erwähnt: nicht nur Zellen, sondern auch Gebilde aus vielen Zellen, wie Embryonen, können kryokonserviert und wiederbelebt werden. Rall und Fahy vitrifizierten 1985 Mausembryos in einer hochkonzentrierten Lösung, die sie VS1 nannten. Sie gestattete zwar eine langsame Kühlung, aber die Lebensfähigkeit blieb nur bei rapider Wiedererwärmung erhalten.

Die Kryokonservierung von Embryonen stellt heute den Goldstandard für die Erhaltung der Fruchtbarkeit mit hohen Schwangerschaftszahlen dar (Angarita et al. 2016; McLaren und Bates 2012). Die besten Überlebensraten haben Embryonen aus 2-Zellen- und 4-Zellen. Zehntausende Menschen stammen heute bereits von tiefgekühlten Embryonen ab.

Die Vitrifizierung war oft dem langsamen Einfrieren überlegen, was die Überlebensraten der Embryonen und die Schwangerschaft betrifft (Keskintepe et al. 2009; Loutradi et al. 2008; Valojerdi et al. 2009).

Bei Pferdeembryonen zeigte die herkömmliche Methode mit langsamer Kühlung und geringer Dosierung von Frostschutzmitteln keinen Unterschied zur Verglasung bei frühen Entwicklungsstadien wie sogenannten Morulae oder Blastozysten (Massip 2001; Oberstein et al. 2001; Young et al. 1997).

Die Abhängigkeit vom Objekt ist manchmal unerklärlich. Bei Embryonen von Rindern überleben z. B. kompakte Morulae und Blastozysten besser als noch viel kleinere Vorstufen der Entwicklung. Auch das zeigt wieder einmal, dass nicht immer die kleinsten und einfachsten biologischen Objekte am besten für die Forschung geeignet sind.

Beim Schweineembryo (im Stadium der Morula oder Blastozyste) wurde bei Verglasung eine Schädigung von sogenannten Mikrofilamenten gefunden. Das sind mikroskopisch kleine Fadenmoleküle die zum sogenannten Skelett von Zellen gehören. Eine Besserung konnte erreicht werden, wenn vorher eine Zerlegung der Fadenmoleküle in einzelne Bausteine erfolgte (Dobrinsky et al. 2000). Schweineembryonen überleben jedenfalls die Verglasung ebenfalls (Kobayashi et al. 1998).

Hintergrundinformation
Uechi und seine Mitarbeiter (1999) fanden aber eine verminderte Lebensfähigkeit von verglasten Embryonen. So sah man ein geringeres Entwicklungstempo bei Mäuse-Embryonen, die im Zweizellenstadium verglast worden waren. Das ergab der Vergleich mit unbehandelten Embryonen oder mit solchen, welche auf herkömmliche Weise tiefgefroren wurden.

Die Herzen von Kükenembryonen schlugen nach Kühlung auf −196 °C und Auftauen wieder (Gonzales und Luyet 1950). Insgesamt gilt, dass man Embryonen heute vitrifizieren kann (Gosden 2011; Kawasaki et al. 2020, siehe aber Fischembryos (oben).

9.2.1 Durchbruch in der menschlichen Fortpflanzung

Die Erhaltung der Fruchtbarkeit ist ein wichtiges Feld der Medizin, das schnell wächst. Seit 1978, als über die erste Geburt nach Befruchtung im Glas berichtet wurde, hat man dadurch mindestens 8 Mio. Babys gezeugt. Kryokonservierungstechniken spielen eine wichtige Rolle bei diesem Erfolg, da sie die langfristige Aufbewahrung von Geschlechtszellen und Embryonen ohne Abnahme ihrer Qualität erlauben, um sie später zu verwenden. Spermien und Eizellen wurden bereits erwähnt (Rodriguez-Wallberg et al. 2019).

In 1983 gab es zum ersten Mal eine menschliche Schwangerschaft nach Kryokonservierung (Trounson und Mohr 1983) eines mehrzelligen Embryost, der bei schrittweiser Zugabe von DMSO auf die Temperatur von flüssigem Stickstoff gekühlt wurde. Dabei wurde Zeit gegeben, damit sich die Konzentrationen ausgleichen konnten, um Schäden durch osmotischen Druck zu vermeiden.

Seit 1983 wurden menschliche Embryonen nicht nur mit DMSO sondern auch mit Glyzerin und Propylenglycol kryokonserviert. Seit der ersten Geburt sind mithilfe der Embryokryokonservierung mehr als eine halbe Mio. lebende Geburten erreicht worden. Die Verglasung der „Keimblase" (Blastozyste) ist kein Hindernis für eine normale Entwicklung und Geburt beim Menschen (Die Blastozyste besteht bereits aus vielen Zellen, die ein Bläschen bilden mit einem kleinen inneren Randhügel aus Zellen, dem Embryoblast, der später die Organe des Embryos bildet) (Bojic et al. 2021; El-Danasouri und Selmann 2001; Saito et al. 2000; Yokota et al. 2001).

Im Vergleich zu natürlichen Geburten bestehen keine erhöhten Schäden bei nach Kryokonservierung geborenen Kindern (Noyes et al. 2009).

Zunehmend verschieben Frauen heute die Geburt von Kindern auf ein höheres Alter mit abnehmender Zeugungsfähigkeit bzw. Empfängnisfähigkeit. Neben einer selbstgewählten Verschiebung gibt es medizinische Situationen, welche die Fruchtbarkeit beeinträchtigen, besonders Krebserkrankungen, bei denen die Behandlungsmaßnahmen keimschädigend sind. Auch eine Zahl von anderen Erkrankungen haben dieselbe negative Wirkung (Baram et al. 2019; Condorelli und Demeestere 2019; Kieran und Shnorhavorian 2018; Singer et al. 2010; Yang et al. 2019; Zhao et al. 2019). Die Konservierung von Eizellen ist heute besonders für Frauen geeignet, die einen Geburtstermin unabhängig planen wollen (Cobo et al. 2016).

9.3   Organe oder Teile von Organen

Reife Gewebe sind komplizierter gebaut als ganz junge Embryonen. Es wurde bereits erwähnt und ist erwähnenswert, dass man trotzdem kleine Gewebeproben tiefkühlen und wiederbeleben kann.

9.3.1 Gewebeanteile aus Eierstöcken

Neben Eizellen und Embryogewebe wird nun auch Gewebe aus Eierstöcken (Ovarien) kryokonserviert (Courbiere et al. 2006; Gook et al. 2021; Müller A et al. 2012; Ting et al. 2012, 2013).

Nach dem Auftauen kann das Gewebe auf die Patientin zurück transplantiert werden, oder unreife Eizellen werden isoliert und in einer Gewebezucht zur Reife gebracht (McLaren und Bates 2012). 2004 führte das zu der ersten Geburt nach Rücktransplantation von Eierstockgewebe auf eine Patientin (Donnez et al. 2004). Der Vorteil der Rückimplantation ist die Möglichkeit einer natürlichen Zeugung durch die betroffenen Frauen (Beckmann et al. 2017; Meirow et al. 2016).

Die Kryokonservierung von Gewebe aus dem Eierstock ist hierbei die einzige Möglichkeit für die Erhaltung der Fruchtbarkeit und einer normalen Zeugung für Mädchen vor der Pubertät und Frauen, welche sofort eine Krebstherapie brauchen (Zhao et al. 2019). Dabei wird Gewebe aus dem Eierstock entnommen, welches Eizellen enthält, und es wird tiefgekühlt (Angarita et al. 2016; Campos et al. 2011; Isachenko et al. 2012; Lotz et al. 2019). Außerdem wird auch die Hormonbildung durch das Eierstockgewebe für mehrere Jahre wiederhergestellt und der Eintritt der Wechseljahre wird verzögert (Anderson 2017; Biasin et al. 2015).

9.3.2 Ganze Organe

Eierstöcke verschiedener Tiere– also ganze Organe – konnten mit einer Freeze-Thaw-Methode sowie nach Verglasung und Wiedererwärmung Nachkommen erzeugen (Arav et al. 2005; Hasegawa et al. 2006). Die größten kryokonservierten Eierstöcke stammten vom Schaf. Drei Eierstöcke wurden in flüssigen Stickstoff gebracht und nach dem Auftauen auf Schafe transplantiert. Nach 6 Jahren waren 2 davon normal, einer war verkleinert (Arav et al. 2005, 2010).

Die Kryokonservierung von unreifem Hodengewebe ist dagegen eine Methode, die sich in der Entwicklung befindet. Tierversuche sind vielversprechend. Gesunde Nachkommen wurden durch Transplantation einer gefrorenen Aufschwemmung von Hodenzellen oder von Gewebestückchen gezeugt. Beim Menschen hat sich keine dieser Methoden als wirksam und sicher erwiesen (Wyns et al. 2010).

Für Jungen vor der Pubertät, die noch keine Samenzellen bilden, ist die einzige Möglichkeit, eine Fruchtbarkeit zu erreichen und zu erhalten eine Entnahme von Hodengewebe – wenn sie ihre Hoden verlieren – und die Kryokonservierung von Stammzellen der Samenzellen. Sie soll bei Knaben nach einer Behandlung mit schädlichen Nebenwirkungen, die zu Sterilität führen, die Fortpflanzungsfähigkeit wiederherstellen (Yang et al. 2019). Das Gewebe soll später (z. B. nach einer Krebstherapie) in die Hoden zurück transplantiert werden, um die Bildung von Samenzellen zu ermöglichen. In Versuchen wurde das Gewebe sowohl eingefroren als auch vitrifiziert (Brinster 2007; Zhao et al. 2019). Die Verschleppung von

Krebszellen bei der Transplantation ist allerdings noch nicht ganz ausgeschlossen (Hudson et al. 2017) (s. zu Erhaltung der Fruchtbarkeit auch Bojic et al. 2021).

9.3.3 Verschiedene große Organe, unterschiedliche Temperaturen von frostig bis kryogen

In glatter Muskulatur bildeten sich in einer DMSO-Lösung keine Eiskristalle bei −21 °C. Die Fähigkeit der Muskelzellen, sich zusammenzuziehen (kontrahieren) blieb zu 80 % erhalten (Tailer und Pegg 1983).

Die Hornhaut des Auges (Cornea) kann gekühlt für längere Zeit in unveränderter Form aufbewahrt werden. In Organkulturen halten sich Hornhäute 4 Wochen (Armitage 2011). Hornhauttransplantationen werden stets benötigt. Nach Angaben der WHO benötigen nahezu 15 Mio. Menschen eine Hornhautoperation (Whitcher et al. 2001). Es gibt viel zu wenige Hornhautspenden (Golchet et al. 2000). Es wäre wünschenswert, die Hornhäute länger aufzubewahren. Dazu wurde die Hornhaut auch mit VS1 verglast, aber die notwendigen hohen Erwärmungsraten zur Vermeidung der Devitrifizierung waren nicht zu erreichen (Armitage 1991). Die erste erfolgreiche Kryokonservierung der Hornhaut von Kaninchen, Katzen und Menschen wurde mit 7,5 % DMSO und 10 % Saccharose durchgeführt. Obwohl die kryokonservierten Hornhäute erfolgreich transplantiert wurden, fand man eine Schädigung der Zellen (Endothelzellen), welche die Hornhaut innen auskleiden, infolge der Tiefkühlung (Armitage 2002). In anderen Versuchen wurden diese Zellen erhalten, aber die Schwellung der Hornhaut war nicht zu beherrschen (Wustemann et al. 2008). Zellen, die eine einfache Schicht bilden, sind nämlich empfindlicher gegen Tiefkühlung als Zellen in einer Aufschwemmung. Diese Zellen haben im menschlichen Auge eine sehr begrenzte Vermehrungsrate und Zellen, welche verlorengehen, werden nicht durch Zellteilung ersetzt (Sames 1980). Hornhaut von Kaninchen und Menschen wurde auch mit 6,8-molarem Propan-1,2-diol verglast und die Funktion dieser Innenwandzellen blieb dabei erhalten (Armitage 2002; Armitage 2011). Diese Technik erfordert aber sehr hohe Konzentrationen gelöster Stoffe und ist zeitaufwendig.

Hintergrundinformation
Kürzlich wurde ein Vorgehen mit unterbrochenem langsamem Kühlen (1 °C/min) auf eine Temperatur von −35 °C für Schweinehornhaut und −45 °C für menschliche Hornhaut vor der Aufbewahrung in flüssigem Stickstoff erfolgreich angewandt um die Innenwandzellen zu konservieren. Dazu wurde eine Kombination von 5 % DMSO und 6 % Hydroxyethylstärke benutzt (Marquez-Curtis et al. 2017). Frische Hornhäute funktionieren aber besser.

Das Versagen der Kryokonservierung bei den inneren Zellen könnte auch daran liegen, dass diese Zellen Wasser aus der Hornhaut pumpen und somit sehr wasserreich sein dürften. Ein Medium mit erhöhter Konzentration von gelösten Stoffen darunter solchen, die nicht zellgängig sind, wäre möglicherweise die Lösung. Die Zellen werden normalerweise an der Teilung dadurch gehindert, dass im Kammerwasser des Auges, aus dem sie sich ernähren, geeignete Wachstumsfaktoren fehlen (Chen et al. 1999). In Kontakt mit Blut oder Serum wuchsen Kulturen dieser Zellen gut, sogar wenn die Kulturlösung mit Kammerwasser aus Augen gemischt wurde. Wir erreichten 27 Verdopplungen der Zellfläche in den Kulturen. Verluste von Zellen werden durch

Verbreiterung von Zellen ausgeglichen, wenn eine dichte Schicht besteht. Dadurch nimmt die Zahl der Zellen sowohl im Auge als auch in den Kulturen mit der Zeit ab. Eine Besiedlung der Hornhäute mit solchen Zellen ist möglich. Das bedeutet, dass man sowohl die Zellen als auch die Hornhäute tiefkühlen kann, und dass es möglich sein müsste sie wieder zu vereinen. Allerdings müsste man sie eventuell von anderen Arten entnehmen, da menschliche Zellen dieser Art sich nur gering vermehren (Marquez-Curtis et al. 2017; s. bei Sames 1980; Sames und Lindner 1982).

Insgesamt kann man hoffen, dass die Kryokonservierung in naher Zukunft eine problemlose lange Lagerung von Spender-Hornhäuten ermöglichen wird.

Herzklappen sind ebenfalls sehr dünne Gebilde. Sie wurden mit verschiedenen Methoden gekühlt. Das Überleben ihrer Bindegewebezellen (Fibroblasten) wurde nachgewiesen. Bei Frostschutz-Tiefkühlung überlebten nach 10 Jahren in den Herzen von Patienten mehr Herzklappen eine Transplantation, als wenn sie vor dem Einsetzen bei 4 °C gehalten worden waren (s. bei Armitage 1991). Huber et al. (2012) konnten Herzklappen in 10 % DMSO ohne Eisbildung auf −80 °C kühlen. Sie überlebten auch das Auftauen.

Rattenherzmuskelzellen überlebten in Gewebeproben 1–24 Wochen bei −196 °C. Sie waren fähig zu schlagen und zu wachsen. Je größer die Stückchen waren, desto weniger lebende Zellen wurden nach dem Auftauen gewonnen. Solche Zellen ertrugen Tiefkühlung in 7,5 % DMSO (Alink et al. 1976a, b; Alink et al. 1978; Yokomuro et al. 2003).

Kleine Herzmuskelproben von Ratten schlugen nach der Kühlung in flüssigem Stickstoff und Erwärmung wieder, wenn sie Reizleitungsgewebe enthielten (Banker et al. 1991; Luyet 1969a, b). In einem anderen Versuch wurden Schnitte des Herzmuskelgewebes von Ratten und Menschen auf −80 °C gekühlt und wieder erwärmt. Es zeigte sich, dass das Gewebe vorübergehend gewisse Lebenszeichen aufwies, sich aber nicht erholte. Die Methoden bleiben zu überprüfen (Kuhn 2013). Nach der Kryokonservierung von Herzmuskelproben mit DMSO war die Atmung in den Atmungsorganellen zu 70 % erhalten, aber die Kopplung von Sauerstoffübertragung und Energiespeicherung war gestört. Das Frostschutzmittel könnte für die Schädigung verantwortlich sein (Meyer et al. 2016).

Ganze Herzen gehören zu den am besten untersuchten Organen, konnten aber bisher nicht tiefer als −45 °C gekühlt werden.

Herzen oberhalb einer Größe von der des Kaninchenherzens wurden unseres Wissens bisher nicht auf kryogene Temperaturen gekühlt. Auch eine Vitrifizierung von ganzen Herzen ist uns nicht bekannt.

Rapatz (1970) untersuchte das Einfrieren und die Erholung von Froschherzen, Leunissen und Piatnek-Leunissen (1968) das Einfrieren von Rattenherzen innerhalb des Körpers. Die Kühlung von ganzen Herzen unter den Gefrierpunkt (Karow et al. 1965) erfolgte ganz überwiegend an Herzen von kleinen Tieren, da ein allgemeines Problem der Kryonik die sehr langsame Durchtränkung des Gewebes von der Oberfläche her ist, wenn man durch reines Eintauchen kühlt. Viele Studien wurden bei Temperaturen nicht weit unter 0 °C durchgeführt. Auch die Transplantation wurde versucht. Butandiol, Frostschutzeiweiße und Äthanol wurden in verschiedenen Versuchen als Frostschutzmittel getestet. Herzen, welche unter 0 °C gekühlt wurden, erholten sich besser als solche, die man über 0 °C hielt (Amir et al. 2004, 2005; Banker et al. 1992a, b; Barsamian et al. 1960; Elami et al. 2008; Fahy et al. 2004a; Kato et al. 2012; Offerjins 1971; Offerijns und Krijnen 1972; Offerjins und Ter Welle 1974; Sakaguchi et al. 1998; Wang et al. 1992; Yang et al. 1993; Zhu et al. 1992).

Herzen, die mit verschiedenen Frostschutzmitteln durchströmt wurden, erholten sich von einer Kühlung auf −20 bis −40 °C (Karow et al. 1965). Beim Rattenherzen, das mit DMSO durchspült wurde, war aber der Durchfluss in den Kranzarterien gestört (Fahy und Karow 1977).

Herzen von 27–36 kg schweren Schweinchen – also schon größere Herzen – wurden auf −3 °C oder 4 °C gekühlt und konnten in einem Kühlschrank aufbewahrt werden, der mit variablen Magnetfeldern die Kristallbildung verhindert, indem er Wassermoleküle oszillieren lässt. Er kühlt alle Teile des Gewebes gleichzeitig und kann daher für dicke Herzwände verwendet werden. Er vermindert auch die Menge von schädlichen Sauerstoffprodukten, es werden keine Frostschutzmittel benötigt, und er könnte zu einer jahrelangen Aufbewahrung dienen. Es wurde allerdings nicht versucht, die Herzen zum Schlagen zu bringen (Kato et al. 2012; Seguchi et al. 2015).

In Blutgefäßen ist, wie bei der Hornhaut, die Erhaltung der Zellen, welche die Innenseite tapezieren (Endothelzellen) ein Hauptproblem. Stoffwechselleistungen, die Fähigkeit sich auf Nervenimpulse zusammenzuziehen und das Erscheinungsbild waren Beurteilungsmöglichkeiten für die Erhaltung der Gefäße im Ganzen. Venen und Herzkranzarterien wurden erfolgreich nach dem Freeze-Thaw-Verfahren kryokonserviert (s. bei Fuller und Grout 1991; Müller-Schweinitzer 1988; Müller-Schweinitzer et al. 1997). Karotisarterienstücke bis 25 mm Länge von Kaninchen wurden mit VS55 verglast und lebensfähig wieder erwärmt. Das war durch Anpassung der Erwärmungs- und Kühlgeschwindigkeit sowie Kühlung in Stickstoffdampf auf −130 °C möglich (Baicu et al. 2006). In Hunde-Herzkranzarterien wurden gefäßerweiternde Reaktionen nach Kryokonservierung und Auftauen auch bei Kühlung auf −196 °C (Müller-Schweinitzer et al. 1997) gefunden.

Pankreasinseln sind die Hormondrüsen innerhalb der Bauchspeicheldrüse, welche Insulin für den Stoffwechsel des Zuckers produzieren. Man kann sie heute isolieren und in Kultur überleben lassen. Es gab eine erfolgreiche Transplantation von Inseln, die mit der Freeze-Thaw-Methode tiefgekühlt worden waren, auf zuckerkranke Ratten. Der Blutzucker normalisierte sich danach. Jedoch wurden im Vergleich zu frisch entnommenen Inseln mehr von den kryonisierten Inseln gebraucht. Auch Inseln von Hunden wurden nach erfolgreicher Kryokonservierung auf dieselbe Art getestet. Eine Verglasung der Inseln ist ebenfalls möglich. Es wurde aber nachgewiesen, dass die Vitrifikation keinen Vorteil gegenüber der herkömmlichen Kryokonservierung bietet, die in diesem Fall sogar hoch überlegen war (Fuller und Grout 1991; Langer et al. 1999). Mukherjee et al. (2005) fanden andererseits, dass Vitrifikation die beste Form der Kryokonservierung von eingekapselten Zellen der Bauchspeicheldrüse ist (siehe auch Marquez-Curtis 2022). Kürzlich wurde der Stand der Forschung zusammengefasst und ein positives Fazit der Verglasung gezogen was Überleben, Funktion und

Anwendung betrifft (Bischof und Finger 2022; Kojayan et al. 2018; Zhan et al. 2022)

Nieren wurden auf unterschiedliche Weise untersucht. Marco-Jimenez et al. (2015) haben embryonale Vorläufer von Nieren als eine Quelle für Transplantate verglast aufbewahrt und ebenso frühes embryonales Gewebe (primordiales Gewebe) aus dem sich Nierenkörperchen nach dem Auftauen und der Transplantation entwickeln können (Garcia-Dominguez et al. 2016).

Eine Kaninchenniere hat einen Rauminhalt von etwa 10 ml, wiegt ungefähr 7–8 g und kann als Glas innerhalb von 2 Tagen ohne Gefrierbrüche auf die Temperatur von flüssigem Stickstoff gebracht werden (wie wir uns erinnern, reichen bei ganzen Patienten nicht einmal 5 Tage zur langsamen Kühlung aus, um Gefrierbrüche zu vermeiden) (Fahy et al. 1990a, b).

Wie Herzen konnten auch Nieren nur schwer auf Temperaturen unter $-45\,°C$ gekühlt werden und nur gelegentlich bis $-80\,°$ (Fahy et al. 2004a, b). Eine Kaninchenniere wurde auf $-130\,°C$ gekühlt. Eine spezielle konduktive Erwärmungstechnik in Kombination mit Perfusion führte zu einer erfolgreichen Erwärmung (Fahy et al. 2009; vgl. Wowk und Corral 2013). Diese Niere eines Kaninchens war erfolgreich mit 7,5 M M22 als Frostschutzmittel durchströmt worden. Sie versorgte nach dem Auftauen alleine ein lebendes Tier vollständig (Fahy und Ali 1997; Fahy et al. 2009, 2013; Kheirabadi und Fahy 2000). Allerdings war es nur eine Niere unter mehreren, die auf diese Art überlebte. Sie wurde nicht bis auf die Temperatur von flüssigem Stickstoff gekühlt, um Risse zu vermeiden, und es traten Störungen der Durchströmung und Elektrolytstörungen auf. In vorhergehenden Versuchen wurde dasselbe nach Kühlung auf $-45\,°C$ erreicht, und weitere Vorversuche deuteten bereits ein Überleben nach der Vitrifikation an (Fahy et al. 2004a, b, 2006), sodass dieser Erfolg kein Zufall war. Auch wenn er bisher nicht wiederholt wurde und nicht bei allen Nieren in diesem Versuch funktionierte, ist er ein klarer Beweis für die Möglichkeit einer Kryokonservierung von Organen dieser Größe, die ebenso kompliziert gebaut sind wie Organe größerer Säugetiere.

Ganze Hinterbeine von Ratten wurden durch das richtungsorientierte Kühlen (Bahari et al. 2018) auf $-140\,°C$ gekühlt, bevor sie in flüssigen Stickstoff gebracht wurden. Sie wurden dann erfolgreich wiederbelebt. Während diese Beine nicht funktionieren konnten, weil die Nervenstränge für die Bewegung bei der Amputation durchtrennt wurden, waren die Beine im Übrigen lebendig (Arav et al. 2017). Rattenbeine sind zwar klein aber sehr kompliziert aus mehreren Organen aufgebaut, so dass dies einen beträchtlichen Fortschritt darstellt.

Die folgenden Versuche verwendeten unterschiedliche Methoden und Temperaturen. Sie wurden nur zum Teil erfolgreich wiederholt und einzelne Organe zeigten Schäden durch Eisbildung. Alle hier aufgezählten Organe überlebten aber.

Gebärmütter von Schweinen zogen sich nach Kühlung auf $-130\,°C$ und anschließender Erwärmung mehrfach zusammen (Dittrich et al. 2006).

Hundedarm wurde auf die Temperatur von flüssigem Stickstoff gekühlt. Er war schwer geschädigt, aber zu einer Selbstreparatur fähig. Eine Ausnahme bildeten die Blutgefäße, die aber offenblieben (Hamilton et al. 1973). Die Hundemilz überlebte eine Kühlung auf Frosttemperaturen und eine Transplantation (Barner und Scheck 1966). Mit dem Harnleiter vom Hund gelangen eine Tiefkühlung und Transplantation (Barner et al. 1963). Hundelungen überlebten ebenfalls Temperaturen unter 0 °C (Okaniwa et al. 1973).

Lebertransplantationen sind in der Medizin gefragt, da die Entgiftungsfunktion der Leber überlebenswichtig ist. Das Problem, Lebern langfristig in lebendem Zustand aufzubewahren, wurde vielfach angegangen. Teile der Leber (Zellklümpchen oder microbeads) sowie eingekapselte Leberzellen können vorübergehend die Leberfunktion übernehmen und damit das Leben retten. Sie können kryokonserviert werden (Jitraruch et al. 2017; Massie et al. 2011).

Leberzellen können durch eine besondere Form von Traubenzucker (Glukose) geschützt werden, die nicht im Stoffwechsel abgebaut wird und überhaupt nicht am Stoffwechsel teilnimmt. Sie geht in die Zellen und verhindert die Schrumpfung (Sugimachi et al. 2006).

Inzwischen wurden Rattenlebern nach 4 Tagen Unterkühlung erfolgreich transplantiert mit einer Methode, welche die Zellen der Innenauskleidung von Gefäßen schont (die Leber enthält ein ausgedehntes spezialisiertes Netzwerk von Blutgefäßen). Es wurde Polyethylenglykol mit verschiedenen Funktionen für den Schutz von Zellen verwendet (Berendsen et al. 2014; Elliot et al. 2017).

Lebern waren die größten Organe bei denen eine Tiefkühlung – wenn auch nicht bei kryogenen Temperaturen – gelang. Rattenlebern wurden für 6–24 h auf −3 bis 4 °C gekühlt, wonach Galleproduktion und mikroskopische Struktur erhalten waren (Rubinsky et al. 1994; Soltys et al. 2001). Lebern wurden für 77–96 h sogar bei −6 °C mit PEG und 3-O-Methylglucose gehalten. Die Organe überlebten zu 100 % und besser als bei 4 °C. Nach 96 h aber, waren Überlebensrate und ATP-Gehalt gesenkt (Bruinsma et al. 2014; Bruinsma und Uygin 2017).

Eine Schweineleber wurde für eine halbe Stunde bei −20 °C gehalten und dann erwärmt. Sie wurde einem anderen Schwein eingesetzt. Es wurde nachgewiesen, dass die Leber in dem neuen Wirt funktionierte. Nach Tötung des Schweins wurde die Leber entnommen und die Zellen wurden untersucht, mit dem Ergebnis, dass sie am Leben waren. Dabei wurde die Methode des richtungsorientierten Einfrierens benutzt. Dass sie lebte, wurde durch das Fließen von Blut und Stoffwechselaktivität nachgewiesen (Gavish et al. 2008). Andere Lebern erlangten auch eine teilweise Funktion, sogar nach Kühlung auf −60 °C, zurück.

Die Bauchspeicheldrüse wurde mit der gleichen Methode und den gleichen Ergebnissen von dieser Gruppe gekühlt (Zimmermann et al. 1971).

Knochengewebe zeigt, was die Lebensfähigkeit der Zellen und die biochemische Beurteilung angeht, nach Kryokonservierung kein anderes Verhalten als in frischem Zustand, wenn es als Transplantatmaterial verwendet wird (Nevo et al. 1983).

Knorpelgewebe enthält einen großen Prozentsatz von Proteoglykanen mit Frostschutzwirkung im Umkreis der Zellen. Daher ist sein Überleben bei tiefen Temperaturen besonders interessant. Seine erfolgreiche Kryokonservierung wurde bereits oben im Zusammenhang mit der Frostschutzwirkung von Proteoglykanen behandelt (s. auch Kiefer et al. 1989). Bei Bandscheiben, die in DMSO eingefroren worden waren, war allerdings die Proteoglykanbildung durch die Zellen dramatisch vermindert (Matsuzaki et al. 1996).

Nicht voll ausgereifte Zähne lassen sich transplantieren, aber schlecht über lange Zeit am Leben halten. Das ist problematisch für die Vorratshaltung, aber auch, wenn ein Zahntransplantat erhalten werden muss, bis die Wunde eines ausgezogenen Zahns geheilt ist. Nach einem Fallbericht wurde ein Zahn in einem programmierten Einfriergerät mit einem vibrierenden magnetischen Feld gekühlt, welches Eisbildung verhindert. Dann folgte eine Aufbewahrung bei −150 °C und die erfolgreiche Transplantation, wobei Lebenserhaltung des Zahns und Heilung bewiesen wurden (Kaku M et al. 2015).

Ohne Zweifel stimmen die hier besprochenen Erfolge äußerst optimistisch. Es bleiben die Probleme mit der Kühlung von großen Organen auf kryogene Temperaturen, von Spannungsrissen und Schadwirkung der Frostschutzstoffe.

Literatur

Alink GM et al (1976a) The effect of cooling rate and of dimethyl sulfoxide concentration on low temperature preservation of neonatal rat heart cells. Cryobiology 13:295–304

Alink GM et al (1976b) The effect of cooling rate and of dimethyl sulfoxide concentration on the ultrastructure of neonatal rat heart cells after freezing and thawing. Cryobiology 13:305–316

Alink GM et al (1977) Three-step cooling: a preservation method for adult rat heart cells. Cryobiology 14:409–417

Alink GM et al (1978) Viability and morphology of rat heart cells after freezing and thawing of the whole heart. Cryobiology 15:44–58

Amir G et al (2004) Subzero nonfreezing cryopresevation of rat hearts using antifreeze protein I and antifreeze protein III. Cryobiology 48:273–282

Amir G et al (2005) Improved viability and reduced apoptosis in sub-zero 21-hour preservation of transplanted rat hearts using anti-freeze proteins. J Heart Lung Transplant 24:1915–1929

Anderson RA (2017) Ovarian tissue cryopreservation for fertility preservation: clinical and research perspectives. Hum Reprod Open 2017(1):hox001

Angarita AM et al (2016) Fertility preservation: a key survivorship issue for young women with cancer. Front Oncol 6:102

Arav A et al (2005) Oocyte recovery, embryo development and ovarian sheep ovary. Hum Reprod 20:3554–3559

Arav A et al (2010) Ovarian function 6 years after cryopreservation and transplantation of whole sheep ovaries. Reprod Biomed Online 20:48–52

Arav A et al (2017) Rat hindlimb cryopreservation and transplantation: a step toward „organ banking". Am J Transplant 17:2820–2828

Armitage WJ (1991) Preservation of viable tissues for transplantation. In Fuller BJ, Grout BWW (Hrsg) Clinical applications of cryobiology. CRC Press, Boca Raton, S 170–189

Armitage WJ (2002) Recovery of endothelial function after vitrification of cornea at -110 degrees C. Invest Ophthalmol Vis Sci 43:2160–2164

Armitage WJ (2011) Preservation of human cornea. Transfus Med Hemother 38:143–147

Bahari L et al (2018) Directional freezing for the cryopreservation of adherent mammalian cells on a substrate. PloS one 13:e0192265

Baicu S et al (2006) Vitrification of carotid artery segments: an integrated study of thermophysical events and functional recovery toward scale-up for clinical application. Cell Preserv Technol 4:236–244

Ballen KK et al (2009) Umbilical cord blood donation: public or private? Bone Marrow Transplant 50(2015):1271–1278

Ballen KK et al (2013) Umbilical cord blood transplantation: the first 25 years and beyond. Blood 122:491–498

Banker M et al (1991) Freezing preservation of the mammalian cardiac explant IV. Functional recovery after 8-hour freezing. Curr Surg 48:428–430

Banker MC et al (1992a) Freezing preservation of the mammalian cardiac explant. II. Comparing the protective effect of glycerol and polyethylene glycol. Cryobiology 29:87–94

Banker MC et al (1992b) Freezing preservation of the mammalian heart explant. III. Tissue dehydration and cryoprotection by polyethylene glycol. J Heart Lung Transplant 11:619–623

Baram S et al (2019) Fertility preservation for transgender adolescents and young adults: a systematic review. Hum Reprod Update 25:694–716

Barner HB, Scheck E (1966) Autotransplantation of the frozen-thawed spleen. Arch Pathol Lab Med 82:267–271

Barner HB et al (1963) Survival of canine ureter after freezing. Surgery 53:344–347

Barsamian EM et al (1960) Preliminary studies on the transplantation of supercooled hearts. Plast Reconstr Surg Transplant Bull 25:405–406

Beckmann MW et al (2017) Operative techniques and complications of extraction and transplantation of ovarian tissue: the Erlangen experience. Arch Gynecol Obstet 295:1033–1039

Berendsen TA et al (2014) Supercooling enables long-term transplantation survival following 4 days of liver preservation. Nat Med 20:790–793

Biasin E et al (2015) Ovarian tissue cryopreservation in girls undergoing haematopoietic stem cell transplant: experience of a single centre. Bone Marrow Transplant 50:1206–1211

Biedermann B et al (2002) Patch-clamp recording of Muller glial cells after cryopreservation. J Neurosci Methods 120:173–178

Bischof JC, Finger EB (2022). Cryopreservation of pancreatic islets experimental data repository 2022. Retrieved from the Data Repository for the University of Minnesota. https://doi.org/10.13020/yrva-zr31

Boiso I et al (2002) A confocal microscopy analysis of the spindle and chromosome configurations of human oocytes cryopreserved at the germinal vesicle and metaphase II stage. Hum Reprod 17:1885–1891

Bojic S et al (2014) Dental stem cells–characteristics and potential. Histol Histopathol 29:699–706

Bojic S et al (2021) Winter is coming: the future of cryopreservation. BMC Biol 19:56

Brinster R (2007) Male germline stem cells: from mice to men. Science 316:404–405

Bruinsma BG, Uygun K (2017) Subzero organ preservation; the dawn of a new ice age? Curr Opin Organ Transplant 22:281–286

Bruinsma BG et al (2014) Subnormothermic machine perfusion for ex vivo preservation and recovery of the human liver for transplantation. Am J Transplant 14:1400–1409

Bustamante JO, Jachimowicz D (1988) Cryopreservation of human heart cells. Cryobiology 25:394–408

Campos JR et al (2011) Cryopreservation and fertility: current and prospective possibilities for female cancer patients. ISRN Obstet Gynecol (2011) ID 358113

Carmine G et al (2014) A novel method for isolating and culturing human cardiomyocytes from cryopreserved tissues. Biophys J 106:564a

Chen KH et al (1999) TGF-beta 2 in aqueous humor suppresses S-phase entry in cultured corneal endothelial cells. Invest Ophthalmol Vis Sci 40:2513–2519

Cobo A et al (2016) Oocyte vitrification as an efficient option for elective fertility preservation. Fertil and Steril 105:755–764

Condorelli M, Demeestere I (2019) Challenges of fertility preservation in non-oncological diseases. Acta Obstet Gynecol Scand 98:638–646

Courbiere B et al (2006) Cryopreservation of the ovary by vitrification as an alternative to slow-cooling protocols. Fertil Steril 86:1243–1251

Devireddy RV et al (2002) Cryopreservation of equine sperm: optimal cooling rates in the presence and absence of cryoprotective agents determined using differential scanning calorimetry. Biol Reprod 66:222–231

De Wolf A, de Wolf G (2013) Human cryopreservation research at advanced neural biosciences. In: Sames KH (Hrsg) Applied human cryobiology, Bd 1. Ibidem, Stuttgart, S 45–59

Dittrich R et al (2006) Successful uterus cryopreservation in an animal model. J Hormone Metab Res 38:141–145

Dobrinsky JR et al (2000) Birth of piglets after transfer of embryos cryopreserved by cytoskeletal stabilization and vitrification. Biol Reprod 62:564–570

Donnez J et al (2004) Livebirth after orthotopic transplantation of cryopreserved ovarian tissue. Lancet 364:1405–1410

Du X et al (2022) Artificially Increasing Cortical Tension Improves Mouse Oocytes Development by Attenuating Meiotic Defects During Vitrification. Front Cell Dev Biol 10:876259. https://doi.org/10.3389/fcell.2022.876259

Edgar DH, Gook DA (2012) A critical appraisal of cryopreservation (slow cooling versus vitrification) of human oocytes and embryos. Hum Reprod Update 18:536–554

Elami A et al (2008) Successful restoration of function of frozen and thawed isolated rat hearts. Thorac Cardiovas Surg 135:666–672

El-Danasouri I, Selman H (2001) Successful pregnancies and deliveries after a simple vitrification protocol for day 3 human embryos. Fertil Steril 76:400–402

Elliott GD et al (2017) cyoprotectants: a review of the actions and applications of cryoprotective solutes that modulate cell recovery from ultra-low temperatures. Cryobiology 76:74–91

Fahy GM, Ali SE (1997) Cryopreservation of the mammalian kidney. II demonstration of immediate ex vivo function after introduction and removal of 7,5 M cryoprotectant. Cryobiology 35:114–131

Fahy GM, Karow AM Jr (1977) Ultrastructure-function correlative studies for cardiac cryopreservation. V. Absence of a correlation between electrolyte toxicity and cryoinjury in the slowly frozen, cryoprotected rat heart. Cryobiology 14:418–427

Fahy GM et al (1990a) Cryoprotectant toxicity and cryoprotectant toxicity reduction: in search of molecular mechanisms. Cryobiology 27:247–268

Fahy GM et al (1990b) Physical problems with the vitrification of large biological systems. Cryobiology 27:492–510

Fahy GM et al (2004a) Improved vitrification solution based on the predictability of vitrification solution toxicity. Cryobiology 42:22–35

Fahy GM et al (2004b) Cryopreservation of organs by vitrification: perspectives and recent advances. Cryobiology 48:157–178

Fahy GM et al (2006) Cryopreservation of complex systems: the missing link in the regenerative medicine supply chain. Rejuvenation Res 9:279–291

Fahy GM et al (2009) Physical and biological aspects of renal vitrification. Organogenesis 5:167–175

Fahy GM et al (2013) Cryopreservation of precision-cut tissue slices. Xenobiotica 43:113–132

Feldschuh J et al (2005) Successful sperm storage for 28 years. Fertil Steril 84:P1017.e3–1017.e4

Fuller BJ, Grout BWW (Hrsg) (1991) Clinical applications of cryobiology. CRC Press, Boca Raton

Garcia-Dominguez X et al (2016) First steps towards organ banks: vitrification of renal primordial. Cryo Letters 37:347–352

Gavish Z et al (2008) Cryopreservation of whole murine and porcine livers. Rejuvenation Res 11:765–772

Gluckman E et al (1989) Hematopoietic reconstitution in a patient with Fanconi's anemia by means of umbilical-cord blood from an HLA-identical sibling. New Engl J Med 321:1174–1178

Golchet G et al (2000) Why don't we have enough cornea donors? A literature review and survey. Optometry (St Louis, Mo) 71:318–328

Gonzales F, Luyet B (1950) Resumption of heart-beat in chick embryos frozen in liquid nitrogen. Biodynamica 7:1–5

Gook D et al (2021) Experience with transplantation of human cryopreserved ovarian tissue to a sub-peritoneal abdominal site. Hum Reprod Jul 12;deab167. (im Druck)

Gosden R (2011) Cryopreservation: a cold look at technology for fertility preservation. Fertil Steril 96:264–268

Hak AM et al (1973) Toxic effects of DMSO on cultured beating heart cells at temperatures above zero. Cryobiology 10:244–250

Hamilton R et al (1973) Successful preservation of canine small intestine by freezing. J Surg Res 14:313–318

Harris DT (2014) Stem cell banking for regenerative and personalized medicine. Biomedicines 2:50–79

Hasegawa A et al (2006) Pup birth from mouse oocytes in preantral follicles derived from vitrified and warmed ovaries followed by in vitro growth, in vitro maturation, and in vitro fertilization. Fertil Steril 86 (4 Suppl): 1182–1192

Hilkens P (2016) Cryopreservation and banking of dental stem cells. Adv Exp Med Biol 951:199–235

Hochi S et al (2001) Effects of cooling and warming rates during vitrification on fertilization of in vitro-matured bovine oocytes. Cryobiology 42:69–73

Horne G (2004) Live birth with sperm cryopreserved for 21 years prior to cancer treatment: case report. Hum Reprod 19:1448–1449

Huang CY et al (2019) Human iPSC banking: barriers and opportunities. J Biomed Sci 26:87

Huber A et al (2012) Development of a simplified ice- free cryopreservation method for heart valves employing VS83, and 83% cryoprotectant formulation. Biopreserv Biobank 10:479–484

Hudson JN et al (2017) New promising strategies in oncofertility. Expert Rev Qual Life Cancer Care 2:67–68

Hunt CJ (2017) Cryopreservation: vitrification and controlled rate cooling. Methods Mol Biol 1590:41–77

Isachenko V et al (2012) Cryopreservation of ovarian tissue: detailed description of methods for transport, freezing and thawing. Geburtsh Frauenheilk 72:927–932

Jacobsen H et al (2000) Body dimensions and birth and organ weights of calves derived from in vitro produced embryos cultured with or without serum and oviduct epithelium cells. Theriogenology 53:1761–1769

Jin B et al (2014) Survivals of mouse oocytes approach 100% after vitrification in 3-fold diluted media and ultra-rapid warming by an IR laser pulse. Cryobiology 68:419–430

Jitraruch S et al (2017) Cryopreservation of hepatocyte microbeads for clinical transplantation. Cell Transplant 26:1341–1354

Kaku M et al (2015) A case of tooth autotransplantation after long-term cryopreservation using a programmed freezer with a magnetic field. Angle Orthod 85:518–524

Karow AM Jr et al (1965) Preservation of hearts by freezing. Arch Surg 91:572–574

Kashuba CM et al (2014) Rationally optimized cryopreservation of multiple mouse embryonic stem cell lines: I-Comparative fundamental cryobiology of multiple mouse embryonic stem cell lines and the implications for embryonic stem cell cryopreservation protocols. Cryobiology 68:166–175

Kasten FH, Yip DK (1974) Reanimation of cultured mammalian myocardial cells during multiple cycles of trypsinization-freezing-thawing. In Vitro 9:246–252

Kato H et al (2012) Subzero 24-hour nonfreezing rat heart preservation: a novel preservation method in a variable magnetic field. Transplantation 94:473–477

Kawasaki Y et al (2020) Carboxylated epsilon-poly-L-lysine, a cryoprotective agent, is an effective partner of ethylene glycol for the vitrification of ebryos at various preimplantation stages. Cryobiology 97:245–249

Kawata T et al (2012) Effects of DMSO (Dimethyl Sulfoxide) free cryopreservation with program freezing using a magnetic field on periodontal ligament cells and dental pulp tissues. Biomed Res 23:438–443

Keskintepe L et al (2009) Vitrification of human embryos subjected to blastomere biopsy for pre-implantation genetic screening produces higher survival and pregnancy rates than slow freezing. J Assist Reprod Genet 26:629–635

Kheirabadi BS, Fahy GM (2000) Permanent life support by kindneys perfused with a vitrifiable (7.5 molar) cryoprotectant solution. Transplantation 70:51–55

Kiefer GN et al (1989) The effect of cryopreservation on the biomechanical behavior of bovine articular cartilage. J Orthop Res 7:494–501

Kieran K, Shnorhavorian M (2018) Fertility issues in pediatric urology. Urol Clin North Am 45:587–599

Kobayashi S et al (1998) Piglets produced by transfer of vitrified porcine embryos after stepwise dilution of cryoprotectants. Cryobiology 36:20–31

Kojayan GG et al (2018) Systematic review of islet cryopreservation. Islets 10:40–49

Kuhn SA (2013) Einfluss der Kryokonservierung auf die strukturelle Integrität und die Elektrophysiologie von Herzdünnschnitten. Ein innovatives Testsystem für Herzmedikamente. Dissertation, Universität Lübeck

Langer S et al (1999) Viability and recovery of frozen-thawed human islets and in vivo quality control by xenotransplantation. J Mol Med 77:172–174

Leunissen RL, Piatnek-Leunissen DA (1968) A device facilitating in situ freezing of rat heart with modified Wollenberger tongs. J Appl Physiol 25:769–771

Li YX et al (2019) Vitrification and conventional freezing methods in sperm cryopreservation: a systematic review and meta-analysis. Eur J Obstet Gynecol Reprod Biol 233:84–92

Lotz L et al (2019) Ovarian tissue transplantation: experience from Germany and worldwide efficacy. Clin Med Insights Reprod Health. 13:1179558119867357. eCollection 2019

Loutradi KE et al (2008) Cryopreservation of human embryos by vitrification or slow freezing: a systematic review and meta-analysis. Fertil Steril 90:186–193

Lyet B (1969a) Resumption of contractions after freezing in liquid nitrogen in small pieces of rat heart containing pacemaking centers. Cryobiology 6:246–248

Luyet B (1969b) Resumption of activity in spontaneously and in non-spontaneously beating pieces of frog's hearts after freezing in liquid nitrogen. Biodynamica 10:261 275

Marco-Jimenez F et al (2015) Vitrification of kidney precursors as a new source for organ transplantation. Cryobiology 70:278–282

Marquez-Curtis LA et al (2017) Expansion and cryopreservation of porcine and human corneal endothelial cells. Cryobiology 77:1–13

Marquez-Curtis LA et al (2022) Cryopreservation and post-thaw characterization of dissociated human islet cells. PLoS ONE 17:e0263005

Massie I et al (2011) Cryopreservation of encapsulated liver spheroids using a cryogen-free cooler: high functional recovery using a multi-step cooling profile. Cryo Letters 32:158–165

Massip A (2001) Cryopreservation of embryos of farm animals. Reprod Domest Anim 36:49–55

Matson PL et al (1997) Cryopreservation of oocytes and embryos: use of a mouse model to investigate effects upon zona hardness and formulate treatment strategies in an in-vitro fertilization program. Hum Reprod 12:1550–1553

Matsuzaki H et al (1996) Allografting intervertebral discs in dogs a possible clinical application. Spine 21:178–183

Mazur P, Seki S (2011) Survival of mouse oocytes being cooled in a vitrification solution to -196° at 95° to 70,000°C/min and warmed at 610° to 118,000°C/min: a new paradigm for cryopreservation by vitrification. Cryobiology 62:1–7

Mazur P et al (1972) A two-factor hypothesis of freezing injury. Exper Cell Res 1:345–355

McLaren JF, Bates GW (2012) Fertility preservation in women of reproductive age with cancer. Am J Obstet Gynecol 207:455–462

Medina-Chávez DA et al (2022) Freezing Protocol Optimization for Iberian Red Deer (Cervus elaphus hispanicus) Epididymal Sperm under Field Conditions. Animals (Basel) 12:869. https://doi.org/10.3390/ani12070869

Meirow D et al (2016) Transplantations of frozen-thawed ovarian tissue demonstrate high reproductive performance and the need to revise restrictive criteria. Fertil Steril 106:467–474

Meyer A et al (2016) Cardiac mitochondrial oxidative capacity is partly preserved after cryopreservation with dimethyl sulfoxide. Cryo Letters 37:110–114

Mossad H et al (1994) Impact of cryopreservation on spermatozoa from infertile men: implications for artificial insemination. Arch Androl 33:51–57

Mukherjee N et al (2005) Effects of cryopreservation on cell viability and insulin secretion in a model Tissue-Engineered Pancreatic Substitute (TEPS). Cell Transplant 14:449–456

Müller A et al (2012) Retransplantation of cryopreserved ovarian tissue: first live birth in Germany. Dtsch Arztebl Int 109:8–13

Müller-Schweinitzer E (1988) Cryopreservation of isolated blood vessels. Folia Haematol Int Mag Klin Morphol Blutforsch 115:405–409

Müller-Schweinitzer E et al (1997) Functional recovery of human mesenteric and coronary arteries after cryopreservation at −196 degrees C in a serum-free medium. J Vasc Surg 25:743–745

Murray A et al (2022) Red Blood Cell Cryopreservation with Minimal Post-Thaw Lysis Enabled by a Synergistic Combination of a Cryoprotecting Polyampholyte with DMSO/Trehalose. Biomacromolecules 23:467–477

Nevo Z et al (1983) (1983) Fresh and cryopreserved fetal bones replacing massive bone loss in rats. Calcif Tissue Int 35:62–69

Noyes N et al (2009) Over 900 oocyte cryopreservation babies born with no apparent increase in congenital anomalies. Reprod Biomed Online 18:769–776

Oberstein N et al (2001) Cryopreservation of equine embryos by open pulled straw, cryoloop, or conventional slow cooling methods. Theriogenology 55:607–613

Ochiai J et al (2021) Development of multilayer mesenchymal stem cell cell sheets. Int J Transl Med 1:4–24

Offerijns FG (1971) Experiments on long-term preservation of rat heart. Br Heart J 33:149

Offerijns FG, Krijnen HW (1972) The preservation of the rat heart in the frozen state. Cryobiology 9:289–295

Offerijns FG, Ter Welle HF (1974) The effect of freezing, of supercooling and of DMSO on the function of mitochondria and on the contractility of the rat heart. Cryobiology 11:152–159

Ohkawara H et al (2018) Development of a vitrification method for preserving human myoblast cell sheets for myocardial regeneration therapy. BMC Biotechnol 18:Artikel 56

Okaniwa G et al (1973) Studies on the preservation of canine lung at subzero temperatures. J Thorac Cardiovasc Surg 65:180–186

Oldenhof H et al (2017) Stallion sperm cryopreservation using various permeating agents: interplay between concentration and cooling rate. Biopres Biobank 15:422–431

Paynter SJ et al (1999) Temperature dependence of Kedem-Katchalsky membrane transport coefficients for mature mouse oocytes in the presence of ethylene glycol. Cryobiology 39:169–176

Pickering SJ et al (1991) Cryoprotection of human oocytes: inappropriate exposure to DMSO reduces fertilization rates. Hum Reprod 6:142–143

Pruß D et al (2021) High-throughput droplet vitrification of stallion sperm using permeating cryoprotective agent. Cryobiology 101:67–77

Rapatz G (1970) Some problems associated with the freezing of hearts. Cryobiology 7:157–162

Riva NS et al (2018) Comparative analysis between slow freezing and ultra-rapid freezing for human sperm cryopreservation. JBRA Assist Reprod 22:331–333

Rodriguez-Wallberg KA et al (2019) Ice age: cryopreservation in assisted reproduction – an update. Reprod Biol 19:119–126

Rubinsky B et al (1994) Freezing mammalian livers with glycerol and antifreeze proteins. Biochem Biophys Res Commun 200:732–741

Saito H et al (2000) Application of vitrification to human embryo freezing. Gynecol Obstet Invest 49:145–149

Sakaguchi H et al (1998) Subzero non freezing storage (1 degree C) of the heart with University of Wisconsin solution and 2–3 butanediol. Transplant Proc 30:58–59

Sames K (1980) Morphologische und histochemische Untersuchungen über das in-vitro- und in-vivo Altern von Corneaendothel und Trabeculum corneosclerale. Universität Erlangen, Habilitationsschrift

Sames K, Lindner J (1982) Changes in cell cultures of bovine corneal endothelium cells as related to donor age and number of passages in vitro. Akt Gerontol 12:206–212

Schöpf-Ebner et al (1968) Pulsatile activity of isolated heart muscle cells after freezing storage. Cryobiology 4:200–203

Seguchi R et al (2015) Subzero 12-hour nonfreezing cryopreservation of porcine heart in a variable magnetic field. Transplant Direct 1:9 e33

Singer ST et al (2010) Fertility potential in thalassemia major women: current findings and future diagnostic tools. Ann NY Acad Sci 1202:226–230

Soltys KA et al (2001) Successful nonfreezing, subzero preservation of rat liver with 2,3-butanediol and type I antifreeze protein. J Surg Res 96:30–34

Sugimachi K et al (2006) Nonmetabolizable glucose compounds impart cryotolerance to primary rat hepatocytes. Tissue Eng 12:579–588

Sun C et al (2016) Fundamental principles of stem cell banking. Adv Exper Med Biol 95:31–45

Szell AZ et al (2013) Live births from frozen human semen stored for 40 years. J Assist Reprod Genet (JARG) 30:743–744

Taylor MJ, Pegg DE (1983) The effect of ice formation on the function of smooth muscle tissue stored at −21 or −60°C. Cryobiology 20:36–40

Ting AY et al (2012) Synthetic polymers improve vitrification outcomes of macaque ovarian tissue as assessed by histological integrity and the in vitro development of secondary follicles. Cryobiology 65:1–11

Ting AY et al (2013) Morphological and functional preservation of pre-antral follicles after vitrification of macaque ovarian tissue in a closed system. Hum Reprod 28:1267–1279

Trounson A, Mohr L (1983) Human pregnancy following cryopreservation, thawing and transfer of an eight-cell embryo. Nature 305:707–709

Uechi H et al (1999) Comparison of the effects of controlled-rate cryopreservation and vitrification on 2-cell mouse embryos and their subsequent development. Hum Reprod 14:2827–2832

Uhrig M et al (2022) Improving Cell Recovery: Freezing and Thawing Optimization of Induced Pluripotent Stem Cells. Cells 11:799. https://doi.org/10.3390/cells11050799

Valojerdi MR et al (2009) Vitrification versus slow freezing gives excellent survival, post warming embryo morphology and pregnancy outcomes for human cleaved embryos. J Assist Reprod Genet 26:347 354

Vutyavanich T et al (2010) Rapid freezing versus slow programmable freezing of human spermatozoa. Fertil Steril 93:1921–1928

Wang T et al (1992) Freezing preservation of the mammalian cardiac explant. V. Cryoprotection by ethanol. Cryobiology 29:470–477

Weissman IL (2000) Stem cells: units of development, units of regeneration, and units in evolution. Cell 100:157–168

Whitcher JP et al (2001) Corneal blindness: a global perspective. Bull World Health Organ 79:214–221

Wollenberger A (1967) Survival of potentially beating single heart cells in the frozen state. In: Tanz RD et al (Hrsg) Factors influencing myocardial contractility. Academic, New York, S 317–327

Wollenberger A et al (1967a) Cultivation of beating heart cells from frozen heart cell suspensions. Naturwissenschaften 54:174

Wowk B, Corral A (2013) 023 Adaptation of a commercial diathermy machine for radio-frequency warming of vitrified organs. Cryobiology 67:404

Wustemann MC et al (2008) Vitrification of rabbit tissues with propylene glycol and trehalose. Cryobiology 56:62–71

Wyns C et al (2010) Options for fertility preservation in prepubertal boys. Hum Reprod Update 16:312–328

Xie J et al (2022) Principles and protocols for post-cryopreservation quality evaluation of stem cells in novel biomedicine. Front. Pharmacol. 13:907943. https://doi.org/10.3389/fphar.2022.907943

Yang H et al (2019) Non-oncologic indications for male fertility preservation. Curr Urol Rep 20:51

Yang X et al (1993) Subzero nonfreezing storage of the mammalian cardiac explant. I. Methanol, ethanol, ethylene glycol, and propylene glycol as colligative cryoprotectants. Cryobiology 30:366–375

Yokomuro H et al (2003) Optimal conditions for heart cell cryopreservation for transplantation. Mol Cell Biochem 242:109–114

Yokota Y et al (2001) Birth of a healthy baby following vitrification of human blastocysts. Fertil Steril 75:1027–1029o

Young CA et al (1997) Cryopreservation procedures for day 7–8 equine embryos. Equine Vet J Suppl 25:98–102

Zhan (2022) Pancreatic islet cryopreservation by vitrification achieves high viability, function, recovery and clinical scalability for transplantation. Nat Med 28:798–808

Zhao H et al (2019) Oncofertility: What can we do from bench to bedside? Cancer Lett 442:148–160

Zimmermann G et al (1971) Studies of preservation of liver and pancreas by freezing techniques. Transplant Proc 1:657–659

Wichtige und vielversprechende Ansatzpunkte im Labor wie in der Natur

10

10.1 Unser unersetzbarer Biokomputer, das Hirn

Beim Hirn handelt es sich um das Organ, das individuell geprägt und unersetzbar ist. Es ist ein Teil des Nervensystems, dessen Gewebe und Organe wir nun mit Bezug auf ihre Kryokonservierung besprechen. Das Überleben des Gehirns nach Kreislaufstillstand wird weiter unten zu behandeln sein.

Nervengewebe kann die Aufbewahrung bei 4 °C für maximal 8 Tage gut überleben (Frodl et al. 1995; Gage et al. 1985; Nikkhah et al. 1995). Die ersten Versuche, Nervengewebe zu kryokonservieren wurden 1953 von Luyet und Gonzales veröffentlicht. Seitdem haben verschiedene Studien zu weiteren Methoden geführt. Eine Zusammenfassung findet sich bei Paynter (Das et al. 1983; Higgins et al. 2011; Ichikawa et al. 2007; Ma et al. 2010; Paynter 2008; Pichugin 2006a; Quasthoff et al. 2015; Robert et al. 2016).

Rodriguez-Martinez et al. schlugen 2017 die Kryokonservierung des gesamten Ganglienhügels vor. Dabei handelt es sich um eine Struktur des Nervengewebes, welche nur vorübergehend vor der Geburt auftritt. Die Struktur liegt in der Wand der seitlichen Hirnkammer. Hier wird der Überträgerstoff GABA gebildet, und diese Produktion könnte durch die Transplantation des Ganglienhügels ausgenutzt werden, wenn ein Mangel vorliegt. Das Ganglienhügelgewebe bildet Zellen und produzierte auch nach Kryokonservierung so viele Zellen wie frisches Gewebe (Palmero et al. 2016; Purcell et al. 2003; Rahman et al. 2010; Swett et al. 1994).

Die meisten Studien über die Kryokonservierung von Nervengewebe untersuchten die Lebensfähigkeit vor allem mithilfe des Zustands der Zellmembranen, aber auch aufgrund der Ausläuferbildung und elektrischen Aktivität von Nervenzellen, mit gutem Erfolg nach dem Auftauen (Pischeda et al. 2018; Rahman et al. 2010). Bei embryonalem Gewebe vom Rattenhirn, das kryokonserviert wurde, waren 8–62 % der Zellen, welche vor der Tiefkühlung vorhanden waren, am Leben. Dabei spielten die Gewebeeigenschaften und natürlich die angewandten

© Der/die Autor(en), exklusiv lizenziert an Springer-Verlag GmbH, DE, ein Teil von Springer Nature 2022
K. H. Sames, *Kryokonservierung – Zukünftige Perspektiven von Organtransplantation bis Kryonik*, https://doi.org/10.1007/978-3-662-65144-5_10

Methoden eine Rolle. Der größte Teil der Arbeiten erfolgte am intakten Nervengewebe (Luyet und Gonzales 1953; Fang und Zhang 1992; Rodriguez-Martinez et al. 2017). Oft wird embryonales Nervengewebe von Ratten für wissenschaftliche Untersuchungen genutzt und verschiedene Forschergruppen haben seine Kryokonservierung untersucht. Embryonale Hirnrindenzellen sind z. B. sehr empfindlich und überleben nur zu 8,2 % (Negishi 2002).

Weiter wurden Untersuchungen zur Kryokonservierung von Nerventransplantaten durchgeführt (Bojic et al. 2021; Decherchi et al. 1997; Evans et al. 1998; Fansa 2000; Huang et al. 2018; Jensen et al. 1990; Kohama et al. 2001).

Kryokonserviertes Gewebe vom Hirnteil Hippocampus war von Sorensen et al. (1986) ins Gehirn transplantiert worden. Schnitte von Hirngewebe sind ein gut geeignetes Material für Untersuchungen. Vor allem sind Schnitte, die reifes erwachsenes Hirngewebe enthalten, interessant z. B. für die Pharmakologie im Rahmen der Neuropsychiatrie. Pichugin et al. bewiesen (2006) erstmals, dass die Lebensfähigkeit und der Aufbau von Nervengewebe durch die Verglasung von Schnitten gut erhalten werden kann. Sie benutzten ein Gemisch aus DMSO, Formamid und Ethylenglykol mit Eisblockern. Die Schnitte vom Hippocampus (demselben Hirnteil, an dem Sorensen et al. gearbeitet hatten) waren 0,475 mm dick und enthielten damit die volle Organstruktur.

Auch wenn bisher kein ganzes Hirn verglast werden konnte, ist damit klar, dass Organteile des Hirns die Verglasung überleben. Ein ganzes Hirn auf diese Art zu erhalten, ist damit möglicherweise ein Problem der Größe.

Ganze Katzenhirne wurden in 15 %igem Glyzerin auf −20 °C gekühlt (62 % des Hirnwassers liegen dabei als Eis vor). Nach 777 Tagen oder 7,25 Jahren wurden sie erwärmt und zeigten in beiden Fällen normal aussehende Hirnstromkurven (Elektroenzephalogramme), obwohl die Aktivität nach 7,25 Jahren vermindert war. Auch waren dann Blutungen und Zellverluste nachweisbar (Suda et al. 1966, 1974). Die Ergebnisse wurden bisher nicht durch eine Wiederholung bewiesen.

Kaninchenhirne, die bei Raumtemperatur mit 23 %igem Glyzerin (3-molar) durchströmt wurden und auf Trockeneistemperatur gekühlt wurden, zeigten eine exzellente Erhaltung bei lichtmikroskopischer Betrachtung (Fahy et al.1984).

Elektronenoptische Befunde hängen sehr stark von den Methoden z. B. der Entwässerung und Eiweißfällung ab, die nachträglich erfolgen. Sie sollten durch andere Bedingungen und andere Methoden bestätigt werden (s. auch Galhuber 2021, 1994; Sames 1990 S. 37).

Bei dem hohen Fettstoff- und Wassergehalt des Gehirns war zu befürchten, dass die sehr empfindlichen Feinstrukturen, besonders die Zellverbindungen (Synapsen), schwer durch Frostschutzmittel zu bewahren sind.

Es wurde jedoch berichtet, dass 80 % der Zellverbindungen (Synapsen) in Hirnschnitten bei Kühlung auf −70 °C Stoffwechseleigenschaften wie in frischen Biopsieschnitten behalten (Hardy et al. 1983). Die Erhaltung der Lebensfähigkeit ist ebenso wichtig wie die Erhaltung der Struktur.

Es zeigt sich außerdem, dass Hirngewebe – vielleicht sogar wegen seines hohen Wasser- und Fettstoffgehalts – besonders aber wegen der Aufnahme von großen

Mengen an Glukose sowie der Möglichkeit zu direkten Nachweisen des Lebens von Zellen (durch die Hirnströme) besonders geeignet ist, Frostschutzmittel zu testen. Die Ergebnisse können auch anderen Organen zugutekommen.

Ein spezielles Problem von Hirngewebe ist die sehr schwierige Ersetzbarkeit von Zellverlusten, die zu schweren Störungen führen kann. Versuche an Hirngewebe setzen daher einen optimalen Frostschutz voraus. Dadurch wird aber auch ein Maßstab für höchste Anforderungen gesetzt. Versuche an Hirnen, besonders an ganzen Hirnen, sind ethisch bedenklich, da man nicht weiß, ob sie noch empfinden.

10.2   Ein Markt für die Kryonik: künstlich erzeugte Gewebe

Die Kryobiologie wird für die sogenannte regenerative Medizin gebraucht werden, die sich mit der Reparatur und Wiederherstellung von Geweben und Organen beschäftigt (Kocsis et al. 2002; Sames 2000a; Toner und Kocsis 2002). Darunter fällt auch die Reparatur mithilfe von Stammzellen und die Entwicklung künstlicher Organe. Neuerdings werden Gewebe sogar mit dem 3D-Drucker hergestellt (Isaacson et al. 2018).

Damit ist die regenerative Medizin natürlich auch ihrerseits für die Wiederherstellung von Kryonikpatienten nach der Aufwärmung unentbehrlich. Neben der Aufbewahrung von Stammzellen erlaubt nun die Kryobiologie im Prinzip auch die Aufbewahrung künstlicher Gewebe und Organe über lange Zeiträume.

Die Kryokonservierung von Produkten des künstlichen Gewebeaufbaus (Tissue Engineering) ist eine Voraussetzung für deren Einsatz in großem Umfang. Bei der Kryokonservierung sollen selbstverständlich Aufbau und Funktion der künstlichen Gewebe erhalten bleiben.

Erste klinische Ermittlungen lassen einen großen Bedarf voraussehen (Costa et al. 2012). Man könnte so einen großen Markt für künstliche Organe und künstlich erzeugte größere Gewebestücke nutzbar machen. Heute fehlt hier noch die Lagermöglichkeit, um ein Sortiment aufzubauen und problemlos in den Handel zu bringen.

Es wurden auch bereits künstlich erzeugte Gewebe mit Erfolg mithilfe von Frostschutzmitteln kryokonserviert, so beispielsweise Nervengewebe vom Netzhauttyp, das aus menschlichen Zellen gezüchtet worden war (Day et al. 2017; Nakano et al. 2012). Aus erwachsenen Stammzellen gezüchtete Netzhautmodelle wurden ebenfalls kryokonserviert (Reichman et al. 2017).

Sogenannte Organoide wurden aus Kulturzellen von Darm, Leber, Herz, Hirn, Niere und anderen Organen in Kulturen hergestellt und können für die unterschiedlichsten Bestimmungen verwendet werden, um Versuche an Tieren zu ersparen. Die Kryokonservierung erlaubt ihre ständige Verfügbarkeit, ist aber nicht ganz einfach (Pereira et al. 2020).

An künstlichem Hautersatzmaterial aus Tissue Engineering führte eine Kryokonservierung mit 10 % DMSO zu schweren Verlusten an Zellen und verzögerter Heilung, also verminderter Überlebensfähigkeit solcher Ersatzgewebe (Harriger

1997). Membranen aus Oberflächenzellen der Haut können aber zur Förderung der Wundheilung eingesetzt werden. Chen et al. zeigten (2011), dass mit Trehalose kryokonservierte Zelllamellen dafür verwendbar sind, und zwar ebenso gut wie frische Membranen (Trehalose verbesserte die Wirkung von DMSO in anderen Versuchen). Künstlicher Hautersatz wurde von Wang et al. (2007) mit einer Kühlgeschwindigkeit von 1 °C/min in 10 % DMSO kryokonserviert und die Lebensfähigkeit betrug 75 % derjenigen von frischem Material.

Künstliche Speiseröhren, deren Zellen entfernt worden waren wurden langsam eingefroren und in Stickstoffdampf aufbewahrt, um als Gerüst für die künstliche Organherstellung zu dienen (Urbani et al. 2017).

Künstlicher Skelettmuskel wird für die wiederherstellende Medizin, für die Bewegung von Robotern, sowie für das Studium von Krankheiten und Arzneimitteltests gebraucht. Das künstliche Gewebe konnte eingefroren werden und gewann dabei sogar an Kraft (Grant et al. 2019).

Künstliches Knochengewebe aus Hundeknochenmark und einem teilweise von Mineralien befreiten Knochengrundsubstanzgerüst wurde zur Knochenbildung angeregt und von Yin et al. (2009) erfolgreich verglast. Auch Knochengewebe aus Stammzellen von Erwachsenen (iPSCs) wurde von Tam et al. (2020) bei − 80 °C aufbewahrt, was leider zum Zelltod führte. Dagegen ließ sich das Gewebe in einer Salzlösung bei 4 °C halten.

Neben Transplantaten (Matsuzaki et al 1996) wurde künstliches Knorpelgewebe hergestellt und kryokonserviert(Lübke et al. 2001). Knorpel kann auch aus kryogen gekühlten Zellenhergestellt werden (Gorti et al. 2003).

Siehe zu diesem Abschnitt die Ausführungen von Bojic et al. 2021.

10.3   Ein früher Erfolg: Suspension und Resuspension ganzer Säugetiere

Es ist tatsächlich möglich, Säugetiere unter 0 °C abzukühlen und wiederzubeleben. Die Versuche dazu liegen bereits lange zurück und sind wenig bekannt.

In den Jahren vor 1951 plante Dr. RK Andjus in Belgrad einen Unterkühlungsversuch mit Ratten. Seine Bibliothek war im Krieg den Bomben zum Opfer gefallen. So konnte er sich nicht informieren und wusste nicht, dass man zu dieser Zeit davon ausging, dass Säuger Temperaturen unter 15 °C nicht lebend überstehen. Er kühlte seine Ratten unbesorgt auf 2–0 °C und reanimierte sie wieder nach 40–60 min. Umfangreiche solche Ratten- und Mäuseversuche wurden später am National Institute of Medical Research in den USA fortgeführt.

Die Versuche führten am Ende zu folgenden Ergebnissen:

Goldhamster wurden auf Temperaturen unter 0 °C gekühlt und wieder aufgewärmt.

Die Kühlung erfolgte in einem Bad von −5 °C. Die rektale Temperatur eines Hamsters, der stärker unterkühlt wurde sank auf −0,6 °C.

Nach 40–60 min bei −5°C lagen 15–45 % des Wassers im Körper, 53–63 % des Hirnwassers und 57–90 % des Wassers der Unterhaut in der Form von Eis vor.

Hamster, die für 60 min bei –5 °C gekühlt waren, erholten sich alle, wenn weniger als 15 % des Körperwassers Eis waren. Bei 15–40 % Eis erholten sich zwei Drittel und bei 40–50 % ein Drittel der Tiere. Bei 55–76 % Eis im Körper konnten Herzschlag und teilweise die Atmung wiederkehren, nicht aber das Bewusstsein. Der Eisgehalt wurde durch Sektion oder durch Errechnung aus der Analtemperatur erfasst.

Einige Hamster zeigten im Bad von –5 °C eine spontane Erwärmung auf 0 bis +6 °C. Sie wurden steif und kristallisierten aus der Unterkühlung heraus. Dabei erfolgte eine Temperatursteigerung durch die Freisetzung der Kristallisationswärme. Die Temperatur stabilisierte sich dann auf den Gefrierpunkt des Plasmas.

Erwärmung und Wiederbelebung wurden durch Diathermiegeräte oder Bestrahlung mit einer Lampe erreicht. Die innere Temperatur stieg dabei stetig, und das Herz fing an zu schlagen. Die Atmung musste allerdings durch Einflößen von Luft unterstützt werden bis sie wieder von selbst erfolgte. Es zeigten sich keine Frostbeulen, aber Tiere, die für längere Zeit als eine Stunde bei −5° C gehalten wurden, erholten sich nicht mehr.

25 % der Tiere in einem Bad von −5 °C zeigten einen Abfall der Temperatur unter den Gefrierpunkt. In einigen Experimenten wurde die Temperatur sogar auf −8 °C erniedrigt und die Tiere erholten sich vollständig.

Hamster, die bei −2,8 °C kristallisierten, erholten sich völlig. Erfolgte die Kristallisierung bei –3 bis –6 °C, so erholten sie sich selten, trotz vorübergehend feststellbaren Herzschlags.

J.E. Lovelock hatte den Diathermieapparat für die Aufwärmung entwickelt, der ein wechselndes magnetisches Feld erzeugte. Die Erwärmungsrate betrug 16 °C/min.

Die Experimente wurden an Kaninchen und kleinen Primaten (Galagos, eine Halbaffenart) wiederholt, aber alle diese Tiere starben nach ein paar Stunden. Eine Anzahl von Kaninchen und Galagos erholten sich noch, nachdem die Temperatur auf den Gefrierpunkt gefallen war.

Es wurde gezeigte, dass Hamster nach dem Aufwärmen keine Einbußen im Verhaltensbereich aufweisen. Man erklärt die Erfolge durch das normale Verhalten des Gewebes bei langsamer Kühlung nach der Freeze-Thaw-Methode (Goldzweig und Smith 1956; Lovelock und Smith 1956; Smith 1958, 1961; Smith et al. 1954).

Bei der Kryostase (Kryosuspension) ganzer Tiere werden natürlich alle Organe erhalten oder nicht erhalten. Das ergänzt die bereits besprochenen Ergebnisse an isolierten Organen.

Für die Verglasung wurde folgende Formel gefunden, die von 68 % Glyzerin ausgeht, weil dies von Hamstern überlebt wurde:

$C = 68 - 0,68 \ (P).$

C ist die verträgliche Glyzerin Konzentration, P ist der Prozentsatz des flüssigen Inhalts eines Gewebes, der ohne Schaden durch Kristalle in Eis umgewandelt werden kann (Fahy et al. 1987).

Wenn Hirngewebe wirklich eine Umwandlung seines Wassers zu 60 % in Eis verträgt, lautet die Formel $C = 68 - 0,68 \ (60) = 27,2$. 27,2 % Glyzerin müssten somit für die Tiefkühlung des Hirns bei jeder Temperatur ohne Schädigung durch die Eiskristalle ausreichend sein.

10.4   Die Natur, eine Lehrerin für Kryokonservierung – ist sie besser als unsere Labore?

Den meisten Menschen ist es nicht mehr unbedingt gegenwärtig, aber man erinnere sich: wir haben schon in der Schule (z. B. in den 1950ern) die Information bekommen, dass in den Polargebieten und Ländern mit kalten Wintern Tiere und Pflanzen auf erstaunliche Weise überleben können, indem ihre Temperatur auf Frostgrade sinkt (Ross 1990; Fuller et al. 2004).

Da die Kryokonservierung in der Natur bereits vorkommt, ist doch klar, dass es bei tiefen Körpertemperaturen unter 0 °C Bedingungen gibt, die für alle Organe kleiner Tiere verträglich sind. Allerdings kommen in der Natur der Erde keine Temperaturen vor, welche so niedrig sind wie unsere Glasübergangstemperatur. Die tiefen Temperaturen halten auch in den meisten belebten Zonen nicht einmal für ein ganzes Jahr an.

Es mutet wie ein Wunder an, dass dagegen einige viel geringer entwickelte winzige Tiere in der Natur nach Jahrtausenden in Eis wiederbelebt werden konnten. Diese Tatsache zeigt, dass die Schäden durch Aufbewahrung bei Temperaturen oberhalb der Glasübergangstemperatur überprüft werden müssen.

Rädertierchen, die man zu den Würmern zählen kann, wurden in Schichten des sibirischen Permafrostbodens gefunden, deren Alter auf 24.000 Jahre datiert wurden. Die Temperaturen dürften hier weit über -130 °C liegen etwa bei -22 bis -36 °C (Obu et al. 2020). Fadenwürmer wurden in 30.000 Jahre alten Schichten gefunden. Beide Arten wurden wiederbelebt. Einfach gebaute kleine Lebewesen können somit zehntausende von Jahren bei relativ hohen Frosttemperaturen überleben (Shmakova 2021).

Warmblütige Tiere sind sehr kälteempfindlich. Für Säuger gelten 15 °C als tödliche Grenze der Unterkühlung. Ihre Hirne funktionieren nur bei praktisch voller Körperwärme. Erstaunlicherweise können arktische Erdhörnchen (Barnes und Buck 2000; Popovic und Popovic 1963) und andere Säuger im Winterschlaf unter den Gefrierpunkt abkühlen. Ruf und Geiser (2015) fanden acht Säugerarten, welche im Winterschlaf Körpertemperaturen unter 0 °C erreichten, davon drei bei denen sie unter -2 °C fielen. Die meisten Warmblüter begegnen Kälte nur durch Regelung der Körpertemperatur. Kaltblüter sind jedoch auf andere Möglichkeiten angewiesen.

Die Frostschutzmittel von Tieren, welche einen Winterschlaf oder eine Kühlung unter 0 °C überstehen, gehören zur Klasse der Einzelzucker und polymeren Zucker sowie der Eiweißstoffe und Fettstoffe. Es kommen also sehr verschiedene vor. Die Bindungsstellen ans Eis wurden für Eiweiße untersucht (Graham et al. 2008). Es existiert ein breites Spektrum von Frostschutzeiweißen bei Fischen, Insekten, Würmern, Pflanzen und Bakterien (Tas et al. 2021). Verschiedene Arten von Fischen, Amphibien und Reptilien überleben den Übergang ihres Körperwassers in die feste Phase mithilfe von Frostschutzmitteln und Vermehrung von sogenannten Antioxidantien, Stoffen, die freie Radikale und giftige Sauerstoffprodukte unschädlich machen. Mit den Frostschutzmitteln wirken Regelungen

im Bereich der Moleküle und ihres Stoffwechsels beim Überleben von Frosttemperaturen zusammen (Storey und Storey 2001).

Wechselwarme Tiere haben einen anderen Wärmehaushalt als Warmblüter und
die entsprechende Organisation. Ihre Hirne können z. B. noch bei Temperaturen
bis hinab zu 0 °C funktionieren. Die natürlichen Frostschutzvorgänge in
wechselwarmen Wirbeltieren wie Amphibien und Reptilien wurden ausführlich
beschrieben (Costanzo et al. 1995b; Lowe et al. 1971; Storey 1990, 1999; Storey
und Storey 1993). Reptilien können zumindest kurze Perioden von Unterkühlung
ertragen, wie am Beispiel der Waldeidechse gezeigt wurde. Sie kommt von West-
europa bis zum arktischen Ring vor (Costanzo et al. 1995a).

Frösche können Tage oder Wochen verbringen, während 65 % (nicht mehr)
ihres Körperwassers aus Eis besteht. Einige Amphibien nutzen Glyzerin (das ja in
allen Zellen besonders in der Leber gebildet wird) als Frostschutz. Die Leber gibt
es an den Körper ab.

Nordische Frösche nutzen z. B. Traubenzucker als Frostschutzmittel, der in der
Leber bei fallenden Temperaturen (nicht tiefer als −6 °C) gebildet und von einer
speziellen Form des Hormons Insulin in großen Mengen in die Zellen geschleust
wird (Conlon M et al. 1998). Herz und Hirn gefrieren nicht, aber andere Organe
schon (der Frosch besteht im Winter zu 2/3 aus Eis). Das Frieren erfolgt bei
dem Waldfrosch (Eisfrosch) Rana sylvatica schrittweise, beginnt mi den Beinen
und steigt, wenn es kälter wird in die Bauchhöhle, um die Bauchorgane herum
(Costanzo et al. 2015; Lee et al. 1992; Storey 1997).

Auch verschiedene Insekten und Fischarten nutzen Traubenzucker (Glucose)
oder Glyzerin, andere kurze Eiweißketten Antifrostpeptide (AFP genannt).
Letztere verursachen einen nicht kolligativen Frostschutzeffekt, welcher viel
größer ist als man es anhand der Konzentration erwarten würde, weil sie nicht nur
den Gefrierpunkt erniedrigen, sondern auch die Eiskristallbildung direkt sogar
auch in den Zellen behindern. Außerdem stabilisieren sie die Zellmembran. Bei
Fischen wurden fünf Arten solcher AFP gefunden und bei Insekten zwei (Tabelle
bei Bruinsma und Uygun 2017).

Ein Frostschutzeiweiß aus Fischen wurde unter Verglasungsbedingungen an
botanischem Material getestet (Wang et al. 2001).

Es gibt viele Untersuchungen über die verschiedenen natürlich vorkommenden
Antifrosteiweiße (Davies et al. 2002; Graham et al. 1997, 2008; Zhang 2022).

Solche Eiweiße nehmen wir häufig mit der Nahrung auf, aber es sind keine
Wirkungen oder Nebenwirkungen bekannt (Crevel et al. 2002). Wir wissen nicht
ob ein Kryonikpatient vor dem Tod zum Beispiel viele Kaltwasserfische zu sich
nehmen sollte. Aber Eiweiße werden ja im Körper in der Regel einfach nur ver-
daut.

Wirbellose Tiere (Storey und Storey 1992, 1996) haben vielfältige Methoden
für das Ertragen von Frost, auch neben der Bildung von unterschiedlichen Frostschutzmitteln, entwickelt.

Hier stellt sich eine Tatsache heraus, welche die wissenschaftliche Erkenntnis ein Stück weiter führt, nämlich, dass doch ganze Tiere (wenn auch kleine)
auf Temperaturen abgekühlt werden können, wie sie in der Natur gar nicht

vorkommen, und zwar bis hinab zur Temperatur von flüssigem Helium oder sogar bis ganz nahe an den absoluten Nullpunkt. Es handelt sich insbesondere um Insekten, Würmer und Bärtierchen.

Eiweißstoffe können den Gefrierpunkt so senken, dass seine Temperatur einen Unterschied zur Temperatur des Schmelzpunkts zeigt (Wärmehysterese, thermale Hysterese), wodurch die Eisbildung bei Abkühlung verzögert wird (Frostschutzeiweiße sind thermale Hysterese-Eiweiße).

Einige Insekten haben sich gut an Frosttemperaturen angepasst. Es gibt mitteleuropäische Schmetterlinge wie den Zitronenfalter, die den Winter ungeschützt überstehen können und deren Körper dabei auf Frostgrade abkühlt (Turnock und Fields 2005).

1997 wurde von dem gemeinen Mehlwurmkäfer Tenebrio Molitor ein Eiweiß gewonnen, das 100mal wirkungsvoller ist als Fisch-Frostschutzeiweiße. 1 mg dieses Eiweißes in 1 ml Lösung kann den Gefrierpunkt um 5,5 °C senken (Graham et al. 1997). Ein anderer frostfester Käfer ist der arktische Käfer Upis ceramboides (Walters et al. 2009). Die Larve eines amerikanisch/kanadischen Borkenkäfers mit dem schönen Namen Cucujus clavipes puniceus macht bei einer Temperatur von −58 °C eine Umwandlung in einen glasartigen Zustand durch und kann eine Bildung von Eiskristallen bis zu mindestens –150 °C vermeiden. Beim erwachsenen Käfer selbst sind es −100 °C (Sformo et al. 2010). Die beteiligten Vorgänge werden bei dieser Art zurzeit erforscht, um ihr ihre Tricks zu entlocken. Soviel ist bereits sicher: er kennt ein paar Tricks der Kryoniker schon lange und vielleicht mehr, besonders die Vermeidung von Eiskriställchen, die als Keime wirken, durch Frostschutzproteine und die Bildung von Polymerzuckern mit Fettstoffen als Seitenketten (Lipopolysacchariden). Außerdem reinigt er seinen Darm, um (fremde) Kristallisationskeime zu beseitige und tritt in ein Ruhestadium ein (Bennett et al. 2005; Carrasco et al. 2011, 2012; Duman et al. 1984).

Ein anderer arktischer Käfer, der Laufkäfer Perostichus brevicornis, erträgt Temperaturen unter −35 °C, im Labor wurde er ohne erkennbaren Schaden für 5 h auf −87 °C gekühlt (Miller 1969). Hierher gehört auch der Feuerkäfer Dendroides Canadensis, für dessen Larven das Überleben von −3 °C nachgewiesen wurde (Nickell et al. 2013). Ein Frostschutzeiweiß des Wüstenkäfers Anatolica polita kann Eier und Embryos des Froschs Xenopus laevis gegen Kälte schützen (Jevtić et al. 2022).

Arktische Insekten nutzen auch Eiweißstoffe, welche das c-Achsen-Wachstum behindern. Sie können den Gefrierpunkt um 4–5 °C senken (Pertaya et al. 2008).

Das Ertragen tiefer Temperaturen ist somit bei Insekten kein Einzelfall, sondern wohl ein allgemeines Überlebensprinzip im Winter.

Interessant sind Untersuchungen darüber, was die Frostschutz-Eiweiße mit dem Wasser machen. Mit einem Tetrahertz-Spektrometer lässt sich dies beobachten. In der Nähe der Frostschutzeiweiße verlangsamen sich Wassermoleküle, welche normalerweise ständig in Bewegung sind und sich gegenseitig anstoßen, um sich ganz kurz zu verbinden und wieder zu lösen. Die Verbindungen dauern mit Frostschutzeiweiß etwas länger. Je langsamer dies verläuft, desto niedriger wird die Temperatur, bei der das Wasser gefriert (Meister et al. 2013, 2014).

Van Leeuwenhoek fand im späten 17. und beginnenden 18. Jahrhundert unter anderem in Ablagerungen auf Hausdächern im „Moosrasen" sogenannte „animaliculi", winzige Tiere wie Fadenwürmer (Nematoden), Rädertierchen (Rotiferen) oder Wasserbärchen (Tardigraden). Er selbst nannte sie „Diertgens". Die Tiere können dort den Winter überleben (s. bei Lauritz 1996).

Würmer und wurmähnliche Tiere beherrschen das Überleben im Eis wohl am perfektesten:

Der 2,2−7 mm lange Blutegel Ozobranchus jantseanus kann Temperaturen bis zu −196 °C (Temperatur von flüssigem Stickstoff) ohne besondere Behandlung überleben (Suzuki et al. 2014).

Fadenwürmer (Nematoden) sind noch kleiner (Roth und Nystul 2005; Wharton et al. 2005). Der winzige Fadenwurm Caenorhabditis elegans, in dessen Organen sich alternsstabile Proteoglykane nachweisen lassen (Schimpf 1997; Schimpf et al. 1999), überlebt eine Kühlung auf die Temperatur von flüssigem Stickstoff (Bird und Bird 1991; Saul 2018). Ein anderer Fadenwurm, das Essigälchen (Turbatrix aceti), wurde 1656 zuerst beschrieben. Luyet und Gehenio berichteten (1950), dass es Kühlung in flüssigem Stickstoff überlebt.

Rädertierchen (Rotiferen; King et al. 1983; Toledo und Kurokura 1990) überleben dieselbe Temperatur.

Wir haben bereits erwähnt, dass solche Tiere auch Jahrtausende im Eis überstehen. Noch resistenter sind die ebenso kleinen Bärtierchen (Tardigrada) besonders ihre Dauerformen. Die Tiere lassen sich auf −196 °C abkühlen (Ramlov und West 1992). Sie konnten aber noch tiefer gekühlt werden, so tief, wie es im Labor überhaupt möglich ist, bis nahe an den absoluten Nullpunkt. Sie können daher ohne Energie als reine Struktur überleben. Sie überlebten die Bedingungen des erdnahen Weltraums, denen sie offen ausgesetzt wurden (Jönsson et al. 2008). Für die Kryonik beweisen sie, dass Tiere mit allen wichtigen Organen Temperaturen, wie die von flüssigem Helium überleben können. Mit viel Phantasie könnten sie als Aliens aus dem Weltraum stammen, da sie Eigenschaften besitzen, welche sie auf der Erde nicht voll ausschöpfen können. Das wären dann die einzigen Weltraummigranten, zu denen wir bisher Kontakt haben (Kletetschka et al. 2015; Schill 2018). Außerdem können sie sehr hohe Temperaturen, UV-Strahlen, Vakuum und Austrocknung ertragen. Fadenwürmer und Bärtierchen überstehen Austrocknung mithilfe von Trehalose (Crowe et al. 2001).

Pflanzen können schon bei −30 bis −40 °C verglasen (Hirsh 1987). Solche Pflanzen könnten als Quelle für die Gewinnung von natürlichen Frostschutzmitteln getestet werden. Saccharose ist der Zucker, der am häufigsten in frostfesten Pflanzen gefunden wird. Diese können tatsächlich ihren Saccharosegehalt bei tiefer Temperatur um das 10-Fache steigern.

Auch Pilze betreiben Frostschutz (Kawahara et al. 2016), und schon Bakterien haben Möglichkeiten entwickelt, den Frost zu überleben (Chattopadhyay 2005; Cid et al. 2016). Diese Fähigkeiten dürften also uralt sein.

10.4.1 Der Winterschlaf (Hibernation)

Der Winterschlaf wirkt wie eine Vorstufe der Kryonik. In der Tat geht es auch hier um Frostschutz und Gefahren durch Kristallbildung. Es werden aber zum Teil andere Möglichkeiten genutzt, die Zeit ist auf einen Winter begrenzt und die Temperaturen bleiben relativ hoch. Die Vorgänge während des Winterschlafs von Säugetieren wurden ausführlich beschrieben (Storey 2005). Bei überwinternden arktischen Hörnchen fällt die Zahl weißer Blutkörperchen um das Hundertfache ab. So können sie nicht mit der Wand der Blutgefäße verkleben und diese verschließen (Drew al. 2001) (Dieses Verkleben von Blutkörperchen ist eine der Ursachen dafür, dass ein menschliches Gehirn nach 5–9 min nicht wiederbelebt werden kann (weil die Blutgefäße verstopfen). Die Herzrate der Hörnchen kann hundertfach verlangsamt sein, und die Stoffwechselrate kann auf 5 % der normalen gesenkt werden. Für kleine winterschlafende Säugetiere kann die Temperatur auf nahe 0 °C sinken (dagegen steht bei nicht-winterschlafenden Säugetieren schon bei 10–20 °C das Herz still). Der passive Austausch von Kalium und Natrium über die Zellmembran ist vermindert. Der Kalziumausschluss aus der Zelle ist erhöht. Energie wird aus Spaltungsvorgängen ohne Sauerstoff gewonnen (Carey et al. 2003). Das Hirn von überwinternden Erdhörnchen scheint im Vergleich zu anderen Nagern besonders stabil zu sein, besonders wenn es während des Winterschlafs entnommen wird. Hirne der Tiere, die perfundiert wurden, konnten ihre Fähigkeit zu elektrischer Aktivität über drei Tage aufrechterhalten (Pakhotin und Pakhotina 1994, 1993; Pakhotin et al.1990).

Es gibt eine weitgehende Übereinstimmung von Forschern darin, dass die menschliche Art nicht fähig ist Winterschlaf zu halten und dass dies genetisch durch unsere tropische Herkunft bedingt ist. Aber Insektenesser, die der Wurzel der Primaten nahestehen, wie Igel oder auch tropische Tanreks sind Winterschläfer. Darüber hinaus sind auch bestimmte tropische Primaten zu einem Winterschlaf in der Lage. Das wurde bei Madagassischen Zwerglemuren, z. B. dem Fettschwanz-Lemur Cheirogaleus medius, nachgewiesen (Dausmann et al. 2004, 2009). Da der Mensch zu den Primaten zählt, könnten Winterschläfer sogar an unseren Wurzeln stehen, zumindest aber, wenn man bis zu jenen Insektenessern zurückgeht, von denen die Primaten abstammen.

Wir müssen hier auch einmal daran denken, dass unsere Gewebe voller natürlicher Frostschutzmittel sind. Es gibt neben den bereits erwähnten Proteoglykanen eine Reihe weiterer Zucker und Polymerzucker in unserem Körper, die als Frostschutzmittel wirken können. Tiere verwenden z. B. einfachen Traubenzucker (Glucose) um das Einfrieren im Winter zu überstehen. Der ist im menschlichen Gehirn reichlich vorhanden. Leider bleibt es ein Problem, die Temperatur während des Winterschlafs ohne Schaden auf weniger als 0 °C zu drücken.

Ähnliches gilt für Tiere, die im Winter auf Minustemperaturen abkühlen. Sie lassen sich leider kaum ohne Schaden noch tiefer kühlen (mit Ausnahme der oben besprochenen wirbellosen Tiere, wie manche Insekten, Bärtierchen oder Würmer).

Auch Säugetiere (und wohl auch Menschen), welche durch die sogenannte suspended Animation (s. o.) bis auf 10 °C gekühlt werden können, sind bisher aus diesem Zustand nicht weiter gekühlt worden.

Ob sich eine Methode entwickeln lässt, dies trotzdem zu erreichen, müssen wissenschaftliche Versuche zeigen. Besonders wären Frostschutzmittel mit dem Sauerstoffentzug und der Kühlung zusammen einzusetzen.

Insgesamt zeigt dieses Kapitel ermutigende Möglichkeiten für das Überleben von Kälte auf, die man vielleicht in kurzer Zeit weiterentwickeln kann.

Literatur

AlG H (1987) Vitrification in plants as a natural form of cryoprotection. Cryobiology 24:214–228

Barnes BM, Buck C (2000) Hibernation in the Extreme: Burrow and body temperatures, metabolism, and limits to torpor bout length in arctic ground squirrels. In: Heldmaier G, Klingenspor M (Hrsg) Life in the cold. Springer, Heidelberg, S 65–72

Bennett VA et al (2005) Comparative overwintering physiology of Alaska and Indiana populations of the beetle Cucujus clavipes (Fabricius): roles of antifreeze proteins, polyols, dehydration and diapause. J Exp Biol (JEB) 208:4467–4477

Bird J, Bird AC (1991) The structure of Nematodes. Academic Press, Boston

Bojic S et al (2021) Winter is coming: the future of cryopreservation. BMC Biol 19:56

Bruinsma BG, Uygun K (2017) Subzero organ preservation: the dawn of a new ice age? Curr Opin Organ Transplant 22:281–286

Carey HV et al (2003) Mammalian hibernation: Cellular and molecular responses to depressed metabolism and low temperature. Physiol Rev 83:1153–1181

Carrasco MA et al (2011) Elucidating the biochemical overwintering adaptations of larval Cucujus clavipes puniceus, a nonmodel organism, via high throughput proteomics. J Proteome Res 10:4634–4646

Carrasco MA et al (2012) Investigating the deep supercooling ability of an Alaskan beetle, Cucujus clavipes puniceus, via high throughput proteomics. J Proteomics 75:1220–1234

Chattopadhyay MK (2005) Mechanism of bacterial adaptation to low temperature. J Biosci 31:157–165

Chen F et al (2011) Cryopreservation of tissue-engineered epithelial sheets in trehalose. Biomaterials 32:8426–8435

Cid FP et al (2016) Properties and biotechnological applications of ice-binding proteins in bacteria. FEMS Microbiol Lett 363:1–12

Conlon M et al (1998) Freeze tolerance in the wood frog Rana sylvatica is associated with unusual structural features in insulin but not in glucagon. J Mol Endocrinol 2:153–159

Costa PF et al (2012) Cryopreservation of cell/scaffold tissue-engineered constructs. Tissue Eng Part C 18:852–858

Costanzo JP et al (1995) Survival mechanisms of vertebrate ectotherms at subfreezing temperatures: applications in cryomedicine. FASEB J 9:351–358

Costanzo JP et al (1995) Supercooling, ice inoculation and freeze tolerance in the European common lizard, Lacerta vivipara. J Comp Physiol B 165:238–244

Costanzo JP et al (2015) Cryoprotectants and extreme freeze tolerance in a subarctic population of the wood frog. PLoS One. 10:e0117234.

Crevel RW et al (2002) Antifreeze proteins: occurrence and human exposure. Food Chem Toxicol 4:899–903

Crowe JH et al (2001) The trehalose myth revisited: introduction to a symposium on stabilization of cells in the dry state. Cryobiology 43:89–105

Das GD et al (1983) Freezing of neural tissues and their transplantation in the brain of rats: technical details and histological observations. J Neurosci Methods 8:1–15

Dausmann KH et al (2004) Physiology: hibernation in a tropical primate. Nature 429:825–826

Dausmann KH et al (2009) Energetics of tropical hibernation. J Comp PhysioL B 179:345–357

Davies PL et al (2002) Structure and function of antifreeze proteins. Philos Trans R Soc Lond B Biol Sci 357:927–935

Day AGE et al (2017) The effect of hypothermic and cryogenic preservation on engineered neural tissue. Tissue Eng Part C, Methods 23:575–582

Decherchi P et al (1997) CNS axonal regeneration with peripheral nerve grafts cryopreserved by vitrification: cytological and functional aspects. Cryobiology 34:214–239

Drew KL et al (2001) Neuroprotective adaptations in hibernation: therapeutic implications for ischemia-reperfusion, traumatic brain injury and neurodegenerative diseases. Free Radic Biol Med 31:563–573

Duman JG et al (1984) Change in overwintering mechanism of the cucujid beetle, Cucujus clavipes. J Insect Physiol 30:235–239

Evans PJ et al (1998) Cold preserved nerve allografts: changes in basement membrane, viability, immunogenicity, and regeneration. Muscle Nerve 21:1507–1522

Fahy GM et al (1984) Vitrification as an approach to cryopreservation. Cryobiology 21:407–426

Fahy GM et al (1987) Some emerging principles underlying the physical properties, biological actions, and utility of vitrification solutions. Cryobiology 24:196–213

Fang J, Zhang ZX (1992) Cryopreservation of embryonic cerebral tissue of rat. Cryobiology 29:267–273

Fansa H (2000) Cryopreservation of peripheral nerve grafts. Muscle Nerv 23:1227–1233

Frodl EM et al (1995) Effects of hibernation or cryopreservation on the survival and integration of striatal grafts placed in the ibotenate-lesioned rat caudate-putamen. Cell Transplant 4:571–577

Fuller BJ et al (2004) Life in the frozen state. CRC Press, Boca Raton

Gage FH et al (1985) Rat fetal brain tissue grafts survive and innervate host brain following five day pregraft tissue storage. Neurosci Lett 60:133–137

Galhuber M et al (2021) Simple method of thawing cryo-stored samples preserves ultrastructural features in electron microscopy. Histochem Cell Biol 155:593–603

Goldzweig SA, Smith AU (1956) A simple method for reanimating ice-cold rats and mice. J Physiol 132:406–413

Gorti GK et al (2003) Cartilage tissue engineering using cryogenic chondrocytes. Arch Otolaryngol Head Neck Sur 129:889–893

Graham LA et al (1997) Hyperactive anrtifreeze protein from beetles. Nature 388:727–728

Graham LA et al (2008) Hyperactive antifreeze protein from fish contains multiple ice-binding sites. Biochemistry 47:2051–2063

Grant L et al (2019) Long-term cryopreservation and revival of tissue engineered skeletal muscle. Tissue Eng Part A 25(1023):1036

Hardy JA et al (1983) Metabolically active synaptosomes can be prepared from frozen rat and human brain. J Neurochem 40:608–614

Harriger MD et al (1997) Reduced engraftment and wound closure of cryopreserved cultured skin substitutes grafted to athymic mice. Cryobiology 35:132–142

Higgins AZ et al (2011) Effects of freezing profile parameters on the survival of cryopreserved rat embryonic neural cells. J Neurosci Methods 201:9–16

Huang YY et al (2018) Various changes in cryopreserved acellular nerve allografts at −80 degrees C. Neural Regen Res 13:1643–1649

Ichikawa J et al (2007) Cryopreservation of granule cells from the postnatal rat hippocampus. J Pharm Sci 104:387–391

Isaacson A et al (2018) 3D bioprinting of a corneal stroma equivalent. Exp Eye Res 173:188–193

Jensen S et al (1990) Cryopreservation of rat peripheral nerve segments later used for transplantation. NeuroReport 1:243–246

Jevtić P et al (2022) An insect antifreeze protein from Anatolica polita enhances the cryoprotection of Xenopus laevis eggs and embryos. J Exp BIOL 225:jeb243662. https://doi.org/10.1242/jeb.243662

Jönsson KI et al (2008) Tardigrades survive exposure to space in low Earth orbit. Current Biology 18:R729–R731

Kawahara H et al (2016) Antifreeze activity of xylomannan from the mycelium and fruit body of Flammulina velutipes. Biocontrol Sci 21:153–159

King CE et al (1983) Cryopreservation of monogonont rotifers. In: Pejler B, Starkweather R, Nogrady T (Hrsg) Biology of Rotifers. Developments in Hydrobiology, Bd 14. Springer, Dordrecht. https://doi.org/10.1007/978-94-009-7287-2_12

Kletetschka G, Hruba J (2015) Dissolved gases and ice fracturing during the freezing of a multicellular organism: Lessons from Tardigrades. Biores 4:209–217

Kocsis JD et al (2002) Storage and translational issues in reparative medicine: breakout session summary. Ann N Y Acad Sci 961:276–278

Kohama I et al (2001) Transplantation of cryopreserved adult human Schwann cells enhances axonal conduction in demyelinated spinal cord. J Neurosci 21:944–950

Lauritz S (1996) Anhydrobiosis and cold tolerance in Tardigrades. Eur J Entomol 93:349–375

Lee RE Jr, Costanzo JP et al (1992) Dynamics of body water during freezing and thawing in a freeze-tolerant frog (rana sylvatica). J Therm Biol 17:263–266

Lovelock JE, Smith AU (1956) Studies on golden hamsters during cooling to and rewarming from body temperatures below 0 degrees C. III. Biophysical aspects and general discussion. Proc Royal Soc B 145:427–442

Lowe CH et al (1971) Supercooling in reptiles and other vertebrates. Comp Biochem Physiol A Comp Physiol 3:125–135

Lübke C et al (2001) Cryopreservation of artificial cartilage: Viability and functional examination after thawing. Cells Tissues Organs 169:368–376

Luyet BJ, Gehenio PM (1950) Survival of vinegar eels after congelation in liquid nitrogen. Anat Rec 108:544

Luyet B, Gonzales F (1953) Growth of nerve tissue after freezing in liquid nitrogen. Biodynamica 7:171–174

Ma XH et al (2010) Slow-freezing cryopreservation of neural stem cell spheres with different diameters. Cryobiology 60:184–191

Matsuzaki H et al (1996) Allografting Intervertebral Discs in Dogs A Possible Clinical Application. Spine 2:178–183

Meister K et al (2013) Long-range protein–water dynamics in hyperactive insect antifreeze proteins. Proc Natl Acad Sci 110:1617–1622

Meister K et al (2014) The role of sulfates on antifreeze protein activity. J Phys Chem B 118:7920–7924

Miller LK (1969) Freezing tolerance in an adult insect. Science 166:105–106

Nakano T et al (2012) Self-formation of optic cups and storable stratified neural retina from human ESCs. Cell Stem Cell 10:771–785

Negishi T (2002) Cryopreservation of brain tissue for primary culture. Exp Anim 51:383–390

Nickell PK et al (2013) Antifreeze proteins in the primary urine of larvae of the beetle Dendroides canadensis. J Exp Biol 216:1695–1703

Nikkhah G et al (1995) Preservation of fetal cells by cool storage: in-vitro viability and TH-positive neuron survival after microtransplantation to the striatum. Brain Res 687:22–34

Obu J et al (2020) Pan-Antarctic map of near-surface permafrost temperatures at 1 km2 scale. Cryosphere 14:497–519

Pakhotin PI, Pakhotina ID (1994) Preparation of isolated perfused ground squirrel brain. Brain Res Bull 33:719–721

Pakhotin PI et al (1990) Functional stability of the brain slices of ground squirrels, Citellus undulatus, kept in conditions of prolonged deep periodic hypothermia: electrophysiological criteria. Neuroscience 38:591–598

Pakhotin PI et al (1993) The study of brain slices from hibernating mammals in vitro and some approaches to the analysis of hibernation problems in vivo. Prog Neurobiol 40:123–161

Palmero E et al (2016) Brain tissue banking for stem cells for our future. Sci Rep 6:39394

Paynter SJ (2008) Principles and practical issues for cryopreservation of nerve cells. Brain Res Bull 75:1–14

Pereira EC et al (2020) Principles of cryopreservation and applicabilities in intestinal organoids. Japanese Journal of Gastroenterology and Hepatology. https://doi.org/10.47829/JJGH.2020.41103;JJGH-v4-1391

Pertaya N et al (2008) Direct visualization of spruce budworm antifreeze protein interacting with ice crystals: Basal plane affinity confers hyperactivity. Biophys J 95:333–341

Pichugin Y et al (2006) Cryopreservation of rat hippocampal slices by vitrification. Cryobiology 52:228–240

Pichugin Y (2006a) Problems of long-term cold storage of patients' brains for shipping to CI. The Immotalist 38:14–20

Pischedda F et al (2018) Cryopreservation of primary mouse neurons: The benefit of neurostore cryoprotective medium. Front Cell Neurosci 12:81

Popovic P, Popovic V (1963) Survival of newborn ground squirrels after supercooling or freezing. Am J Physiol 204:949–952

Purcell WM et al (2003) Cryopreservation of organotypic brain spheroid cultures. Altern Lab Anim (ATLA) 31:563–573

Quasthoff K et al (2015) Freshly frozen E18 rat cortical cells can generate functional neural networks after standard cryopreservation and thawing procedures. Cytotechnology 67:419–426

Rahman AS et al (2010) Cryopreservation of cortical tissue blocks for the generation of highly enriched neuronal cultures. J Vis Exp (JoVE) 45:2384

Ramlov H, West P (1992) Survival of the cryptobiotic eutardigrade Adorybiotis coronifer during cooling to −196°C effect of cooling rate, trehalose level, and shortterm acclimation. Cryobiology 29:125–130

Reichman S et al (2017) Generation of storable retinal organoids and retinal pigmented epithelium from adherent human iPS cells in xeno free and feeder-free conditions. Stem Cells 35:1176–1188

Robert MC et al (2016) Cryopreservation by slow cooling of rat neuronal cells. Cryobiology 72:191–197

Rodriguez-Martinez D et al (2017) Cryopreservation of GABAergic neuronal precursors for cell-based therapy. PLoS One 12(2017):e0170776

Ross PE (1990) Cold storage. Winter-proof critters suggest ways to store human. Sci-Am 26:20–21

Roth MB, Nystul TG (2005) Überleben im Kälteschlaf. Spektrum Wiss, Sept 2005:42–48

Ruf T, Geiser F (2015) Daily torpor and hibernation in birds and mammals. Biol Rev 90:891–962

Sames K (1990) Age related changes of morphological parameters in hyaline cartilage. In: Robert L, Hofecker G (Hrsg) Vienna Aging Series, Bd 2. Facultas, Wien, S 177–84

Sames K (1994) The role of proteoglycans and glycosaminoglycans in aging. In: Hahn HP (Hrsg) Interdisciplinary topics in gerontology, Bd 28. Karger, Basel

Sames K (Hrsg) (2000a) Medizinische Regeneration und Tissue Engineering. Ecomed, Landsberg

Saul N (2018) Anti-Aging and pro-longevity: what can we learn from a small worm? A methodical overview. In: Sames KH (Hrsg) Applied Human Cryobiology, Bd 2. Ibidem, Stuttgart

Schill RO (Herausg) (2018) Water bears: The biology of tardigrades. Zoological Monographs, Springer Nature Switzerland AG

Schimpf J (1997) Altern und alternsabhängige Veränderungen polyanionischer Strukturen bei der Nematode Caenorhabditis elegans. Dissertation Universität Erlangen

Schimpf J et al (1999) Proteoglycan distribution pattern during aging in the nematode Caenorhabditis elegans: an ultrastructural histochemical study. Histochem J 31:285–292

Sformo T et al (2010) Deep supercooling, vitrification and limited survival to −100°C in the Alaskan beetle Cucujus Clavipes Puniceus (Coleoptera: Cucujidae) Larvae. J Exper Biol 213:502–509

Shmakova L et al (2021) A living rotifer from 24,000-year old arctic permafrost. Curr Biol 31:R712-713

Smith AU (1956) Resuscitation of hypothermic, supercooled and frozen mammals. Proc R Soc Med 49:357–358

Smith AU (1958) Resuscitation of frozen mammals. New Scientist 4:1154

Smith AU (1961) Revival of mammals from body temperatures below zero. In: Smith AU (Hrsg) Biological Effects of Freezing and Supercooling. Edward Arnold, London, S 304–368

Smith AU et al (1954) Resuscitation of hamsters after supercooling or partial crystallization at body temperatures below 0°C. Nature 173:1136–1137

Sorensen T et al (1986) Intracephalic transplants of freeze-stored rat hippocampal tissue. J Comp Neurol 252:468–482

Storey KB (1990) Life i: adaptive strategies for natural freeze tolerance in amphibians and reptiles. Am J Physiol 258:R559–R568

Storey K (1997) Organic Solutes in Freezing Tolerace in a frozen state. Com. Biochem Physiol 117A:319–326

Storey KB (1999) Living in the cold: freeze-induced gene responses in freeze-tolerant vertebrates. Clin Exp Pharmacol Physiol 26:57–63

Storey KB (2005) Hibernating mammals. In: Sames KH et al (Hrsg) Extending the lifespan bio-technical, gerontological, and social problems. Lit, Münster, S 219–228

Storey B, Storey JM (1992) Biochemical adaptations for winter survival in Insects. In: Peter LS (Hrsg) Advances in Low Temperature Biology, Bd 3. Elsevier, Amsterdam, S 101–140

Storey B, Storey JM (1993) Cellular adaptations for freezing survival by amphibians and reptiles. In: Steponkus PL (Hrsg) Advances in Low Temperature Biology, Bd 2. Elsevier, Amsterdam, S 101–29

Storey B, Storey JM (1996) Natural freezing survival in animals. Ann Rev Ecol Syst 27:365–386

Storey KB, Storey JM (Hrsg 2001) Cell and molecular responses to stress. Bd 2. Elsevier Press, Amsterdam, S 263–287

Suda I et al (1966) Viability of long term frozen cat brain in vitro. Nature 212:268–270

Suda I et al (1974) Bioelectric discharges of isolated cat brain after revival from years of frozen storage. Brain Res 70:527–531

Suzuki D et al (2014) A leech capable of surviving exposure to extremely low temperatures. PLoS ONE 9:348–349

Swett JW et al (1994) Quantitative estimation of cryopreservation viability in rat fetal hippocampal cells. Exp Neurol 129:330–334

Tam E et al (2020) Hypothermic and cryogenic preservation of tissue-engineered human bone. Ann NY Acad Sci 1460:77–87

Tas RP et al (2021) From the freezer to the clinic. EMBO Rep 22

Toledo JD, Kurokura H (1990) Cryopreservation of the euryhaline rotifer Brachionus plicatilis embryos. Aquaculture 91:385–394

Toner M, Kocsis J (2002) Storage and transitional issues in reparative medicine. Ann NY Acad Sci 981:258–262

Turnock WJ, Fields PG (2005) Winter climates and coldhardiness in terrestrial insects. Eur J Etomol 102:561–576

Urbani L et al (2017) Long-term cryopreservation of decellularised oesophagi for tissue engineering clinical application. PLoS ONE 12

Walters KR et al (2009) A nonprotein thermal hysteresis-producing xylomannan antifreeze in the freezetolerant Alaskan beetle Upis ceramboides. Proc Natl Acad Sci 106:20210–20215

Wang JH et al (2001) The dual effect of antifreeze protein on cryopreservation of rice (Oryza sativa l.) embryogenic suspension cells. Cryo-Letters 22:175–182

Wang X et al (2007) Cryopreservation of tissue-engineered dermal replacement in Me'2SO: Toxicity study and effects of concentration and cooling rates on cell viability. Cryobiology 55:60–65

Wharton DA et al (2005) Ice-active proteins from the antarctic nematode panagrolaimus davidi. Cryobiology 51:198–207

Yin H et al (2009) Vitreous cryopreservation of tissue engineered bone composed of bone marrow mesenchymal stem cells and partially demineralized bone matrix. Cryobiology 59:180–187

Zhang L et al (2022) Bioinspired Ice-Binding Materials for Tissue and Organ Cryopreservation. J Am Chem Soc 144:5685–5701

Der Körper bei Sauerstoffmangel   11

11.1   Ionen und die elektrische Spannung der normalen, lebenden Zelle

Es geht im Folgenden darum, die Wirkungen des Sauerstoffs zu verstehen. Sauerstoff ist der wichtigste Energielieferant für die Lebensvorgänge. Vor allem elektrische Eigenschaften von Zellen verursachen einen hohen Sauerstoffverbrauch.

Die elektrische Ladung an der Zellmembran kommt vor allem durch die Verteilung von Ionen zustande und ist besonders für Nervenzellen wichtig. Die Zellen und ihre Umgebung enthalten viele negativ geladene Atome oder Moleküle (Anionen), meist an Eiweißstoffe und organische Phosphorverbindungen sowie Proteoglykane gebunden. Viele große Moleküle sind unfähig in Zellen einzudringen. Auf der anderen Seite können auch die einfachen positiven Kalziumionen nicht von der Außenseite in die Zellen gelangen, obwohl sie klein sind, und bleiben ebenfalls in der Umgebung der Zellen.

Für Kalium, Natrium und Chlorid gibt es Kanäle in der Zellmembran. Der Einstrom von Kalium in die Zelle wird dabei begünstigt, so dass innerhalb der Zelle mehr Kalium als Natrium vorhanden ist. Das Natriumion bindet mehr Wasser als das Kaliumion. Dadurch geht es langsamer durch die Kanäle und es ist mehr Natrium als Kalium außerhalb der Zelle. Man hat somit außen mehr Natrium und innen mehr Kalium.

In der Zelle halten sich außerdem viele negativ geladene Ionen auf. Die positiven Kalium- und Natriumionen werden grundsätzlich von diesen negativ geladenen Ionen in die Zelle gezogen. Daher verlässt Kalium die Zelle nicht, obwohl innen ein Überschuss von Kalium im Vergleich zu außen besteht. Kalium gleicht aber auch die negativen Ladungen in der Zelle nicht völlig aus. Das Innere der Zelle bleibt negativ. Die Außenseite der Zelle ist dagegen positiv geladen.

Es herrscht dadurch eine elektrische Spannung über die Membran der Zelle, die man Membranpotenzial nennt. Man kann die Spannung, die ein bestimmtes

© Der/die Autor(en), exklusiv lizenziert an Springer-Verlag GmbH, DE, ein Teil von Springer Nature 2022
K. H. Sames, *Kryokonservierung – Zukünftige Perspektiven von Organtransplantation bis Kryonik,* https://doi.org/10.1007/978-3-662-65144-5_11

Ion erzeugt, mit einer Gleichung (nach Nernst) berechnen. Die Membran-
spannung wird aber durch die Verteilung aller Ionen verursacht. Dabei bestimmt
Kalium wesentlich die Spannung. Es kann über Kaliumkanäle die Zelle verlassen,
dabei wird das Innere der Zelle stärker negativ und die Außenseite positiver. Die
Spannung kann auf einen Reiz hin zusammenbrechen. Dies erfolgt durch einen
Natriumkanal, welcher geöffnet wird, wenn sich die Spannung ändert. Vorüber-
gehend strömt dann mehr Natrium in die Zelle. Man nennt diesen Vorgang
Depolarisierung. Die Depolarisierung kann recht plötzlich erfolgen und wird von
Nervenzellen als Signal benutzt.

Ein solches Signal wird von erregten Nervenzellen dann auf andere Nervenzellen weitergeleitet bis zum Zielorgan, das auf die Erregung hin in Aktion tritt,
beispielsweise ein Muskel, welcher sich anspannt, wenn er ein Nervensignal
bekommt. So erzeugt die Zelle durch kleine Veränderungen in der Konzentration
von gelösten Molekülen enorme und lebenswichtige Wirkungen.

Die Membranspannung wird durch die sogenannte Natrium-Kalium-Pumpe
aufrechterhalten. So wird nach dem Spannungsausgleich (der Depolarisierung) die
ursprüngliche Verteilung von Ionen und damit auch die ursprüngliche Spannung
wiederhergestellt. Sozusagen wird die Batterie wieder geladen, um das nächste
Signal zu erzeugen. Funktioniert diese „Pumpe" nicht, so kann sich die Membranspannung langsam (über Stunden) ausgleichen, weil die Ionen wandern. Dann ist
keine Membranspannung mehr da. Die Zelle ist nicht mehr erregbar. Das Pumpen
von Molekülen gehört damit zu den wichtigsten Lebensvorgängen nicht nur in
Nervenzellen.

Die meiste Energie wird von Nervenzellen tatsächlich für die Aufrechterhaltung
der Verteilung von Ionen innerhalb und außerhalb der Zellmembran verbraucht.

Die Natrium/Kalium-Pumpe hält Kalium außerhalb der Zelle niedrig und in der
Zelle höher.

Hintergrundinformation
Die Pumpe wird durch die Energie getrieben, die von den Atmungsorganellen durch eine
schrittweise Verbindung von Sauerstoff mit Wasserstoff erzeugt wird. Diese Reaktion wird von
Enzymen gesteuert. Gespeichert wird die erzeugte Energie hauptsächlich in Form von Phosphat-
verbindungen mit Adenosin. Eine andere Energiequelle ist Traubenzucker (Glucose). Ein
Molekül Glucose kann dabei 2 Moleküle Adenosintriphosphat als Energiespeicher bilden ohne
dass direkt Sauerstoff gebraucht wird. Als Nebenprodukt entsteht hier allerdings Laktat (Salz der
Milchsäure). Das kann zu Säuerung des Blutes führen. Es ist allgemein bekannt, dass Traubenzucker eine gut nutzbare Energiequelle darstellt und eine Übersäuerung des Blutes durch Laktat
ist von sportlichen Höchstleistungen oder Herzversagen her bekannt.

Eine andere Pumpe hilft, das Zehnfache an Kalziumionen ($Ca2+$) außerhalb der
Zelle im Vergleich zum Inneren der Zelle zu erhalten.

Hintergrundinformation
Die Verteilung der Ionen wird auch durch direkte sogenannte Ionenaustauscher in der Zellmembran geregelt.

Der Spannungsausgleich wandert als Signal durch die Nervenzelle bis in ihre Ausläufer. Wenn das Signal am Ende eines Ausläufers ankommt, wird am häufigsten eine chemische Übertragung in Gang gesetzt. Bestimmte Stoffe wandern dabei als Überträger durch den Spalt zwischen den Ausläufern von zwei Nervenzellen. Sie bewirken in der Nachbarzelle ebenfalls einen Spannungsausgleich, wodurch die Erregung auf die Nachbarzelle weitergeleitet wird. Hierbei spielt das Einströmen von Kalzium in die Zelle eine Rolle. Dazu dient z. B. der Überträgerstoff Glutamat (einer von vielen). Glutamat ist ein wichtiger Stoff, der bei Erregung an Zellgrenzen freigesetzt wird. Es gibt verschiedene Empfänger (Rezeptoren) für Glutamat an der Membran der Nachbarzelle. Wird Glutamat an sie gebunden, so erlauben diese Rezeptoren den Kalziumionen den Eintritt in die Zelle. Es handelt sich namentlich um sogenannte NMDA- und AMPA-Rezeptoren. Außerdem gibt es „Spannungs-gesteuerte" Kalziumkanäle in der Membran, bei denen man einen L-Typ und einen T-Typ unterscheidet. Zudem existiert hier noch ein Austauscher für Natrium gegen Kalzium. Die größte Kalziummenge wird über den NMDA- Kanal geschleust.

(Übersichten, Lehrbücher: Kandel 2006; Keidel 1975; Schmidt und Unsicker 2003; Vaupel et al. 2015).

Setzt die Durchblutung aus (Ischämie), so bricht die elektrische Ladung der Zellmembran (Membranpotential) zusammen, da kein Sauerstoff für die Energiegewinnung der Pumpen ankommt und die chemischen Energiereserven verbraucht werden. Der vorhandene Sauerstoff wird beim Stillstand des Kreislaufs völlig verbraucht, wodurch eine chemische Reduktion von Stoffen der Zelle erfolgt. Zusätzlich werden von der Zelle schädliche Stoffe produziert (Vanden Hoek et al. 1997b). Nervenzellen können absterben (Radovsky et al. 1995)

11.2 Ohne Sauerstoff arbeiten die Zellen gegen sich selbst: Versagen der Ionen-Pumpen

Ein Sauerstoffentzug (Ischämie) kommt während des Lebens vor allem bei Infarkten wie Herzinfarkt oder Schlaganfall vor. Hier kann der Ablauf der Ereignisse verfolgt werden, die man nach der Bescheinigung des Todes und Beginn der Kryonik nur als Momentaufnahme nachvollziehen kann. Viele Erkenntnisse, die für die Kryonik wichtig sind, werden durch das Studium von Infarkten oder in Tierversuchen mit Sauerstoffmangel gewonnen. Wichtig ist vor allem, wie lange man einen Patienten noch wiederbeleben kann. Es existiert daher ein umfangreiches medizinisches Wissen über die beteiligten Vorgänge.

Es wurde eine lange Kette von schädlichen Ereignissen entdeckt und beschrieben. Bereits innerhalb von zwei Minuten ohne Durchblutung geht der Kalium/Natrium-Pumpe nun die Energie aus. Kaliumionen wandern dann aus der Zelle und Natrium- und Chloridionen strömen herein. Die elektrische Spannung, zwischen Innenseite und Außenseite der Zelle (das Membranpotenzial) gleicht sich endgültig aus. Die Zelle kann nicht mehr erregt werden. Die Arbeit des Nervensystems wird praktisch beendet.

Im Rahmen der gestörten Energiegewinnung reichern sich Milchsäure und andere Säuren als Abfallprodukte an. Während der fehlenden Durchblutung verursacht die Milchsäure-Übersäuerung ein Anschwellen der Innenwandzellen in den Gefäßen (Paljärvi et al. 1983). Diese Ansäuerung des Blutes (Azidose) wird noch durch Anreicherung von Kohlendioxid verstärkt, aus dem Kohlensäure entsteht. Der pH-Wert kann durch die Ansäuerung von 7,3 auf 6,7 fallen.

Bei Mangel an frischem Blut und Sauerstoff, wie er zum Beispiel bei Schlaganfall oder Herzstillstand in Teilen von Geweben auftritt, wird der Überträgerstoff Glutamat massenhaft freigesetzt, um Nervenzellen trotzdem zu erregen. Das fördert einen enormen Einstrom von Kalzium in die Zelle.

Kalzium aktiviert bei intensivem Stoffwechsel und ausreichend Sauerstoff dann Enzyme, die in den Atmungsorganellen die Bildung des Energiespeichers Adenosin-Triphosphat ankurbeln. Fehlt aber jetzt der Sauerstoff oder ist er vermindert, so gibt es einen Überschuss von Elektronen, die mit den vorhandenen Sauerstoffresten Superoxid bilden.

Die Kalziumerhöhung selbst hat weitere negative Wirkungen.

Hintergrundinformation
Kalzium schädigt in diesem Fall die Membran der Atmungsorganellen und es wird der Stoff Cytochrom c freigesetzt. Dieses Cytochrom-c ist ein gefährlicher Auslöser des Zellselbstmords (Apoptose). Außerdem aktivieren hohe Mengen an Kalzium in der Zelle Enzyme, die Eiweiß abbauen, sogenannte Kalpaine (Saito et al. 1993). Noch schlimmer: hohe Kalziummengen aktivieren andere Enzyme, welche Kernsäuren abbauen (Endonukleasen). Diese können ebenfalls den Selbstmord der Zellen starten.

Den größten Schaden erleiden bei Durchblutungsstopp die Membranen der Zelle. Enzyme (die zum Teil für ihre Wirkung Kalzium benötigen) setzen Fettstoffe wie Arachidonsäure aus den Membranen frei (Schewe 2005). Die Arachidonsäure selbst schädigt dann die Zellatmung. Arachidonsäure wird durch weitere Enzyme in andere Produkte gespalten. Hemmt man die Enzyme, so werden die Schäden vermindert, welche der Stopp der Durchblutung normalerweise verursacht (Phillis und O'Regan 2003), ein Zeichen, dass diese Enzyme an den schädlichen chemischen Reaktionen beteiligt sind. Außerdem begünstigt Arachidonsäure die Bildung von freien Radikalen, die auch normalerweise in kleinen Mengen in der Atmungskette entstehen (Cocco et al. 1999). Auch eine schädliche Erhöhung von Zink tritt bei Sauerstoffmangel auf (Calderone A et al. 2004).

Schließlich ist die Zelle endgültig nicht mehr erregbar, die Zellatmung ist behindert, schädliche Stoffe schädigen unter anderem die empfindlichen Membranen und der pH ist verändert.

Eine Hauptrolle spielen bei zahlreichen Schäden die freien Radikale deren Entstehung durch verschiedene Reaktionen bewirkt wird. Sterben ist offensichtlich chemisch so kompliziert, dass man es schon aus diesem Grunde fürchten muss.

Gegen die Schädigung der Blut-Hirn-Schranke bei totalem Sauerstoffmangel wirkt eine Hypothermie (Preston und Webster 2004, siehe auch Ki et al. 1996; Safar et al. 1996).

Bei Sauerstoffmangel wird auch die Glycocalix der Innenwandzellen in Gefäßen geschädigt, was zu einer Beeinträchtigung der Organfunktion führen kann (Mathis 2021; Rabadzhieva 2012).

Hintergrundinformation
Als Glycocalix wird ein Saum aus großen Molekülen bezeichnet, der mit der Zellmembran zusammenhängt. Die Glycocalix schützt die Zellmembran und verbindet sie mit den

umgebenden Bauteilen der Gewebe. Sie überzieht auch die Innenwand der Gefäße und beeinflusst die Wanderung der Moleküle aus den Blutgefäßen ins Gewebe.

Im Tierversuch werden die bei Sauerstoffmangel erzeugten Schäden durch Resveratrol vermindert (Wang et al. 2002).

11.3   Erschöpfte Batterien

Die verminderten Energiereserven der Zellen und die Membranschäden regen die Ausschüttung von Glutamat in Nervenzellen weiter an. Das führt aber nur noch zu einer Überstimulierung und Übererregung oder Exzitotoxizität (Lipton 1999). Es fehlt die Energie, um die elektrische Spannung der Zellmembran zu regulieren. Bildlich gesprochen, werden die Batterien für einen Nervenimpuls nicht mehr aufgeladen. Glutamat geht jetzt bei starker Membranschädigung mit Bildung von Lecks sogar direkt durch die Membran, ohne dass noch Kanäle erforderlich sind (Phillis et al. 1994), aber wiederum ohne einen Impuls zu erzeugen.

Es geht noch weiter: Der Verlust des chemischen Energiespeichers ATP vermindert auch bei den roten Blutkörperchen wichtige Eigenschaften, so die Fähigkeit sich zu verformen um sich durch enge Gefäße zu zwängen. Die roten Blutkörperchen haben nämlich einen größeren Durchmesser als viele Haargefäße. Da sie flache runde Scheiben sind, passen sie schräg besser in die Gefäße, aber sie müssen sich zudem verformen können, um die Passage zu schaffen. Geht das nicht, können sie einen Stau (Stase) bilden und die dünnen Haargefäße schon während des Lebens verstopfen, so dass keine Durchströmung mehr möglich ist (Übersicht: Best B: Quantifying ischemic damage for cryonics rescue. https://www.benbest.com/cryonics/IR_Damage.html; Weed et al. 1969).

Wenn der Kreislauf sofort wiederhergestellt wird, sind die Schäden gering und der Patient bzw. seine Zellen können sich erholen. Wir können kryonisch allerdings meistens erst später eingreifen.

Dass die Zellen sich auch nach Sauerstoffmangel trotz all dieser Veränderungen noch erholen können, ist ein Wunder, welches bewiesen werden kann, indem man die Zellen in Kultur bringt (s. u.).

11.4   Warum ist die Wiederbelebung des Menschen nach spätestens 9 min Herzstillstand nicht mehr möglich?

Warum die Wiederbelebung nach 9 min nicht mehr möglich ist, das ist während des Sterbens durch totales Organversagen enorm wichtig. Die Frage, wann man noch eingreifen kann und wie, ist auch für den Erfolg der kryonischen Suspension entscheidend. Wir müssen daher im Folgenden noch einmal sehr ins Detail gehen und die ganze Kompliziertheit der Vorgänge darstellen. Die oben behandelten Veränderungen bei Sauerstoffmangel dienen als Voraussetzung dafür.

11.4.1 Fatale medizinische Wiederbelebung: das Reperfusionssyndrom

Wir haben es im Folgenden mit Reaktionen zu tun, welche die Methoden der Kryonik unmittelbar beeinflussen. Bei Tierexperimenten mit Kühlung und Entzug von Sauerstoff verfallen Zellen in einen schlafähnlichen Zustand (suspended Animation). Etwas Ähnliches wurde an Stammzellen gezeigt (s. o. Latif 2012). Ob und wieweit Zellen auch bei endgültigem Kreislaufstillstand „abschalten" (und dadurch vielleicht geschützt sind), ist noch zu untersuchen. Jedenfalls läuft vorher eine ganze Kette von Reaktionen ab, welche der Sauerstoffmangel verursacht.

Wichtig ist, dass eine erneute Sauerstoffgabe noch schädlicher ist als Sauerstoffmangel. Die Mediziner nennen diese Erscheinung das Reperfusionssyndrom, weil es immer auftritt, wenn die Durchströmung (Perfusion) nach unterbrochenem Blutfluss wieder in Gang gesetzt wird. Da müssen die Ärzte und der Patient immer hindurch, wenn ein Herzstillstand überwunden werden soll. Das Problem ist jedem Arzt bekannt, der nach Durchblutungs- oder Herzstillstand eine natürliche oder künstliche Durchblutung wieder in Gang setzt (Hayashida et al. 2007).

Die Reaktionsketten, die nun entstehen sind umfangreicher als die ersten Reaktionen nach dem Sauerstoffmangel. Sie scheinen kaum zu enden.

In der Kryonik stellt sich die Frage, ob man den Sauerstoffschock den Zellen zumuten soll, ohne dass eine Chance auf Wiederbelebung des Patienten (mit heutigen Mitteln) besteht. Das sind Zellen, die sich vielleicht bereits durch Verminderung ihres Stoffwechsels schützen und durch gleichzeitige Kühlung möglicherweise keinen ausreichenden Stoffwechsel mehr haben, um Sauerstoff zu verwerten, oder sich von einem Sauerstoffschock zu erholen.

Man sollte also in der Kryonik nicht einfach klinische Methoden nachahmen, wie es gelegentlich gemacht wurde.

Eine Wiederdurchblutung des Kreislaufs (Reperfusion) nach mehr als 10 min Durchblutungsstopp ist auf jeden Fall schädlicher als der „Blutmangel" selbst. Es kommt dabei häufig zu einer Schädigung der Gefäße, die zur Verstopfung führen kann (De Groot und Rauen 2007; Hayashida et al. 2007; Safar 1993; Solenski et al. 2002). Die Verstopfung der Blutgefäße nennt man no-reflow-Phänomen.

In gewisser Weise wird der Sauerstoffmangel nun ins Gegenteil verkehrt. Der wichtigste Grund für das Auftreten der Schäden besteht nämlich darin, dass der Sauerstoff sozusagen überstürzt mit Stoffen in den Zellen und Geweben reagiert, die durch den Sauerstoffmangel chemisch reduziert worden sind. Dadurch entstehen freie Radikale und schädliche reaktive Sauerstoffverbindungen neben allen schädlichen Verbindungen, die oben bereits erwähnt wurden. Sie spielen bei den meisten Schäden, die nun auftreten, eine Rolle. Der Sauerstoff, der nicht mehr durch Enzyme zu bändigen ist, zeigt sozusagen sein wahres Gesicht. Bei der vermehrten Bildung freier Radikale hinkt leider die gesteuerte Energiegewinnung mithilfe des Sauerstoffs nach. Radikale reagieren nun ihrerseits mit den Stoffen, die während des Sauerstoffmangels angefallen sind. So wird z. B. der Schaden,

den Reaktionsprodukte der bereits erwähnten Arachidonsäure anrichten, durch freie Radikale verstärkt (Reilly et al. 1997; Zweier und Talukder 2006).

Aktive Sauerstoffprodukte wie Wasserstoffperoxid und Superoxid (Vanden Hoek et al. 1997b) steigen bei erneuter Durchblutung schlagartig an. Erleidet ein Kaninchenherz 10–30 min Durchblutungsstopp so führt die erneute Durchblutung innerhalb von 10–20 s zu einem (vorübergehenden) Anstieg solcher Sauerstoffverbindungen (Zweier et al. 1989).

Nach kurzem Durchblutungsstopp führt die erneute Durchblutung zu einem geringeren Anstieg der reaktiven Sauerstoffprodukte als man sie bei längerem Stopp findet. Diese werden also bei Sauerstoffmangel teilweise schon vor der erneuten Durchblutung gebildet (Vanden Hoek et al. 1997b).

Hintergrundinformation

Die Innenwandzellen der Blutgefäße enthalten viele Atmungsorganellen, welche während der erneuten Durchblutung das meiste Superoxid bilden (Di Lisa 2009; Liu et al. 2009). Enzyme der Innenwandzellen (NADPH Oxidase und Xanthin Oxidase) sind daran beteiligt (Kahles et al. 2007; Terada et al. 1991). Superoxid schädigt dann Eiweißstoffe und erzeugt freies Eisen, durch welches wiederum sehr schädliche Hydroxyl-Radikale entstehen. Eisen sorgt fatalerweise dafür, dass freie Radikale, die eigentlich sehr kurzlebig sind, nicht schnell wieder verschwinden.

Stickstoffmonoxid (Stickoxid) reagiert normalerweise erwähnenswert positiv. Es verhindert das Zusammenkleben der Blutplättchen und das Ankleben der weißen Blutzellen an der Gefäßwand. Dieses Stickoxid hemmt außerdem die fatale Fettstoffoxidation sehr effektiv (Rubbo et al. 1994). Es fördert auch die Bildung von antioxidativen Enzymen, die schädlichen Sauerstoffprodukten vorbeugen und wirkt dem Selbstmord der Zellen entgegen (Dhakshinamoorthy und Porter 2004). Darüber hinaus vermindert es die Bildung von Entzündungsstoffen indirekt und fördert Zellverbindungen durch Haftmoleküle (Mantovani et al. 1998; Rössig et al. 1999).

Durch die Wiederdurchblutung wird aber jetzt Stickoxid in ein Gift verwandelt. Das Enzym Superoxid-Dismutase, welches gegen freie Radikale wirkt, vermindert zwar normalerweise die Schädigung der Blut-Hirn-Schranke und die Radikalschäden (Kim et al. 2001). Es macht Superoxid unschädlich, aber Stickstoffmonoxid reagiert dreimal schneller mit Superoxid und dabei wird giftiges Peroxinitrit gebildet (Faraci 2006; Szabó et al. 2007). Die Innenwandzellen schwellen dadurch an (Aronovski et al. 1997) und die weißen Blutzellen verkleben mit den Gefäßwänden. So wird die Lichtung der Gefäße eingeengt. Dabei wird normalerweise Stickoxid um mehrere tausendmal erhöht (Brown und Borutaite 2002) und es wird als der Stoff betrachtet, der unter diesen Umständen größten Schaden an den Innenwandzellen der Haargefäße im Gehirn verursacht (Gürsoy-Özdemir et al. 2000). Ganz ohne Gegenmittel bleibt man aber nicht. Methylenblau, das auch als Farbstoff verwendet wird, kann Stickstoffmonoxid vermindern (Miclescu et al. 2010).

Der Sauerstoff, der durch Wiederdurchblutung verfügbar wird, führt zu Anhäufungen der Phosphorverbindung ATP als Energiespeicher. ATP wird bei solchem Überschuss in Xanthin verwandelt, das von einem Enzym mit Sauerstoff in die schädlichen Sauerstoffprodukte Superoxid und Harnsäure umgesetzt wird. Auch in den Atmungsorganellen gibt es wieder Sauerstoff und es entstehen wieder Radikale und schädliche aktive Sauerstoffprodukte (González-Flecha et al. 1993; Ratych et al. 1987).

Nun werden auch Enzyme gebildet, welche Eiweiße abbauen und dadurch die Blut-Hirn-Schranke schädigen (Fukuda et al. 2004; Rosell et al. 2005). Poren in den Atmungsorganellen bleiben während des Sauerstoffmangels durch die saure Umgebung geschlossen. Bei der Wiederdurchströmung mit Blut steigt der pH-Wert und dies kann die Poren öffnen (Halestrap 2006). Dadurch kommt es zum Zellselbstmord oder zu schnellem Zelltod, je nachdem ob Energie für den Selbstmord vorhanden ist (Kim et al. 2003). Durch Sauerstoff kommt es zu allem Überfluss zu Membranschäden an den Blutplättchen, die für die Gerinnung zuständig sind, und an den

Blutzellen. Dies passiert in alten Körpern heftiger und überhaupt sind Schäden durch die Wiederdurchströmung bei alten Tieren ausgeprägter (Ritter et al. 2008).
   Viele Veränderungen bei Wiederdurchblutung haben Entzündungscharakter. Neben dem
Ankleben der weißen Blutzellen entsteht oft eine erhöhte Durchlässigkeit der Wände von
Haargefäßen, welche dann zur Gewebeschwellung führt. Während des Lebens tragen aktivierte
weiße Blutzellen und Innenwandzellen zu entzündlichen Gefäßreaktionen und zum Einwandern
von Blutzellen bei (Gourdin et al. 2009; Kuroda und Siesjö 1997). Aktivierte weiße Blutzellen
verkleben verstärkt mit den Wänden der Blutgefäße, wenn man die Wiederdurchströmung in
Gang setzt (z. B. nach 6–12 h). Sie bilden auch Enzyme, die Bindegewebsfasern angreifen
und dadurch die Blut-Hirn-Schranke schädigen (Gidday et al. 2005; Rosenberg et al. 1998).
Dies wurde allerdings an Ratten und Mäusen gezeigt, die noch lebten. Die Zusammenlagerung
(Aggregation) von roten Blutkörperchen (wie eine Geldrolle) fördert ihrerseits die Anheftung von
weißen Blutzellen (Pearson und Lipowsky 2000). Entzündungsstoffe sorgen bei Wiederdurch-
strömung ihrerseits dafür, dass die Innenwandzellen mit weißen Blutzellen verkleben. Dieser
Effekt wird durch Kühlung (z. B. Hypothermie) abgeschwächt (Ishikawa et al. 1999).

Die Bluthirnschranke als spezialisierter Abschnitt des Kreislaufsystems leidet
unter einer Blutleere und anschließender Wiederdurchblutung. Die Durchlässigkeit der Wände für Moleküle nimmt zu. Die erwähnten chemischen Verbindungen
Superoxid, Stickstoffmonoxid, Glutamat und Arachidonsäure sollen eine Rolle
dabei spielen. Enzyme mit Wirkung gegen freie Radikale und aktive Sauerstoffprodukte wirken der zunehmenden Durchlässigkeit entgegen (Armstead et al.
1992; Mayhan Didion 1996; Sage et al. 1984; Villacara et al. 1990).

   Schäden durch freie Radikale und andere Membranschäden können sogar zur
Ablösung von Arterioskleroseherden führen, die bei Wiederdurchströmung eine
gefährliche Embolie zu erzeugen vermögen.

   Es ist nicht verwunderlich, dass die Wiederdurchblutung zu gesteigertem
Absterben von Nervenzellen führt und z. B. die Ausdehnung eines Infarktes um
mehr als das Dreifache erhöht (Aronovski et al. 1997; Li et al. 2007).

   Die Einengung der Blutgefäße ist beim Menschen die gefährlichste Folge der
Wiederdurchströmung. Je länger der Durchblutungsstopp gedauert hat, desto
schlimmer ist die Schädigung der Blutgefäße, wenn der Kreislauf wieder in Gang
kommt. Daran ändert auch Kühlung nichts. Es bilden sich leider auch mehr Eiskristalle, wenn man auf Temperaturen tief unter 0 °C kühlt, unter dem Einfluss
freier Radikale und dem Aussickern von Blutflüssigkeiten aus den Gefäßen. Dabei
steigt auch die Gefahr eines völligen Verschlusses von Gefäßen („no reflow").

   Es ist unklar, ob z. B. der Sauerstoff, der in Wasser enthalten ist, genug Energie
für die Auslösung solcher Reperfusionsschäden bei der Durchströmung mit Frostschutzmittel liefert. Dem wirkt jedenfalls eine zunehmende Kühlung entgegen.
Die Gefahr ist wohl größer, wenn man während der Kühlung mit Sauerstoff
beatmet und Herzmassage betreibt.

   Die Möglichkeit, den Kreislauf (mit Frostschutzmitteln) zu durchströmen,
hängt zunächst von den eingetretenen Gefäßschäden ab. Experimente mit Tinte
zeigen, dass 60 min Durchblutungsstopp bei Raumtemperatur die Durchströmung
beträchtlich behindern.

   Stoffe, welche die Blutgerinnung hemmen (wie Heparin und Streptokinase),
verbessern die Durchströmung dann auch nicht mehr, denn es entsteht auch eine

Anhäufung und Verklebung von Blutkörperchen. Das bedeutet, dass die Gefäße teilweise bereits eingeengt sind, wenn die erneute Durchströmung startet (Fischer und Hossman 1995), und diese kann das Problem noch verschärfen.

Schon vor längerer Zeit wurde gefunden, dass ein hoher Strömungsdruck bei gleichzeitiger Blutverdünnung die Durchströmung teilweise wiederherstellt (Safar 1993; Safar et al. 1976). In neueren Versuchen war der Nutzen dieses Vorgehens aber nicht eindeutig (De Wolf und De Wolf 2013).

Die Durchströmung von bestimmten Hirnteilen den Basalganglien ist nach 15–20 min Blutstillstand bei Katzen besonders schwierig. Wurde das Herz wieder in Gang gesetzt, so war nach 30 min die Hemmung der Durchblutung durch den Reperfusionsschaden stärker als vor dem Start der Wiederdurchblutung (Fischer und Hossmann 1995).

Durch alle diese verschiedenen Vorgänge wird somit vor allem die Lichtung der Blutgefäße verengt. Die Durchströmung des Kreislaufs sowie die Wiederbelebung werden erschwert, und die Innenwandzellenzellen der Gefäße gehen schließlich in den Zellselbstmord (Apoptose). Dagegen kann Ascorbinsäure-2-Glucosid, also ein Vitamin-C Produkt, eingesetzt werden (Matsukawa et al. 2000).

Die Durchströmung mit Frostschutzmittel selbst kann allerdings die Gefäße ebenfalls schädigen. Wird Glyzerin schnell zugegeben, so werden sie für große Moleküle durchlässig. Schnelle Entfernung von Glyzerin (mit Verdünnung) führt dagegen zur Schwellung der Innenwandzellen und zum Stopp der Durchströmung. Zugabe und Verdünnung von Frostschutzmitteln müssen also vorsichtig erfolgen. Bei langsamem Frieren können die Gefäßchen durch Eisbildung im umgebenden Gewebe eingeengt werden (Pollock et al. 1986).

Es ist kaum zu fassen, welche Schäden durch eine ganz normale Methode zur Wiederbelebung ausgelöst werden. Eine lebensrettende und überlebenswichtige Perfusion ist fähig sich zur Todesfalle zu entwickeln. Aber umso verblüffender ist, dass die Wiederbelebung trotzdem möglich ist. Dabei spielt es allerdings eine große Rolle, wielange der Sauerstoffmangel bereits besteht.

Infolge dieser komplizierten Schadwirkungen ist nach spätestens 9 min Durchblutungsstopp beim Menschen eine Wiederbelebung unmöglich (Aronowski et al. 1997; Cummins 1985; Herlitz et al. 2004; Übersicht bei Best B: Ischemia and reperfusion injury in cryonics https://www.benbest.com/cryonics/cryonics.html).

In der Kryonik scheinen die Vermeidung der Wiederdurchströmung mit Blut und schnelle Kühlung der beste Weg zu sein, um Zellen zu retten bevor sie den Zelltod vollenden oder um wenigstens die toten Zellen im Gewebeverband zu halten.

EEs ist allerdings von großer Bedeutung, dass die erneute Durchströmung für die Verhinderung der Wiederbelebung eine größere Rolle spielt als der Tod der Hirnzellen (Best 2008; De Groot und Rauen 2007). Das bedeutet nämlich auch, dass es nicht unmöglich ist, noch Hirnzellen zu retten. Durch antioxidative Behandlung oder Behandlung mit sogenannten Radikalfängern kann zudem das Reperfusionssyndrom gemildert werden. Freie Radikale spielen ja eine Hauptrolle dabei (Vanden Hoek et al. 1996; 1997a).

11.4.2 Glück im Unglück für die Großhirnrinde

Die Störung der Durchströmung im Gehirn und die Eiskristallbildung bei anschließender Kühlung sind am geringsten in der Rinde des Großhirns.

Die graue Rinde des Großhirns ist Gott sei Dank weniger anfällig für die Gefäßverlegung als andere Hirnteile. Über 50 % der Blutgefäße waren in den Hirnteilen Hypothalamus und den sogenannten Basalganglien des Großhirns nach 30 min Durchblutungsstopp verstopft. In der grauen Rinde des Großhirns waren es erfreulicherweise weniger als 15 %.

Eine stärker ausgeprägte Durchblutungsstörung findet man also in den Großhirnbezirken unterhalb der Rinde. Dann folgt die Kleinhirnrinde und schließlich mit den größten Schäden das Mark des Kleinhirns. Beruhigenderweise zeigt dies, dass die Hirnteile, die für das Bewusstsein am wichtigsten sind, auch am stabilsten sind (De Wolf und De Wolf 2013; Fischer und Ames 1972).

Insgesamt macht es ein wenig Mut, dass eine Wiederbelebung nach dem Herzversagen überhaupt möglich ist. Damit haben wir die Voraussetzungen beschrieben, die vorliegen, wenn die kryonische Konservierung startet und die uns erklären, warum Kryonik die einzige Rettung ist. Im Folgenden werden wir ihre Praxis beschrieben.

Wir werden uns weiter unten den sterbenden Körper als Resultat des Sauerstoffmangels und der vergeblichen Reparaturversuche von Zellen noch näher ansehen, studieren, was vom Leben noch zu retten ist.

Literatur

Armstead WM et al (1992) Polyethylene glycol superoxide dismutase and catalase attenuate increased blood-brain barrier permeability after ischemia in piglets. Stroke 23:755–762

Aronowski J et al (1997) Reperfusion injury: demonstration of brain damage produced by reperfusion after transient focal ischemia in rats. J Cereb Blood Flow Metab 17:1048–1056

Best BP (2008) Scientific justification of cryonics practice. Rejuvenation Res 11:493–503

Brown GC, Borutaite V (2002) Nitric oxide inhibition of mitochondrial respiration and its role in cell death. Free Radic Biol Med 33:1440–1450

Calderone A et al (2004) Late calcium EDTA rescues hippocampal CA1 neurons from global ischemia-induced death. J Neurosci 24:9903–9913

Cocco T et al (1999) Arachidonic acid interaction with the mitochondrial electron transport chain promotes reactive oxygen species generation. Free Radic Biol Med 27:51–59

Cummins RO et al (1985) Survival of out-of-hospital cardiac arrest with early initiation of cardiopulmonary resuscitation. Am J Emerg Med 3:114–119

De Groot H, Rauen U (2007) Ischemia-reperfusion injury: processes in pathogenetic networks: a review. Transplant Proc 39:481–484

De Wolf A, de Wolf G (2013) Human cryopreservation research at advanced neural biosciences. In: Sames KH (Hrsg) Applied Human Ccryobiology, Bd 1. Ibidem, Stuttgart, S 45–59

Dhakshinamoorthy S, Porter AG (2004) Nitric oxide-induced transcriptional up-regulation of protective genes by Nrf2 via the antioxidant response element counteracts apoptosis of neuroblastoma cells. J Biol Chem 279:20096–20107

Di Lisa F et al (2009) Mitochondria and vascular pathology. Pharmacol Rep 61:123–130

Faraci FM (2006) Reactive oxygen species: influence on cerebral vascular tone. Appl Physiol 100:739–743

Fischer EG, Ames A (1972) Studies on mechanisms of impairment of cerebral circulation following ischemia: effect of hemodilution and perfusion pressure. Stroke 3:538–542

Fischer M, Hossmann KA (1995) No-reflow after cardiac arrest. Intensive Care Med 21:132–141

Fukuda S et al (2004) Focal cerebral ischemia induces active proteases that degrade microvascular matrix. Stroke 35:998–1004

Gidday J (2005) Leukocyte-derived matrix metalloproteinase-9 mediates blood-brain barrier breakdown and is proinflammatory after transient focal cerebral ischemia. Am J Physiol Heart Circ Physiol 289:H558-568

González-Flecha B et al (1993) Time course and mechanism of oxidative stress and tissue damage in rat liver subjected to in vivo ischemia-reperfusion. J Clin Invest 91:456–464

Gourdin J et al (2009) The impact of ischaemia-reperfusion on the blood vessel. Eur J Anaesthesiol 26:537–547

Gürsoy-Özdemir Y et al (2000) Role of endothelial nitric oxide generation and peroxynitrite formation in reperfusion injury after focal cerebral ischemia. Stroke 3:1974–1981

Halestrap AP (2006) Calcium, mitochondria and reperfusion injury: a pore way to die. Biochem Soc Trans 34:232–237

Hayashida M et al (2007) Effects of deep hypothermic circulatory arrest with retrograde cerebral perfusion on electroencephalographic bispectral index and suppression ratio. J Cardiothorac Vasc Anesth 21:61–67

Herlitz J et al (2004) Can we define patients with no chance of survival after out-of-hospital cardiac arrest? Heart 90:1114–1118

Ishikawa M et al (1999) Effects of moderate hypothermia on leukocyte-endothelium interaction in the rat pial microvasculature after transient middle cerebral artery occlusion. Stroke 30:1679–1686

Kahles T et al (2007) NADPH oxidase plays a central role in blood-brain barrier damage in experimental stroke. Stroke 38:3000–3006

Kandel (2006) Auf der Suche nach dem Gedächtnis. Die Entstehung einer neuen Wissenschaft des Geistes. Siedler (Random House), München

Keidel WD (Hrsg) (1975) Kurzgefasstes Lehrbuch der Physiologie. Thieme, Stuttgart

Ki HY et al (1996) Brain temperature alters hydroxyl radical production during cerebral ischemia/reperfusion in rats. J Cereb Blood Flow Metab 16:100–106

Kim GW et al (2001) The cytosolic antioxidant copper/zinc superoxide dismutase attenuates blood-brain barrier disruption and oxidative cellular injury after photothrombotic cortical ischemia in mice. Neuroscience 105:1007–1018

Kim JS et al (2003) Mitochondrial permeability transition: a common pathway to necrosis and apoptosis. Biochem Biophys Res Commun 30:463–470

Kuroda S, Siesjö BK (1997) Reperfusion damage following focal ischemia: pathophysiologia and therapeutic windows. Clin Neurosci 4:199–212

Latif M et al (2012) Skeletal muscle stem cells adopt a dormant cell state post mortem and retain regenerative capacity. Nat Commun 3:903

Li D et al (2007) Reperfusion accelerates acute neuronal death induced by simulated ischemia. Exp Neurol 206:280–287

Lipton P (1999) Ischemic cell death in brain neurons. Physiol Rev 79:1431–1568

Liu B et al (2009) Proteomic analysis of protein tyrosine nitration after ischemia reperfusion injury: mitochondria as the major target. Biochim Biophys Acta 1794:476–485

Mantovani A et al (1998) Regulation of endothelial cell function by pro- and anti-inflammatory cytokines. Transplant Proc 30:4239–4243

Mathis S et al (2021) The endothelial glycocalyx and organ preservation – from physiology to pClinical implications for solid organ transplantation. Int J Mol Sci 22:4019

Matsukawa H et al (2000) Ascorbic acid 2-glucoside prevents sinusoidal endothelial cell apoptosis in supercooled preserved grafts in rat liver transplantation. Transplant Proc 32:313–332

Mayhan WG, Didion SP (1996) Glutamate-induced disruption of the blood-brain barrier in rats. Role of nitric oxide. Stroke 27:965–969; discussion 970

Miclescu A et al (2010) Methylene blue protects the cortical blood-brain barrier against ischemia/reperfusion–induced disruptions. Crit Care Med 38:2199–2206

Paljärvi L et al (1983) Brain lactic acidosis and ischemic cell damage: quantitative ultrastructural changes in capillaries of rat cerebral cortex. Acta Neuropathol 60:232–240

Pearson MJ, Lipowsky HH (2000) Influence of erythrocyte aggregation on leukozyte margination in postcapillary venules of rat mesentery. Am J Physiol Heart Circ Physiol 27:H1460–1471

Phillis JW et al (1994) Characterization of glutamate, aspartate, and GABA release from ischemic rat cerebral cortex. Brain Res Bull 34:457–466B

Phillis JW, O'Regan MH (2003) The role of phospholipases, cyclooxygenases, and lipoxygenases in cerebral ischemic/traumatic injuries. Crit Rev Neurobiol 15:61–90

Pollock GA et al (1986) An isolated perfused rat mesentery model for direct observation of the vasculature during cryopreservation. Cryobiology 23:500–511

Preston E, Webster JA (2004) A two-hour window for hypothermic modulation of early events that impact delayed opening of the rat blood-brain barrier after ischemia. Acta Neuropathol 108:406–412

Rabadzhieva L (2012) Schädigung der endothelialen Glykokalyx beim Postreanimationssyndrom. Dissertation Freiburg im Breisgau

Radovsky A et al (1995) Regional prevalence and distribution of ischemic neurons in dog brains 96 hours after cardiac arrest of 0 to 20 minutes. Stroke 26:2127–2133

Ratych RE et al (1987) The primary localization of free radical generation after anoxia/reoxygenation in isolated endothelial cells. Surgery 102:122–131

Reilly MP et al (1997) Increased formation of the isoprostanes IPF2α-I and 8-epi-prostaglandin F2α in acute coronary angioplasty. Evidence for oxidant stress during coronary reperfusion in humans. Circulation 96:3314–3320

Ritter L et al (2008) Inflammatory and hemodynamic changes in the cerebral microcirculation of aged rats after global cerebral ischemia and reperfusion. Microcirculation 15:297–310

Rosell A et al (2005) A matrix metalloproteinase protein array reveals a strong relation between MMP-9 and MMP-13 with diffusion-weighted image lesion increase in human stroke. Stroke 36:1415–1420

Rosenberg G et al (1998) Matrix metalloproteinases and TIMPs are associated with blood-brain barrier opening after reperfusion in rat brain. Stroke 29:2189–2195

Rössig L et al (1999) Nitric oxide inhibits caspase-3 by S-nitrosation in vivo. J Biol Chem 274:6823–6826

Rubbo H et al (1994) Nitric oxide regulation of superoxide and peroxynitrite-dependent derivatives. J Biol Chem 269:26066–26075

Safar P (1993) Cerebral resuscitation after cardiac arrest: research initiatives and future directions. Ann Emerg Med 22:324–349

Safar P et al (1976) Amelioration of brain damage after 12 minutes cardiac arrest in dogs. Arch Neurol 33:91–95

Safar P et al (1996) Improved cerebral resuscitation from cardiac arrest in dogs with mild hypothermia plus blood flow promotion. Stroke 27:105–113

Sage JL et al (1984) Early changes in blood brain barrier permeability to small molecules after transient cerebral ischemia. Stroke 15:46–50

Saito K et al (1993) Widespread activation of calcium-activated neutral proteinase (calpain) in the brain in Alzheimer disease: a potential molecular basis for neuronal degeneration. Proc Natl Acad Sci U S A 90:2628–2632

Schewe T (2005) 15-Lipoxygenase-1: a prooxidant enzyme. Walter de Gruyter, Berlin (Online 1. Juni 2005)

Schmidt FR, Unsicker K (Hrsg) (2003) Lehrbuch Vorklinik. Integrierte Darstellung in vier Teilen. Deutscher Ärzte-Verlag, Köln

Solenski NJ et al (2002) Ultrastructural changes of neuronal mitochondria after transient and permanent cerebral ischemia. Stroke 33:816–824

Szabó C et al (2007) Peroxynitrite: biochemistry, pathophysiology and development of therapeutics. Nat Rev Drug Discov 6:662–680

Terada LS et al (1991) Generation of superoxide anion by brain endothelial cell xanthine oxidase. J Cell Physiol 14:191–196

Vanden Hoek TL et al (1996) Reperfusion injury on cardiac myocytes after simulated ischemia. Am J Phydsiol 270:H1334-1341

Vanden Hoek TL et al (1997a) Mitochondrial electron transport can become a significant source of oxidative injury in cardiomyocytes. J Mol Cell Cardiol 29:2441–2450

Vanden Hoek TL et al (1997b) Significant levels of oxidants are generated by isolated cardiomyocytes during ischemia prior to reperfusion. J Mol Cell Cardiol 29:2571–2583

Vaupel P et al (Hrsg) (2015) Anatomie, Physiologie, Pathophysiologie des Menschen. Wissenschaftliche Verlagsgesellschaft, Stuttgart

Villacara A et al (1990) Arachidonic acid and cerebromicrovascular endothelial permeability. Adv Neurol 5:195–201

Wang Q et al (2002) Resveratrol protects against global cerebral ischemic injury in gerbils. Brain Res 958:439–447

Weed RI et al (1969) Metabolic dependence of red cell deformability. J Clin Invest 48:795–809

Zweier JL (2006) The role of oxidants and free radicals in reperfusion injury. Cardiovasc Res 70:181–190

Zweier JL, Talukder MAH (1989) Measurement and characterization of postischemic free radical generation in the isolated perfused heart. J Biol Chem 264:18890–18895

Rettung des menschlichen Körpers: wie wird die Tiefkühlung des menschlichen Körpers zurzeit in der Kryonik durchgeführt?

12

12.1 Das Zweitschlimmste was uns passieren kann: kryonische Suspension eine rettende Notlösung

Der Kryonikpionier Robert Ettinger hat die Suspension als das Zweitschlimmste bezeichnet, was uns passieren kann. Hier schildern wir sie:

Zunächst ist eine möglichst schnelle Kühlung, möglichst früh nach der Erklärung des Todes, erforderlich.

Ist ein lebender Patient in kritischem oder finalem Zustand, so werden Verwandte, Ärzte, Bestatter und Kryonikvertreter in der Nähe nach Möglichkeit einbezogen.

Obwohl die Wirkung der meisten Medikamente umstritten ist, können Vitamin E, Fischöl, Melatonin, Curcumin und N-acetyl-Cystein doch von großem Wert sein, wenn man sie vor dem Organversagen – also während des Lebens – nimmt, jedoch weniger nach dem Organversagen (Best 2008).

Durch ein Team, das am Krankenbett bis zur Deanimation des Patienten wacht (Standby-Team) kann die Kühlung früher nach dem Tod in Gang gesetzt werden, denn es ist bei Organversagen einsatzbereit, sobald die Leichenschau zur Erklärung des Todes führt.

In vielen der besser versorgten Fälle von Cryonics Institute wurde innerhalb einer halben Stunde Eis um den Patienten gepackt. In einer Reihe von Fällen war dies früher möglich.

Hintergrundinformation

Ein Eisbad kühlt schneller als Kühlbeutel und kann den Körper in 30 min von 37 auf 25 °C kühlen. Eisbeutel kühlen während dieser Zeit nicht viel tiefer als 33 °C. Die Kühlung auf 10 °C dauert mit Eisbeuteln 5 h, mit Eiswürfeln 3 h und durch Berieseln mit Eiswasser 2 h. Besteht eine Strömung in den Blutgefäßen, so kommt die äußere Kühlung am besten über den Kopf (Nasenschleimhaut und Kopfhaut), die Leistengegend und die Unterarme sowie die Achselhöhle

K. H. Sames, *Kryokonservierung – Zukünftige Perspektiven von Organtransplantation bis Kryonik*, https://doi.org/10.1007/978-3-662-65144-5_12

an, wo die Haut viele Blutgefäße enthält (Best B: Physical parameters of cooling in cryonics https://www.benbest.com/cryonics/cooling.html).

Ein Standby-Team kann den Kreislauf mit einem Apparat für die kardiopulmonale Resuszitation (kurz Thumper oder Lucas), welcher den Brustkorb rhythmisch zusammenpresst, in Gang setzen, um effektiver zu kühlen. Dabei wird das Blut aus den Kapillaren der Haut, welches durch die Eiswürfel gekühlt ist, durch den Körper gepumpt. Das Blut enthält allerdings Abfallprodukte und ist angesäuert.

Ist bei Organversagen eine Arbeitskraft, welche die Perfusion beherrscht, rechtzeitig vor Ort, so kann ein „Washout" (Auswaschen des Blutes) mit gekühlter Lösung eingeleitet werden. Der Patient wird trotzdem mit Eiswürfeln bedeckt. Es ist aber kein Thumper notwendig.

Hintergrundinformation
Vielfach werden Wiederbelebungsmaßnahmen für die Kryokonservierung empfohlen, besonders Beatmung mit Sauerstoffgabe und Herzmassage, damit die noch lebenden Zellen sich erholen können. Sauerstoffgabe ist eine Voraussetzung für die Wiederbelebung der Zellen. Dies scheint kryonisch allerdings keinen Sinn zu haben, da kaum ein Patient ohne das Scheitern von Wiederbelebungsmaßnahmen für tot erklärt wird. Allerdings könnte die Herzmassage die Kühlung dadurch fördern, dass sie Wärme über den Kreislauf transportiert. Man muss aber sagen, dass Herzmassage schädlich sein kann, solange sie das verbrauchte Blut bewegt, und überflüssig, sobald ein künstlicher Kreislauf vorhanden ist, also eigentlich immer.
Der Blutaustausch wird neben der Kühlung auch durchgeführt, um die Gerinnung zu vermeiden und Schadstoffe zu entfernen, die sich im Blut während des Stillstands angesammelt haben (denn überlebende Zellen geben noch Abfallstoffe ab und die Organe der Entgiftung wie Niere, Leber und Lunge funktionieren ja nicht mehr). Außerdem kann man so die Zusammensetzung der Flüssigkeit kontrollieren, welche den Kreislauf durchströmt und die Zusammensetzung anpassen, um zu Frostschutzlösungen überzugehen.

Ein gekühlter und stabilisierter Patient wird in Eis zu einem Institut transportiert, wo man die Durchströmung des Kreislaufs einleitet oder – falls schon begonnen – fortführt.

Hierzu wird ein künstlicher Blutkreislauf angelegt. Im Prinzip pumpt man eine Lösung über Schlagadern in das Gefäßsystem und lässt sie aus Venen wieder ablaufen. Das Blut wird schrittweise durch Frostschutzlösung ersetzt.

Hintergrundinformation
Aber auch die Tiefkühlung ohne Frostschutzmittel (Einfrieren) würde dem Patienten die Hoffnung auf Wiederbelebung nicht rauben. Die Strukturen wären stark verdreht oder gebrochen, aber noch vorhanden und chemisch gut erhalten. Bei langsamer Tiefkühlung wären die Erhaltungschancen bei fehlendem Frostschutzmittel noch etwas günstiger.

Es wird in einem offenen oder geschlossenen künstlichen Kreislauf durchströmt (perfundiert). Bei dem offenen Kreislauf läuft die Flüssigkeit in derselben Menge, wie sie hineingepumpt wird wieder ab und wird entsorgt. Beim geschlossenen Kreislauf (Prinzip der Herz-Lungen-Maschine) wird die Flüssigkeit wieder in das Gefäßsystem zurückgeführt. Man kann sie aber erneuern und verändern; man kann

Flüssigkeit zugeben und ablassen und auch die Anreicherung von Stoffen in der Lösung verändern.

Benutzt man einen geschlossenen Kreislauf, kann man den Durchfluss, auch wenn er langsam ist, aufrecht erhalten sodass die Zellen Zeit haben, das Frostschutzmittel aufzunehmen. Man macht das mindestens solange bis konzentriertes Frostschutzmittel zur Vene herauskommt.

Die besten Resultate werden bei Durchströmung mit einem Druck unter 100 mm Quecksilbersäule (Hg) erzielt (De Wolf und De Wolf 2013).

Die Durchströmung von Kopf und Gehirn wird bevorzugt, d. h. man geht möglichst über die Halsarterien oder auch über andere Gefäße (z. B. rückläufig über die Oberschenkelarterie in Richtung Arme und Kopf), unter Abbinden von Gefäßen, welche nicht zum Kopf führen.

Hintergrundinformation

Man benutzt häufig die Hauptschlagader und die obere Hohlvene. Diese großen Gefäße sind leicht zu finden und man kann ohne Probleme Kanülen in sie einführen. Dann strömen Blut und Frostschutzlösung über Äste der Hauptschlagader ins Gehirn und zur oberen Hohlvene zurück. Legt man die Kanüle für den Rückfluss (Auslauf) in die obere Hohlvene, so kann man das Blut/die Lösung nicht für beide Hirnhälften getrennt bestimmen, was aufschlussreich wäre. Aber beide großen Halsvenen (Jugularvenen) getrennt mit Kanülen zu versorgen bedeutet einen höheren Zeitaufwand und ein höheres Risiko.

Für die Durchströmung des Hirns ist Folgendes wichtig: Die Arterien von Wirbelsäule und Hals bilden mit ihren Ästen einen Ring (circulus Willisii) an der Unterseite des Gehirns. Dadurch wird die Durchblutung gesichert, denn wenn ein Gefäß verschlossen ist, erhält der Ring noch Blut aus den anderen Gefäßen. Vom Ring gehen dann die Gefäße zum Hirn. In einer Studie war der Ringschluss der Halsarterien am Fuß des Gehirns nur bei 42 % der Teilnehmer komplett ausgebildet. Ist der Ring nicht komplett, so wird z. B. die hintere untere Hirnhälfte und ein Teil des Schläfenlappens nicht direkt durchströmt. Auch in anderen Studien war er in einem hohen Prozentsatz inkomplett. Bei jüngeren Personen und Frauen fand sich häufiger ein kompletter Ringschluss (Bugnicourt et al.2009; Cucchiara et al. 2013; Krabbe-Hartkamp et al. 1998; Macchi et al. 2002; Schomer et al.1994; Tanaka et al. 2006). Es scheint trotzdem zu funktionieren, dass man nur über die großen Halsarterien (Karotisarterien) durchströmt und den hinteren Hirnarterien, die über die Wirbelsäule kommen, keine besondere Aufmerksamkeit widmet, besonders wenn man über die gemeinsame Halsschlagader (die auch das Gesicht versorgt) durchströmt. Man fand in einer anderen Studie, dass der Ring bei 59 von 99 Patienten vollständig war und auch wo er unvollständig war, gab es keinen Fall von unzureichender Durchströmung, wenn man nur die Halsarterien an die Durchströmung anschloss, nicht aber die Wirbelsäulenarterien (Ben Best: Perfusion and diffusion in cryonics protocol lhttps://www.benbest.com/cryonics/protocol. html).

Dass dies bei Herzoperationen nicht zur Schädigung von Patienten führt, könnte auch daran liegen, dass sehr kleine Arterien im Rachenbereich einen Kurzschluss zwischen den Halsarterien und den Hirnarterien aus der Wirbelsäule herstellen können. Ob dies auch nach dem Organversagen funktioniert, ist nicht untersucht worden. Jedenfalls sind kleine Gefäße im erkalteten Körper wohl nicht mehr dehnbar genug, um plötzlich die Blutmenge größerer Gefäße weiterzuleiten. Die bisherigen Angaben sind wenig konkret (Romero et al. 2009; Urbanski et al. 2008).

Zu untersuchen bleibt auch, ob die Flüssigkeit wirklich durch die Haargefäße strömt oder Umgehungsgefäße nutzt und damit nur in geringem Maße ins Gewebe eintritt. Auch eine Markierung z. B. mit Meerrettichperoxidase und Untersuchung unter dem Elektronenmikroskop könnte nachweisen, wo die Lösung exakt hingelangt ist. Aber allein die Einarbeitung eines Mitarbeiters in diese Methoden dauert Monate oder Jahre, abgesehen von den teuren Geräten und ihren Nebeneinrichtungen. Dabei genießt Kryonik keine Förderung aus öffentlichen Mitteln.

Allerdings wurde die Durchströmung der Haargefäße bereits an einer dünnen Haut aus lebendem Bauchfell während der Kryokonservierung beobachtet. Dabei passierte auch Dextran als großes Molekül die Haargefäße (Pollock et al. 1986).

Eine Wiederdurchströmung mit Blut oder mit Frostschutzlösung bei gleichzeitiger Gabe von Sauerstoff kann nach Meinung vieler Kryonikwerker innerhalb von 20–30 min nach dem Herzstillstand günstig sein. Nach Ablauf dieser Zeit ist Sauerstoff aber eher schädlich als nützlich.

Nach kurzem Durchblutungsstopp sind wohl noch nicht zu viele giftige Stoffe entstanden und nicht so viele, die mit Sauerstoff giftige Oxidationsprodukte bilden.

Einen Washout vor dem Transport kann man auch kritisch sehen, weil er wie jede Wiederdurchströmung schädlich wirken kann. Sauerstoff ist kurz nach dem Tod ein Weg zur Erholung. Gleichzeitige Kühlung und Sauerstoffgabe nach der Erklärung des Todes hingegen haben unseres Erachtens wenig Sinn, was zu untersuchen wäre.

Immer wieder findet man, dass ein Blutersatz kurz vor dem Kreislaufstillstand die künstliche Durchströmung nach dem Organversagen verbessert. Im Tuscheversuch zeigte sich danach keine Beeinträchtigung der Durchblutung selbst bei einem Durchblutungsstopp von bis zu 72 h Dauer (De Wolf und De Wolf 2013).

Während der Kühlung werden Arzneimittel verabreicht und Frostschutzmittel in steigenden Konzentrationen gegeben, bei den niedrigsten Temperaturen die konzentriertesten Lösungen. Kühlung vermindert ja die Schadwirkung der Frostschutzstoffe, sodass man sie höher konzentrieren kann.

Hintergrundinformation

Für die meisten Medikamente, die heute von Kryonikwerkern empfohlen werden, ist keine hohe Wirksamkeit bewiesen. Hier soll daher nur eine kleine Auswahl der wichtigsten erwähnt werden, die während der Suspension gegeben werde können. Präparate zur Verhinderung oder Auflösung von Blutgerinnseln (thrombolytische Medikamente) sind eine Ausnahme. Sie sind unentbehrlich. Hier wird vor allem Heparin eingesetzt, das die Gerinnung verhindert. Andere Wirkstoffe können auch bereits entstandene Blutgerinnsel auflösen (Yepes et al. 2009).

Antioxidative Stoffe (s. o.) sind einsetzbar, aber ihre Wirkung ist nicht durchschlagend. Weiter werden Medikamente verwendet, welche die Zellmembranen stabilisieren. Dazu gehören z. B. Kortison und verwandte Stoffe, welche bei vielen Patienten auch vor dem Tod von Ärzten aus anderen Gründen eingesetzt werden. Hinzu kommen Medikamente, welche Nervenzellen schützen (neuroprotektive Medikamente).

Meistens kühlt man den Patienten von 37 °C auf 10 °C so schnell wie möglich und startet mit dem Zuführen von Frostschutzmitteln frühestens bei 10 °C. Ist der Körper etwa auf 10 °C abgekühlt, so wird bei weiter mitlaufender äußerer Kühlung schrittweise eine vorgekühlte Frostschutzlösung zugesetzt. Zunächst werden Frostschutzmittel in Verdünnung verwendet. Ihre Konzentration wird dann gesteigert. Dabei wird eine Anreicherung der Frostschutzstoffe auf etwa 70–75 % angestrebt, z. B. VM1 von Cryonics Institute, um möglichst eine Vitrifizierung zu erreichen.

Sind während der Kühlung etwa 4 °C erreicht, wird die Lösung zähflüssiger. Sie fließt langsamer und benötigt bei weiterer Kühlung oft mehr Zeit als man aufbringen kann.

Hintergrundinformation
Die Schädlichkeit (Toxizität) der Frostschutzlösung nimmt mit fallender Temperatur ab. Eine Blutersatzlösung kann auch Stoffe mit großen Molekülen oder Eisblocker wie Hydroxyethylstärke (HES) enthalten, die eine Gewebeschwellung in der Weise verhindern, wie es das Bluteiweiß Albumin normalerweise tut (Best B: Perfusion and diffusion in cryonics protocol lhttps://www.benbest.com/cryonics/protocol.html).
    Cryonics Institute nutzt noch nicht die Option, Stoffe mit großen Molekülen in die Lösung zu geben.

Nach etwa 2 h Durchströmung ist die volle Konzentration des Frostschutzmittels erreicht.

Luftblasen sind bei der Durchströmung des Kreislaufs mit Frostschutzmittel ebenso gefährlich, wie in der Medizin am Lebenden. Sie können die gesamte Durchströmung blockieren, wenn sie sich in den Haargefäßen festsetzen. Weil die Lösung zu zäh ist lassen sich Luftblasen nur schwer entfernen und müssen von Anfang an vermieden werden.

Für einen schnellen Blutaustausch vor Ort und die nachfolgende Durchströmung hat das Institut Alcor eine transportable miniaturisierte Koffer-Herz-Lungen-Maschine. Transportabel sind auch sogenannte ECMO(extracorporcal membrane oxygenation)-Geräte.

Ein Patient der mit Organkonservierungslösung perfundiert wurde, kann ohne großen Gewebeschaden bei Wassereis-Temperatur zu einem kryonischen Institut oder Team transportiert werden, wenn die Transportzeit unter einem halben Tag liegt. Wenn aber die Transportzeit bei Temperaturen um 0 °C zu lang ist, ist mit Schäden zu rechnen. Nach mehr als 18 h ist z. B. der Schaden für das Kreislaufsystem zu hoch, um eine gute Perfusion zu garantieren. Natürlich ist auch die Ausgangslage des Patienten entscheidend.

Hintergrundinformation
Siliconöl kann bis nahe −100 °C flüssig bleiben. Ganzkörperpatienten wurden bei Alcor in einem Siliconbad mit einem Tempo von 0,1 °C/min gekühlt. Bei Kopfpräparaten kühlte Alcor mit Stickstoffgas bis −135 °C. Die Kühlung beträgt damit 0,4 °C/min (Best B: Physical parameters of cooling in cryonics https://www.benbest.com/cryonics/cooling.html).

Ist die Endkonzentration der Frostschutzmittel in der Lösung innerhalb des Kreislaufs erreicht, kann die Kühlung von außen auf Temperaturen unter 0 °C beginnen. Zunächst verwendet man dazu Trockeneis, was auch während eines Transports möglich ist. Bei Erreichen der Trockeneistemperatur von −78 °C kann der Patient für längere Zeit gelagert oder transportiert werden. Dabei bleiben die modernen Frostschutzmittel im Körper zähflüssig.

Hintergrundinformation
Allerdings wurde an den Zellen, welche die Herzklappen überziehen, festgestellt, dass sie nach 4 Wochen bei −80 °C geschädigt sind, weil bei Temperaturen über −130 °C die Rekristallisierung gesteigert ist (Feng et al. 1996). Das Verweilen bei Trockeneistemperatur sollte somit nicht zu lange dauern.

Ein Patient von Cryonics Institute oder Alcor wird dann in die USA gebracht und dort mit Stickstoffdampf gekühlt.

Hierzu benutzt man eine computergesteuerte Kühltruhe mit einer Software, welche die Einstellung beliebiger Kühlgeschwindigkeiten erlaubt.

Kurz oberhalb der Glasübergangstemperatur, bei der das Gewebe fest wird, erlaubt man nach der Methode von Cryonics Institute (CI) eine Erwärmung um 1 °C und eine längere Pause zum Temperaturausgleich. Dann wird sehr langsam auf die Temperatur von flüssigem Stickstoff gekühlt, was etwa 5 Tage dauert.

Hintergrundinformation
Dadurch soll das Bersten und Brechen („cracking") vermindert werden (s. o.). Seine Verhinderung ist aber noch nicht vollständig möglich.

In Plastik gehüllt wird der Patient dann in einem Tank mit flüssigem Stickstoff gelagert (Best 2008). Das hier geschilderte Vorgehen wurde teilweise bei der Durchströmung der Niere entwickelt, welche zum Überleben führte. Die Wiederbelebung überlassen wir der Zukunft. Die schädlichen Reaktionen im Körper aber, haben wir mit Sicherheit für lange Zeit gestoppt.

Im Folgenden besprechen wir ein paar Details der Methoden noch ausführlicher.

12.2 Voraussetzungen für die Frostschutzperfusion

Es ist durchaus interessant, zu sehen, wie jedes Frostschutzmittel und jedes Medikament sowie auch jede Methode ganz eigene Vor- und Nachteile für die Suspension haben. Natürlich kann man an einem Verstorbenen nicht herumprobieren. Daher hält man sich bei der Suspension meist eng an bereits bewährte Methoden.

12.2.1 Einfluss der Trägerlösung bei der Durchströmung

Um isolierte Organe z. B. Transplantatorgane am Leben zu halten, wurden spezielle Organschutzlösungen entwickelt. Das sind Lösungen, die isolierte Organe (bei Kühlung oberhalb von 0 °C) für Stunden am Leben halten können Sie enthalten beispielsweise Salze Zucker und Aminosäuren (Fahy et al. 2004). Organschutzlösungen bedienen einen großen Markt und sind entsprechend sorgfältig zusammengesetzt und vielfach getestet. Sie bestehen oft aus zahlreichen Komponenten von denen jede eine günstige Funktion besitzt.

Auch beim Frostschutz wirken nicht nur die eigentlichen Frostschutzmittel mit, sondern auch die Trägerlösungen (Carrier-Lösungen), welche selbst Zellschonende Organschutzlösungen sein können. Eine Carrierlösung hat auch einen Einfluss auf die Erholung des Gewebes (Wusteman et al. 2008).

Die einfache Trägerlösung m-RPS-2 von CI besteht aus Glucose, Kaliumchlorid, Natriumchlorid verdünnter Salzsäure und TRIS-Puffer. Organkonservierungslösungen wie MHP-2 und UW (University-of-Wisconsin-Lösung) ermöglichten leider keine Lebensdauer für Zeiten, wie sie beim Transport in der Kryonik üblich sind. Um dies zu testen, wurden Schnitte aus der Hippocampus Region des Gehirns verwendet (Pichugin 2006a).

Wie wirken solche Gemische bei der Perfusion? Die Lösungen M-RPS-2, RPS-2 und MHP-2, die als Trägerlösungen für Frostschutzmittel dienen, verbessern die Durchströmung und vermindern die Bildung von Eiskristallen. MHP-2 erlaubte Frostschutz-Durchströmung noch nach 48 h kalter blutleerer Kühlung (kalte Ischämie). Sogar 72 h später ist nach Durchströmung mit MHP-2 die Eiskristallbildung im Vergleich zu 72 h Kühlung, bei der das Blut belassen wird, vermindert (wobei mit Blut schwere Strömungshindernisse und Eiskristallbildung entstehen).

Der Blutaustausch (Washout) beim verstorbenen Kryonikpatienten vor Ort ist also zu empfehlen, auch zur Entfernung schädlicher Sauerstoffprodukte (Vanden Hoek et al. 1997a) jedoch abhängig von der Zusammensetzung der Lösungen. Keine der getesteten Lösungen (einschließlich jüngerer Zusammensetzungen von Kryonikforschern) mildert die schwere Gewebeschwellung nach längerer Zeit in der Kälte, welche durch die Blutgefäßschädigung bedingt ist. Es wurden Varianten von MHP-2 erzeugt, die aber nicht günstiger wirkten (De Wolf und De Wolf 2013).

Bei 10 °C sind die meisten Zellen noch am Leben und haben einen sehr langsamen Stoffwechsel. Organschutzlösungen wurden entwickelt, um Gewebe über einen längeren Zeitraum bei Temperaturen nahe 0 °C am Leben zu erhalten.

Viaspan galt als Schutzlösung für niedrige Temperaturen. Es wurde teilweise von anderen Lösungen abgelöst, wird aber immer noch von Anwendern geschätzt und soll als Beispiel besprochen werden, da Zusammensetzung und Wirkungen gut untersucht sind. Viaspan wirkt gegen die kalte Ischämie. Man kann es gegen das Blut austauschen, das ja nach dem Stillstand des Herzens mit schädlichen Stoffwechselprodukten überladen ist.

12.2.2 Wirkungen von Stoffen in einer Zellschutzlösung wie Viaspan

Bei den angegebenen Wirkungen ist die Anwesenheit von Sauerstoff vorausgesetzt, da die Lösung meist zur Ermöglichung der Wiederbelebung eingesetzt wird.

Nach dem Herzstillstand, bzw. nachdem ein Transplantationsorgan vom Kreislauf getrennt ist, erfolgt die Umwandlung von Xanthin mit Sauerstoff in das schädliche Superoxid und Harnsäure. Allopurinol hemmt diesen Vorgang.

Gegen verstärkte Oxidation und für die Stabilisierung der Zellmembranen ist Glutathion enthalten. Kühlung erhöht dabei die Durchlässigkeit der Zellmembranen für das Glutathion (Vreugdenhil et al. 1991).

Der Membranstabilität dient auch Dexamethason. Seine Wirksamkeit wird von Ärzten auch in der Kryonik anerkannt.

Eine Zellschwellung durch osmotische Vorgänge kann durch Sulfat-Ionen verhindert werden, da sie nicht in die Zelle gehen und somit der Zelle Wasser entziehen.

Dem Energieverlust wird entgegengewirkt indem man den Energiespeicher Adenosin Triphosphat aufbaut. Dazu dient der Zusatz von Adenosin. Außerdem hindert dieses bestimmte weiße Blutzellen daran, an den Gefäßwandzellen zu haften oder aggressive Sauerstoff-Produkte zu bilden (Grisham et al. 1989). Bei der Bildung von Adenosin-Triphosphat wirkt der Gehalt an monobasischem Kaliumphosphat mit und dieses wirkt auch der Übersäuerung sowie dem Kaliumaustritt aus Zellen entgegen.

Damit keine Schwellung des Gewebes entsteht, muss Flüssigkeit in den Gefäßen durch Stoffe mit großen Molekülen festgehalten werden. Dazu dient Hydroxyethyl-Stärke. Sie vermindert auch das Ankleben weißer Blutzellen an der Gefäßwand während der Wiederdurchblutung (Kaplan et al. 2000). Polyethylenglykol (PEG) wurde mit gutem Erfolg benutzt um HES zu ersetzen (Bessems M et al. 2005; Faure et al. 2002; Franco-Gou et al. 2007).

Auch Lactobionat und Raffinose sind große Moleküle, die nicht in die Zelle gehen und Zellschwellung verhindern. Lactobionat cheliert Calcium und Eisen und wirkt damit gegen freie Radikale (Marban et al. 1989). Da Eisen und Kupfer zur Wirkung von freien Radikalen beitragen, ist es sinnvoll, mit Metall-Chelatoren deren Wirkung zu vermindern (Rauen und de Groot 2004; Rauen et al. 2004a, b; Warner et al. 2004).

Die Einstellung des pH-Werts ist wichtig. Dazu kann HEPES-Puffer dienen. Er ist ein Zwitterion-Puffer. Er puffert auch bei fallender Temperatur (Baicu und Taylor 2002), geht zudem nicht in die Zellen und regelt so den osmotischen Druck.

Die Ansäuerung des Blutes tritt durch die Verwendung von Traubenzucker als letzte Energiereserve auf, wobei Laktat entsteht. Insulin dient hier als Gegenmittel.

Der erhöhte Ionenfluss von Natrium und Kalzium über die Zellmembran bei Sauerstoffmangel wird durch Glycin vermindert (Frank A et al. 2000).

Durch Freisetzung von Verdauungsorganellen der Zelle kann es zu Abbau von Eiweiß kommen. Dem wirkt Glutamin entgegen und es kann sogenannte Hitzeschockproteine aktivieren, welche andere Eiweißstoffe schützen (Bessems et al. 2005).

Gerinnungshemmende Mittel sind für die Durchströmung des Kreislaufs unentbehrlich und man kann bereits zu Lebzeiten leichte Gerinnungshemmer nehmen, wenn das Ableben bevorsteht, jedoch nie ohne Kontakt zum behandelnden Arzt.

Es wurden Veränderungen der Trägerlösung untersucht, in welcher die Frostschutzmittel gelöst sind, um beson ders die Schwellung durch Wasseraufnahme – das Ödem – zu verringern. Eine Zugabe von verschiedenen Salzen, Zuckern und Polymeren mit großen Molekülen bewirkte keine Verbesserung (De Wolf A und De Wolf Ch 2013).

Hintergrundinformation
Allerdings sind die Gefäße von Kryonikpatienten meist bereits durch die stockende Durchblutung geschädigt, besonders die inneren Wandzellen der Blutgefäße (Endothelzellen). Dann können auch größere Moleküle aus den Gefäßen ins Gewebe gelangen und Schwellungen verursachen. Die Firma Alcor benutzt eine Trägerlösung mit Mannitol als großem Molekül, um den osmotischen Druck in den Gefäßen zu erhalten, und HES.
Lactobionat geht schlechter in die Zellen als Mannitol, ist aber teurer. Es zieht ebenfalls Wasser in die Gefäße. Also kann man es speziell gegen Hirnschwellung einsetzen, wenn die Blut-Hirn-Schranke noch funktioniert. Außerdem fängt es freie Radikale, vor allem die besonders aggressiven Hydroxylradikale (Kontos 1989).

Eine Zellschutzlösung ist meist isotonisch mit dem Blut. Sie eignet sich in der Regel vor allem für Gehirn und Niere und hat selbst eine Frostschutzwirkung (Fahy et al. 1990).

12.2.3 Aufnahme von Frostschutzmitteln aus dem Blut in die Zelle

Oben wurde bereits die Durchlässigkeit von Membranen erörtert. Interessant ist das Tempo, mit dem Zellen verschiedene Frostschutzmittel aufnehmen. Bei isolierten Zellen (Zellkulturen) halbiert sich der Unterschied zwischen der Flüssigkeit im Inneren der Zellen und einer Frostschutzlösung außerhalb der Zellen in 1,3 min (Dooly et al.1982). Für Zellen, die in ein Gewebe eingebaut sind, dauert es länger wegen der Gewebeanteile, die um die Zellen liegen (Grundsubstanzen, Gefäßmembranen usw.). Oben wurde bereits berichtet, dass DMSO in Sekundenschnelle Zellen und Gewebe durchströmt.

Bei Blutzellen und Spermien, die sich leicht untersuchen lassen, ist die Durchlässigkeit für Ethylenglycol im Vergleich zu DMSO, Propylenglykol (PG) und Azetamid (AA) viel höher (Pedro et al. 2005). Wasser wie Frostschutzmittel passieren die Zellmembran viel langsamer, wenn die Temperatur abnimmt. Glyzerin, DMSO und Ethylenglycol vermindern darüber hinaus die Geschwindigkeit, mit der Wasser die Membran passiert (Gilmore et al. 1995).

Leider sind viele Untersuchungen nur an leicht zu gewinnenden Zellen, wie Blutzellen oder Sperma, gemacht worden und an Eizellen, deren Kryokonservierung besonderes Interesse genießt. Es bleibt oft unklar, ob sich solche Ergebnisse auf ganze Organe übertragen lassen.

In der Kryonik wird zur besseren Aufnahme in die Zellen und zur Förderung der Verglasung meist mit Lösungen gearbeitet, die im Vergleich zu Zellen und Geweben einen erhöhten osmotischen Druck haben, und diese werden vor der Tiefkühlung auch nicht mehr ausgetauscht.

Die Schrumpfung der Innenwandzellen von Gefäßen besonders bei schneller Zugabe von Frostschutzmittel kann sich auch positiv auswirken. Sie kann die Aufnahmefähigkeit der Gefäße erhöhen und den Fluss der Lösungen steigern. Das ist positiv, solange es nicht zu Zellverlusten führt. Möglicherweise werden sogar Blutgerinnsel durch die Frostschutzlösung aufgelöst. Außerdem kann das Gefäß durch Schädigung durchlässiger werden und so wird die Durchwanderung der Frostschutzlösung – leider aber auch die Zell- und Gewebeschwellung – gefördert. Besonders der Zusammenbruch der Blut-Hirn-Schranke kann günstig sein, solange man die Hirnschwellung durch andere Maßnahmen im Griff hat. Aber die Wasserkanäle aus Aquaporin in dieser Schranke sind natürlich besser geeignet, um dem Wasser die Überwindung der Schranke zu ermöglichen, als ein Schaden mit erhöhter Durchlässigkeit (Yamaji et al. 2006).

In Abhängigkeit von der Zähflüssigkeit wird eine Flussrate von 0,5–1,5 l/min notwendig sein, um einen Druck von 0–120 mm Quecksilbersäule (den normalen Blutdruck) zu erreichen.

Leider ist bisher nur vereinzelt an Proben der Kreislaufflüssigkeit und Gewebestückchen aus den Organen geprüft worden, ob die Konzentrationen von Frostschutzmittel wirklich in Zellen und Gefäßen übereinstimmen. Man würde viel mehr wissenschaftliche Untersuchungen benötigen, damit die Methoden perfekt werden.

Tritt bei der Durchströmung des Kreislaufs eine Schwellung auf, so kann sie die Perfusion zum Stopp bringen. Unglücklicherweise presst nämlich eine Gewebeschwellung Blutgefäße zusammen und verhindert dadurch den Fluss der Lösung im Kreislauf.

Ein Durchblutungsstopp führt – wie erwähnt – zu erhöhter Durchlässigkeit der Wände von Haargefäßen vor allem bei erneuter Durchströmung des Kreislaufs nach dem Herzstillstand. Die Flüssigkeit strömt dann ins Gewebe und verstärkt dort die Schwellung (die wiederum von außen Blutgefäße abquetscht). Eine Schwellung kann bereits während des Lebens auftreten. Entzündungen führen bekanntlich zu Schwellungen und erhöhter Durchlässigkeit der Gefäßwandungen. So können bereits Schäden auftreten, welche sich beim endgültigen Stopp der Durchblutung dann verstärken.

Wenn der Blutfluss im Gehirn unter 10–15 ml in 100 g Gehirn fällt, beginnt die weiße Substanz des Gehirns Wasser aufzunehmen, auch wenn die Blut-Hirn-Schranke noch funktioniert (Dzialowsky et al. 2007). Vier bis sechs Stunden Durchblutungsstopp führen zum Zusammenbrechen der Blut-Hirn-Schranke (Brillault et al. 2008).

Hintergrundinformation
Wenn die Blut-Hirn-Schranke noch funktioniert, kann man die Einengung der Gefäße durch Schwellung beseitigen. Hierzu lässt sich – wie erwähnt – Dextran verwenden, welches das Gefäß nicht verlassen kann und Wasser in das Gefäß zieht (Mazzoni et al. 1990).
　　Mannitol hat eine ähnliche Wirkung löst sich aber bei tieferen Temperaturen schlecht. Auch Natriumchlorid geht nicht über die intakte Blut-Hirn-Schranke, obwohl seine Moleküle klein sind. Natriumionen, Chlorionen und Wasser fließen dagegen bei Zellschwellung aus dem Gewebe in die Zellen, und das Gewebe zieht dann diese Moleküle aus der Blutbahn (über die Blut-Hirn-Schranke) nach (Simard et al. 2007).

Stoffe wie Mannitol mit großen Molekülen müssen ausreichend vorhanden sein, um den osmotischen Druck in der Zelle etwas zu übertreffen. Wenn die Konzentration dieser nicht durchwandernden Stoffe niedrig ist, können die

Zellen um das doppelte anschwellen, egal wie groß der Unterschied zwischen den Konzentrationen innerhalb der Zelle und außerhalb der Zellen ist (Zu diesem Kapitel s. Ben Best: Perfusion and diffusion in cryonics protocol lhttps://www.benbest.com/cryonics/protocol.html).

Literatur

Baicu SC, Taylor MJ (2002) Acid-base buffering in organ preservation solutions as a function of temperature: new parameters for comparing buffer capacity and efficiency. Cryobiology 45:33–48

Bessems M et al (2005) Improved machine perfusion preservation of the non-heart-beating donor rat liver using polysol: A new machine perfusion preservation solution. Liver Transplant 11:1379–1388

Best BP (2008) Scientific justification of cryonics practice. Rejuvenation Res 11:493–503

Brillault J et al (2008) Hypoxia effects on cell volume and ion uptake of cerebral microvascular endothelial cells. Amer J Cell Physiol 294:C88–C96

Bugnicourt JM et al (2009) Incomplete posterior circle of Willis: a risk factor for migraine? Headache 49:879–886

Cucchiara B et al. (2013) Migraine with aura is associated with an incomplete circle of Willis: Results of a prospective observational study. PLoS One 8:e71007

De Wolf A, De Wolf G (2013) Human cryopreservation research at advanced neural biosciences. In: Sames KH (Hrsg) Applied Human Cryobiology, Bd 1. Ibidem, Stuttgart, S 45–59

Dooley DC et al (1982) Glycerolization of the human neutrophil for cryopreservation: osmotic response of the cell. Exp Hematol 10:423–434

Dzialowski I et al (2007) Ischemic brain tissue water content: CT monitoring during middle cerebral artery occlusion and reperfusion in rats. Radiology 24:720–726

Fahy GM et al (1990) Cryoprotectant toxicity and cryoprotectant toxicity reduction. In Search of Molecular Mechanisms. Cryobiology 27:247–268

Fahy GM et al (2004) Improved vitrification solution based on the predictability of vitrification solution toxicity. Cryobiology 42:22–35

Faure JP et al (2002) Polyethylene glycol reduces early and long-term cold ischemia-reperfusion and renal medulla injury. J Pharmacol Exp Ther 302:861–870

Feng XJ et al (1996) Effects of storage temperature and fetal calf serum on the endothelium of porcine aortic valves. J Thorac Cardiovasc Surg 111:218–230

Franco-Gou R et al (2007) New preservation strategies for preventing liver grafts against cold ischemia reperfusion injury. J Gastroenterol Hepatol 22:1120–1126

Frank A et al (2000) Protection by glycine against hypoxic injury of rat hepatocytes: inhibition of ion fluxes through nonspecific leaks. J Hepatol 32:58–66

Gilmore JA et al (1995) Effect of cryoprotectant solutes on water permeability of human spermatozoa. Biol Reproduct 53:985–995

Grisham MB et al (1989) Adenosine inhibits ischemia-reperfusion-induced leukocyte adherence and extravasation. Am J Physiol 257:H1334–1339

Kaplan SS et al (2000) Hydroxyethyl starch reduces leukocyte adherence and vascular injury in the newborn pig cerebral circulation after asphyxia. Stroke 31:2218–2223

Kontos HA (1989) Oxygen radicals in cerebral ischemia. Chem Biol Interact 72:229–255

Krabbe-Hartkamp MJ et al (1998) Circle of Willis: morphologic variation on three-dimensional time-of-flight MR angiograms. Radiology 207:103–111

Macchi C et al (2002) The circle of Willis in healthy older persons. J Cardiovasc Surg 43:887–890

Marban E et al (1989) Circulation. Calcium and its role in myocardial cell injury during ischemia and reperfusion. Circulation 80IV:17–22

Mazzoni MC et al (1990) Capillary narrowing in hemorrhagic shock is rectified by hyperosmotic saline-dextran reinfusion. Circ Shock 31:407–418

Pedro PB et al (2005) Permeability of mouse oocytes and embryos at various developmental stages to five cryoprotectants. J Reprod Dev 51:235–246

Pichugin Y (2006) Problems of long-term cold storage of patients' brains for shipping to CI. The Immotalist 38:14–20

Pollock GA et al (1986) An isolated perfused rat mesentery model for direct observation of the vasculature during cryopreservation. Cryobiology 23:500–511

Rauen U, de Groot H (2004) New insights into the cellular and molecular mechanisms of cold storage injury. J Invest Med 52:299–309

Rauen U et al (2004a) Iron-induced mitochondrial permeability transition in cultured hepatocytes. J Hepatol 40:607–615

Rauen U et al (2004b) Protection against iron- and hydrogen peroxide-dependent cell injuries by a novel synthetic iron catalase mimic and its precursor, the iron-free ligand. Free Radic Biol Med 37:1369–1383

Romero JR et al (2009) Cerebral collateral circulation in carotid artery disease. Curr Cardiol Rev 5:279–288

Schomer DF et al (1994) The anatomy of the posterior communicating artery as a risk factor for ischemic cerebral infarction. N Engl J Med 330:1565–1570

Simard JM et al (2007) Brain oedema in focal ischaemia: molecular pathophysiology and theoretical implications. Lancet Neurol 6:258–268

Tanaka H et al (2006) Relationship between variations in the circle of Willis and flow rates in internal carotid and basilar arteries determined by means of magnetic resonance imaging with semiautomated lumen segmentation: Reference data from 125 healthy volunteers. Am J Neuroradiol (AJNR) 27:1770–1775

Urbanski PP et al (2008) Does anatomical completeness of the circle of Willis correlate with sufficient cross-perfusion during unilaterlal cerebral perfusion. Eur J Cardio Thorac Surg 33:402–408

Vanden Hoek TL et al (1997a) Significant levels of oxidants are generated by isolated cardiomyocytes during ischemia prior to reperfusion. J Mol Cell Cardiol 29:2571–2583

Vreugdenhil PK et al (1991) Effect of cold storage on tisue and cellular glutathione. Cryobiology 28:143–149

Warner DS et al (2004) Oxidants, antioxidants and the ischemic brain. Exp Biol 207:3221–3223

Wustemann MC et al (2008) Vitrification of rabbit tissues with propylene glycol and trehalose. Cryobiology 56:62–71

Yamaji Y et al (2006) Cryoprotectant permeability of aquaporin-3 expressed in Xenopus oocytes. Cryobiology 53:258–267

Yepes M et al (2009) Tissue-type plasminogen activator in the ischemic brain: more than a thrombolytic. Trends Neurosci 32:48–55

Bei Übernahme durch die Kryonik: Zustand eines medizinisch aufgegebenen Körpers

13

13.1 Wann ist ein Mensch tot

Die Kryonik wartet die Bestätigung des Todes ab bevor sie mit der Kryokonservierung – Suspension – startet. In welchem Zustand ist der Körper dann? Was ist da noch Erhaltenswertes vorhanden?

Sehen wir uns zunächst einmal den Begriff „Tod" an. Tod meint das Fehlen von Leben in einem üblicherweise belebten Objekt, meint Funktionsverlust und Auflösung. Tot sein ist naturwissenschaftlich betrachtet kein Zustand, sondern das Fehlen eines Zustands. Der Tod existiert nicht als Ding und kann daher auch streng genommen keinen männlichen Artikel haben. „Der Tod" gibt's nicht. Allerdings ist es einfach, den Tod als Begriff zu verwenden, dann aber als Verlust von Leben.

13.1.1 Das Leben steckt noch drin

Sterben hebt das Leben schrittweise auf. Bei welchem Schritt spricht man da vom Tod? Eine „Leiche" ist definiert durch das, was noch an Resten der ehemals funktionierenden, lebensfähigen Organisation erhalten ist, Teile der molekularen Organisation eines Lebewesens.

Ein Skelett enthält zumindest noch die individuellen Kalziumstrukturen und kann DNA enthalten, aus der man im Idealfall einen Klon des Verstorbenen ins Leben rufen könnte. Das Leben steckt noch drin.

K. H. Sames, *Kryokonservierung – Zukünftige Perspektiven von Organtransplantation bis Kryonik*, https://doi.org/10.1007/978-3-662-65144-5_13

13.1.2 Biologische Definition von Tod und Sterben

Eine Übersicht über Definitionen des Todes haben wir früher gegeben (Sames 2018b). Man kann den Tod als totale Auslöschung der Lebensvorgänge und Zerstörung von Strukturen definieren. Wenn nichts mehr übrig ist, was uns erzählt, dass es mal zu einem Menschen gehörte, wäre der Tod mit Sicherheit im Sinne der Naturwissenschaft erreicht. Die Prozesse (Sterbeprozesse), welche zur Auslöschung führen, können aber Jahrtausende dauern bis z. B. der letzte Knochen und die letzte DNA zerfallen sind.

Als Individuum besteht ein Mensch aber nicht nur aus seiner Erbsubstanz oder speziellen Strukturen. Ich bin ich selbst nur solange mein Hirn funktioniert, das im Laufe der Entwicklung und des Lebens eine ständige zusätzliche Individualität entwickelt hat. Bewusstsein und Gedächtnis (Poo et al. 2016) sind unentbehrlich für das Menschsein. Ihr endgültiger Verlust kann als endgültiger Verlust der individuellen menschlichen Existenz gewertet werden.

In der Praxis braucht die Medizin eine Definition des Todes, die eine schnelle Bescheinigung des Todes und eine baldige Bestattung oder Organentnahme erlaubt. Eine solche praktische Definition beschreibt eher die Stufe, die das Sterben erreicht hat, als den endgültigen Tod, die totale Abwesenheit von Leben. Aber sie setzt den endgültigen Verlust des Bewusstseins und der Möglichkeit einer Wiederbelebung voraus, d. h. den Verlust der individuellen Existenz. Merkmale sind: der Verlust von Organfunktionen, das Versagen der Wiederbelebung und erste Zeichen des Zerfalls.

Ein gut bekanntes Beispiel ist der Herzstillstand, der früher als „Tod" galt, heute aber nur als ein Todeszeichen unter anderen. Man kann heute das Herz oft wieder in Gang bringen. Nach 5 bis (höchstens) 9 min Blutleere im Gehirn (z. B. durch Blutverlust oder Herzstillstand) kann ein Mensch heute, wie besprochen, nicht wiederbelebt werden.

Als sicher gilt der Tod, wenn das Elektroenzephalogramm (EEG) keine Hirnströme mehr erkennen lässt und das Herz stillsteht, die Wiederbelebung (Reanimation) vergeblich versucht wurde und die Hirndurchblutung seit 10 min oder länger unterbrochen ist. Totenflecke oder eine Totenstarre sind Beispiele für sichere Zeichen des Todes, von denen eines oder mehrere für die Feststellung des Todes nachgewiesen werden müssen, besonders wenn kein Elektroenzephalogramm (EEG) zum Nachweis der Hirnströme gemacht wird. Die Leichenflecke treten frühestens nach 20 min Kreislaufstillstand auf (bei Kühlung verzögert), die Totenstarre später.

Da für die Kryosuspension der „Tod" abgewartet werden muss, spielt die medizinische Bestimmung und Bescheinigung des Todes eine große Rolle für die Kryonik. Sie hat über die Zeiten mehrere Wandlungen durchgemacht und könnte durch die Kryonik von neuem umfassend verändert werden. Heute wird ein Mensch auch deswegen für tot erklärt, weil man auf die Entwicklung weiterer Maßnahmen zu seiner Wiederbelebung oder Erhaltung verzichtet. Das gilt allerdings nur, wenn solche Maßnahmen denkbar sind. Mit dem Advent der Kryonik sind sie es.

13.1.3 Nachweise des Todes

1. Bis etwa in die 1950er-Jahre wurde angenommen, dass der Tod unumkehrbar ist, sobald das Herz aufhört zu schlagen. Wird auf Wiederbelebung endgültig verzichtet, so bedeutet dies dann das Ende des Lebens. Um sicher zu gehen, muss aber festgestellt werden, ob eine Wiederbelebung noch möglich wäre.
2. Der Nachweis von sicheren Todeszeichen, besonders Leichenflecken und Totenstarre, sind bei der ärztlichen Leichenschau in Deutschland daher für die Bescheinigung des Todes nach Herzstillstand rechtsverbindlich vorgeschrieben.
3. Es wird weithin angenommen, dass nach einem Stopp der Durchblutung von 5–9 min das Hirn tot ist.

   Wird die Durchblutung künstlich aufrechterhalten, so muss der „Hirntod" durch eine komplizierte Hirntoddiagnostik nachgewiesen werden und es muss eine Beobachtungszeit eingehalten werden, die sich nach der Art der Hirnschädigung richtet. Der Tod aller Hirnteile muss nachgewiesen werden. Apparative Kontrollen ergänzen die Diagnostik.
4. Diskutiert wird, ob ein Mensch tot ist, wenn nur die niederen Hirnzentren überleben, nicht aber das Großhirn, in dem man das Bewusstsein vermutet. Außerdem wird über minimale Lebensvorgänge im Gehirn diskutiert, die man schwer nachweisen kann. Ein Konflikt kann bei der Organentnahme zwischen der Erhaltung des Lebens des Patienten (wenn diese unklar ist) und der Erhaltung des Transplantatorgans auftreten. Er kann in der Regel vermieden werden.
5. Bei plötzlicher Kühlung (Ertrinken in eisigem Wasser) kann der Tod stark verzögert eintreten, das heißt eine Wiederbelebung kann noch nach 1 h oder länger möglich sein.
6. Pathologen haben früh – vor allem wegen der langen Erhaltung der Organ- und Körperstrukturen – auf die schrittweise Entwicklung des Todes (genauer das schrittweise Sterben) hingewiesen, worüber wir nun genauere Vorstellungen haben. Wann das Gehirn endgültig tot ist, das scheint eine offene Frage zu sein, da der Tod ein Prozess ist. Er tritt nicht als plötzliches und unwiderrufliches Ereignis auf. Was plötzlich auftreten kann ist das Versagen der Arbeit von Organen.

13.2   Töter als tot? Wie tot ist endgültig tot?

Man kann festlegen, dass ein Individuum tot ist, wenn sich sein individuelles Bewusstsein und seine Erinnerungen nicht wiederherstellen lassen.

Man muss sich aber klar machen, dass der Versorgungsmangel und das Sterben der Zellen mit dem Herzstillstand erst beginnen, während der Körper regungslos und ohne die übliche Funktion der großen Organe darniederliegt. Er wird bekanntlich auch kalt, wenn die Organe keine Wärme mehr produzieren, wenn das Blut keine Wärme transportiert. In den Zellen laufen dann die oben besprochenen Veränderungen durch Sauerstoffmangel ab.

13.2.1 Ein kleiner Unterschied

Für die Kryonik ist die Frage letzten Endes, wie lange nach dem Tod Kryonik noch sinnvoll ist. Bis zur Erklärung des Todes kann es in Deutschland 2 h oder länger dauern. Manche Tierarten ertragen den Mangel an Sauerstoff etwas länger als Menschen.

Von Mäusen, die 3 min Blutleere erlitten, überlebten allerdings nur 46 % für mindestens 72 h, während 40 % bis dahin starben (Menzebach et al. 2010).

Hirnzellen von Ratten erholten sich bei Sauerstoffgabe nach 10 min Sauerstoffmangel wieder. Auch bei Raumtemperatur überleben Tiere die 9-Minuten-Grenze. Die meisten Zellen leben noch nach 22 min Kreislaufstopp. Eine kleine Zahl von Zellen ist allerdings tot (Pichugin et al. 2006a; Safar 1993).

Affenhirne (Rhesusaffen), die einem einstündigen Durchblutungsstopp (durch Gefäßverschluss) bei Normaltemperatur ausgesetzt und nicht wieder durchblutet wurden, zeigten einen Ausfall der elektrischen Gesamtaktivität im Hirn (mit Ausnahme einzelner Tiere). Erholungszeichen bestanden sowohl elektrophysiologisch als auch im Stoffwechsel für mindestens einen Tag (Bodsch et al. 1986; Hossmann et al. 1970, 1973, 1975; Hossmann und Grosse-Ophoff 1986; Hossmann 1998; Hossmann und Zimmermann 1974).

Ein Versagen der Wiederbelebung hängt – wie besprochen – zunächst von der Einengung der Blutgefäße ab. In der ersten und zweiten Stunde ist die wichtigste Folge des Energiemangels diese Einengung der Blutgefäße (s. auch Brown und Boruteite 2002; Hossmann 1988; Hossmann und Zimmermann 1974; Pearson et al. 1977; Ratych et al. 1987; Wu et al. 1998).

In Organen, die man transplantieren kann, spielt die Dauer des Durchblutungsstopps eine entscheidende Rolle für den Ausgang einer Transplantation (Opelz 1998).

Andererseits erschlaffen die mittelgroßen Gefäße, welche den Widerstand gegen den Blutdruck des Herzens regeln, und sind somit erweitert, wodurch der Blutdruck fallen kann. Dem wirken Pharmaka entgegen, die eine Gefäßverengung (Vasokonstriktion) bewirken, z. B. Epinephrin. Um die Verengung anderer Gefäße zu überwinden, kann man außerdem den Blutdruck erhöhen, wie man es in einem Versuch tat, in dem außerdem die Gerinnung durch Heparin verhindert wurde. Zudem wurde Insulin gegeben und der Säurewert reguliert. Dadurch konnte eine Wiederbelebung nach mehr als der kritischen Zeit erreicht werden (Safar et al. 1976; Shaffner et al.1999).

Wenn auch die Wiederbelebung nicht mehr gelingt, so gibt es keinen Beweis dafür, dass alle Nervenzellen des Hirns nach 5–9 min Sauerstoffmangel tot sind. Ausbleibende Wiederbelebung ist nicht gleich totalem Hirntod. Das gilt auch, wenn Zellen nicht wie üblich funktionieren und elektrische Erregungen bilden. Lange Zeit haben Mediziner diesen kleinen Unterschied übergangen, den Unterschied zwischen purem Funktionsverlust und Verlust von Zellen und anderen Bauteilen der biologischen Gewebe. Es ist aber eine wichtige Frage für die Kryonik, ob das Hirn nach 10 min Kreislaufstopp bereits einen allgemeinen Zelltod und Zerfall von Strukturen aufweist.

Es ist interessant zu wissen wie die Zellen bei Sauerstoffmangel sterben, um die Art des Zelltods zu benennen (Lipton 1999).

13.2.2 Wie sterben Zellen?

Es gibt zwei Formen des Zelltods bei Sauerstoffmangel: Nekrose heißt der schnelle Zelltod. Sie benötigt keine Energie. Sie erfolgt nicht aktiv und wird nicht vom DNA-Programm gesteuert. Die Apoptose, der aktive Selbstmord der Zelle ist hingegen von der DNA genetisch programmiert. Sie benötigt außerdem Energie und Zeit.

Der verlangsamte Zelltod, welcher auf einen Durchblutungsstopp (Ischämie) folgt, ist ein aktiver Prozess. Er zeigt Merkmale des Zellselbstmords (Apoptose). Beispielsweise wird das Gen Bax, welches den Zellselbstmord fördert, vor dem Zelltod bei Kreislaufstopp in Gang gesetzt (Chen et al. 1996; Chu et al. 2002; Yokovlev und Faden 2004).

Die Exzitotoxizität, die Übererregung der Nervenzellen bei Sauerstoffmangel kann auch ein Zellsterben (Nekrose) verursachen (Choi 1996).

Ratten zeigten, nach nur 15 min Durchblutungsstopp und anschließender Wiederdurchblutung für 8 h, Zeichen dafür, dass das Selbstmordprogramm in den Zellen lief. Z. B. war das Enzym Caspase-3 in vielen Hirnregionen erhöht in der Hippocampusregion sogar nach 8–24 h um das 10-Fache (Chen et al. 1998).

Dass das menschliche Hirn nach 5–9 min nicht wiederzubeleben ist, könnte eben darauf beruhen, dass die Zellen, welche nicht in der Anfangsphase sterben, schnell in das Selbstmordprogramm eingehen. Dessen Beendigung kann aber lange dauern. Erst dann wären die Zellen tot.

Beim Schlaganfall des Menschen wurde gezeigt, dass der Zellselbstmord in den ersten beiden Tagen startet. Dabei ist das zerstörerische Enzym Caspase 3 vermehrt. Aber glücklicherweise wird der Zellselbstmord trotzdem nicht vollendet. Das Aussehen der sterbenden Zellen gleicht dabei mehr dem bei Nekrose als dem Zellselbstmord. Der schlimmste Vorgang beim Zellselbstmord, die Spaltung der DNA entwickelt sich erst spät (Love et al. 2000). Allerdings ist ja beim Schlaganfall das Hirn nicht im Ganzen betroffen.

Auch an anderen Organen und Zellen wurde ein langsamer Eintritt oder ein unvollständiger Ablauf des Selbstmordprogramms ihrer Zellen bei unterschiedlichen Formen des Durchblutungsstopps nachgewiesen.

Hintergrundinformation
Die Zellen verhalten sich in verschiedenen Geweben völlig unterschiedlich. So fanden sich In den lichtempfindlichen Netzhautzellen der Ratte Selbstmordvorgänge bereits nach 90 min Blutmangel. Der Zellselbstmord wird im Auge durch die Lichtenergie gefördert. Brüche der Erbsubstanz DNA traten auch hier erst auf, nachdem man bereits andere mikroskopische Veränderungen sah.

Ganz anders verlief die Blutleere im benachbarten Pigmentepithel des Auges. Dieses enthält im Gegensatz zur Netzhaut kaum Nervenzellen. Selbstmorderscheinungen traten dort erst viele Stunden später auf als in der Netzhaut (Hafezi et al. 2009).

In der herausgenommenen menschlichen Niere z. B. stiegen während 85 min ohne Blut bei 37 °C die Stoffe Bax und Caspase-9 an. Diese Stoffe fördern den Selbstmord der Zellen mithilfe der Atmungsorganellen (Mitochondrien). Es existieren aber auch Eiweißstoffe, welche den Selbstmordverlauf hemmen, wie Bcl2 und cFLIP. Sie nahmen ab, aber der Weg zu der besonders gefährlichen Caspase-3 wurde nicht geöffnet, auch nicht auf einem speziellen Weg über den sogenannten Todesrezeptor. Der Selbstmord blieb unvollständig (Wolfs et al. 2005).

Der Selbstmord der Zellen tritt also bei Blutleere in unterschiedlicher Weise auf und er kann inkomplett verlaufen, ja, er muss es wohl. Bei endgültigem Herzversagen steht er wohl noch ganz am Anfang (auch 8 h nach dem endgültigen Organversagen), zumindest im Nervensystem und in der Niere.

Der Selbstmord unserer Zellen scheint bei Gesundheit dem Leben zu dienen und zwar durch Ausschaltung geschädigter Zellen. Dem Verstorbenen nützt er deshalb nicht. Hier werden ja alle Zellen geschädigt.

13.2.3 Das sensationelle Überleben der Zellen

Es wurde inzwischen gezeigt, dass im Hirn Nervenzellen und andere Zellen auch Stunden nach dem Versagen der Organe („Tod") noch Zeichen von Leben erkennen lassen.

Es ist bekannt, dass Stammzellen aus dem Bindegewebe von Säugern einschließlich des Menschen noch lange Zeit nach dem Organversagen angezüchtet werden können und sich in Zellkultur bis zu 30-mal oder öfter teilen (z. B. Sames 1980).

Lebende und wachsende Stammzellen können aber z. B. auch aus dem Vorderhirn von Ratten noch bis zu 6 Tage nach dem Kreislaufstopp gewonnen werden. Nervenstammzellen sind auch in menschlichen Hirnen, Rückenmark und Netzhaut noch bis zu einem Tag nach dem Organversagen vorhanden. Sie machen bis zu 70 Teilungen (Passagen), wenn man sie in Zellkultur hält. Stammzellen können sich zu reifen Nervenzellen entwickeln (differenzieren) (Fuchs et al. 2000; Klassen et al. 2004; Lovell et al. 2006; Mansilla et al. 2013; Palmer et al. 2001; Schwartz et al. 2003; Verwer et al. 2002a; Xu et al. 2003).

Und das ist der Gipfel: Muskelstammzellen von Menschen können sich bis zum Alter von 90 Jahren und bis zu 17 Tage nach dem Organversagen ihre Regenerationskraft erhalten (Latif et al. 2012).

Zusätzlich können Nervenzellen aus Astrogliazellen – die eng mit Nervenzellen verbunden sind – gebildet werden (Berninger B et al. 2007; Fuchs et al. 2000; Heinrich et al. 2011; Sanal 2004).

13.2.4 Die letzte Legion der Verteidigungszellen

Es wurde spekuliert, dass Sauerstoffmangel, Übersäuerung und Mangel an Nährstoffen sowie andere Mängel durch Organversagen Stammzellen – anders als andere Zellen – erst so richtig auf Trab bringen und die weniger robusten unter ihnen ausmerzen. Die Zellen werden einem regelrechten Härtetraining unterworfen. So werden Zellen versammelt, die robuster und erfolgreicher sind als andere. Sie achten den Tod des Körpers nicht. Möglicherweise dienen sie einer letzten Anstrengung, Gewebe trotz allgemeiner Schädigung zu reparieren, wie Verteidiger einer Stadt, die unter feindlichem Beschuss eine Mauerpresche reparieren.

Schlägt der Reparaturversuch fehl, so verfallen die Zellen in einen tiefen Schlaf sozusagen um ihre Kräfte zu erhalten. Dabei wirkt eine Substanz, ein sogenanntes Zytokin genannt Interferon Gamma mit. Die Zellen treten quasi einen geordneten Rückzug an. Möglicherweise geschieht dies auch im Nervensystem. Ruhende Stammzellen sind hier auch vorhanden und können bei Hirnschäden aktiviert werden (Llorens-Bobadilla et al. 2015; Mansilla et al. 2013).

13.2.5 Die Auferstehung der Schweine – Überleben von tierischen Nervenzellen

Wie erwähnt überleben manche Tiere (und damit auch ihre Hirnzellen) längere Zeiten ohne Blutbewegung bei Raumtemperatur als Menschen (Safar 1993).

Innenohr-Gewebe (einschließlich der Sinneszellen also Nervenzellen) von neugeborenen Mäusen zeigen noch 10 Tage nach Organversagen einen erhaltenen Gewebeaufbau und erhaltene Struktur der Zellen ohne wesentliche Veränderung in der Anzahl der Zellen. Danach erreicht die Zahl von toten Zellen 1/3 bis 1/2 der Zahl der lebenden. Es können auch noch Stammzellen isoliert werden (Senn et al. 2007).

Sogar nach 1–6 h Herzstillstand und Wiederdurchblutung findet man bei Nagetieren noch Erregung an den Nervenverbindungen (Charpak und Audinat 1998). In einem Versuch wurden Ratten nach dem Tod für unterschiedliche Zeiten bei Raumtemperatur (also ohne Kühlung) belassen, bevor Schnitte aus dem Hirnteil Hippocampus entnommen wurden. Nach 0,6–0,7 h war die elektrische Aktivität auf 50 % gesunken, nach 3 h lag sie bei etwa 25 % (Leonhard et al. 1991). Über einen fast gleichen Versuch berichtete Pichugin (2006a). Er verwendete das Kalium-Natrium-Verhältnis als Nachweis des Überlebens und seine Ratten waren jünger. Nach 3 h zeigte der Nachweis noch ein Überleben von 50 % an. Wesentlich günstiger fand er die Verhältnisse, wenn die Hirne nach schneller Isolierung in der Kälte bei 2–4 °C gehalten wurden (sogenannte kalte Ischämie). Hier wurde ein Überleben von 50 % bis zu 10 h nachgewiesen. Nach 50 h waren es noch 20–30 %. Nach etwa 4 h aber, fand er keine wesentliche Beeinträchtigung des Überlebens. Bei völligem Versagen der Organe und Fehlen von Sauerstoff ist also mit einem Überleben eines hohen Prozentsatzes der Zellen zu rechnen. Bei der

Methode von Pichugin können Nervenzellen nicht von anderen Zellen im Gehirn unterschieden werden. Außerdem lässt sich nicht sagen, ob der Abfall durch den Tod einer Reihe von Zellen und die Erhaltung anderer bedingt ist. Es könnte auch sein, dass die Pumpen in allen Zellen gleichzeitig langsam versagen. Hier wären also weitere Untersuchungen notwendig.

Bei den anderen Untersuchern wurde ein Gesamtwert der elektrischen Erregung abgeleitet, der nicht auf einzelne Zellen zugreifen kann. Die exakte Zahl überlebender Nervenzellen bleibt also noch zu bestimmen.

Hintergrundinformation

Rattengewebe zeigte bei Raumtemperatur die ersten Auflösungserscheinungen erst 9 h nach dem Organversagen. Die Ribosomen, die Körperchen der Programm-gesteuerten Eiweißbildung verschwanden in den Zellen. 2,5 % der Nervenzellen enthielten Caspase 3, die beim Zellselbstmord auftritt (Sheleg et al. 2008). Eine Untersuchung der Ultrastruktur von Nervenzellen des Rattenhirns erfolgte mit dem Elektronenmikroskop. Sie zeigte, dass nach 3 h Kreislaufstillstand die Atmungsorganellen nur leicht geschwollen waren. Nach 5 h war die Schwellung stärker. Nach 24 h konnte man die zerrissenen Atmungsorganellen noch unterscheiden. Wurde aber nach 3 h Kreislaufstillstand der Kreislauf wieder für 2 h durchblutet (Reperfusion) so waren die Zellen stark geschwollen und die Atmungsorganellen zerstört. Wurde bis zu 24 h weiter durchblutet, so lösten sich die Atmungsorganellen auf (Solenski et al. 2002). Der Zelltod ähnelte der Nekrose (Jones PA 2004).

Es gibt Tierversuche mit begrenzten Gefäßverschlüssen. Sie dienen vor allem der Erforschung des Schlaganfalls: Beim Verschluss der mittleren Hirnarterie von Ratten tritt in den ersten 3 h eine wässrige Hirnschwellung (Ödem) ein, wenn eine erneute Durchblutung in Gang gesetzt wird (Slivka et al. 1995), wobei die Blut-Hirn-Schranke für Natrium durchlässig wird, welches Wasser nach sich in das Hirngewebe zieht. Erst nach 2 Tagen ist die Schranke so durchlässig geworden, dass auch Eiweißmoleküle (also größere Moleküle) – wie das im Blut vorhandene Albumin – sie passieren. Die Drosselung der Durchblutung führt zu einer Zone mit Sauerstoffmangel (Dawson et al. 1997). Bei einem solchen Versuch fand man eine relativ geringe Menge von toten Neuronen (15 % der Population) vor 5–6 h. In der nicht durchbluteten Zone waren nur einzelne Zellen im Selbstmord begriffen (wie man mit der TUNEL-Reaktion nachweisen kann). Die Einengung der Arterie erfolgte durch einen eingelegten Faden. Es ist nicht ganz klar, ob dies zu einem totalen Verschluss führte. Zellen und Stoffe könnten aus der umgebenden Zone einwandern, welche geschädigt ist, aber noch lebt (sie wird Penumbra genannt). Wie weit eine Wanderung von Stoffen aus dieser Zone die Zellen in der geschädigten Zone versorgen kann, ist schwer zu beurteilen. Auch nach 3–4 Tagen wurden im zerfallenden (nekrotischen) Bezirk der geschädigten Hirnrinde einzelne intakte Nervenzellen gefunden (Garcia et al. 1994, 1995; Gotoh et al. 1985; Pulsinelli 1982; Rupalla et al. 1998; Takahashi und Macdonald 2004).

Zellen vom Typ der Hirnnervenzellen wurden der Rinde des Stirnhirns von Ratten entnommen. Nach Entnahme wurden die Hirne bei 22 °C oder bei 4 °C gelagert und Schnitte wurden nach verschiedenen Zeiten entnommen. Die Zahl lebender Zellen konnte bei 4 °C 4-mal so lang erhalten werden als bei 22 °C. Es wurden bei beiden Temperaturen je 20 % lebender Zellen angestrebt. Das Gewebe enthielt 160.000 Zellen pro Milligramm. Von den Zellen, die unmittelbar nach dem Tod entnommen wurden, waren 9 % der Nervenzellen lebensfähig. Überlebende, isolierte nervenzellartige Zellen machten 0,5–2,7 % der Zellen im Gehirn aus. Nach 5 Tagen in Kultur waren 23–42 % der ursprünglich isolierten Nervenzellen am Leben (Viel et al. 2001). Bei diesem Versuch wurde das Gewebe aufgelöst, und es ist kein sicherer Rückschluss auf das Überleben von Zellen im unverletzten Gewebe möglich. Immerhin konnte man eine große Anzahl lebender Zellen noch 24 h nach der Tötung isolieren.

Die Größe der Hirne ist kein absolutes Hindernis für das Überleben von Zellen, wie Ergebnisse an größeren Tieren zeigen. Aber menschliche Hirne gehören einer anderen Größe und Entwicklungsstufe an.

Bei Katzen waren auch nach zwei Stunden Durchblutungsstopp bei normaler Temperatur die Membranen der Verdauungsorganellen (Lysosomen) intakt. Das ist sehr beruhigend, denn andernfalls käme es zum Austreten der abbauenden Enzyme und Selbstverdauung (Kalimo et al. 1977; Yamashima und Oikawa 2009). Katzenhirne entwickelten nach 1 h Sauerstoffmangel und anschließender Versorgung wieder Hirnströme, und eine Katze konnte wiederbelebt werden (Hossmann et al. 1970; Grosse Ophof et al. 1987).

Hunde zeigen deutliche Schäden bereits nach 10 min Kreislaufstopp (Blutdruck 0 mmHg). Sie überleben diese zwar, untersucht man sie jedoch 96 h später nach erneuter Durchströmung (was sicher zu verstärkter Beeinträchtigung führt), so sieht man beträchtliche Schäden vor allem in der Hippocampusregion des Gehirns. Etwa 25–100 % tote Zellen treten je nach Hirnregion auf. Im Schläfenbereich und der Insel des Großhirns findet man je nach Region 25–50 % an toten Zellen. Auch 20 Minuten Kreislaufstopp werden mit verstärkten Schäden überlebt (Radovsky 1995).

In einer Studie von White et al. (1966) gewannen Hundehirne, die bis zu 4 h bei etwa 2 °C aufbewahrt wurden, ihre elektrische Aktivität zurück, wenn sie wieder erwärmt wurden.

Zu diesem Kapitel s. auch: Best B: Quantifying ischemic damage for cryonics rescue. https://www.benbest.com/cryonics/IR_Damage.html

Hirne von Schweinen (6–8 Monate alt), welche auf übliche Art geschlachtet worden waren (Entblutung und Enthauptung nach Elektroschock) konnten bei Perfusion mit einer Speziallösung („BrainEx") von 20 °C, die eine Sauerstoffversorgung erlaubt, bis zu 4 h nach Entnahme am Leben gehalten werden. Gemessen wurden die Energiebalance, der Zelltod und die Architektur des Gewebes. Bei Stimulierung traten einzelne elektrische Erregungen auf. Eine Gesamterregung im EEG wurde (wegen Auflagen einer Ethikkommission) nicht abgeleitet, sondern blockiert, was die Aussagekraft einschränkt (Vrselia et al. 2019), während in den o. a. Versuchen von Leonhard et al. nach stundenlangem Sauerstoffmangel von Rattenhirnen eine deutliche Netzwerkerregung in Schnitten nachgewiesen wurde und in dem Versuch von White ebenfalls elektrische Erregung nachgewiesen wurde. Die Schweineversuche sagen nichts über die Situation bei Menschen mit Organversagen aus. Die Untersucher zitieren die Untersuchungen von Verwer et al. (s. unten), haben also die Reanimation des menschlichen Hirns im Blick.

Auswaschen, Transport, Präparation des Hirns und Anschluss an die spezielle Perfusionsanlage dauerten 4 h. Dann begann die Perfusion mit BrainEX und bei Kontrollhirnen mit Kochsalz, welches aber nach 6 h ein „no-reflow-Phänomen" auslöste.

Das Vorgehen ähnelt demjenigen von Safar und Tisherman, das aber keine Tötung sondern die unmittelbare Rettung durch Perfusion im Tierversuch vorsieht. Bei klinischen Fällen handelt es sich hier allerdings auch um eine frühe Unterbrechung von Schäden.

Die internationale Aufmerksamkeit, welche die Schweinekopf-Ergebnisse erregten, ist angesichts der oben zitierten Versuche nicht nachvollziehbar. Die Nachricht ging als Sensation durch die Boulevardpresse. Mitglieder führender deutscher Institute sowie des Ethikrats sahen sich genötigt, Stellung zu beziehen. Die Definition des Hirntods (entscheidend für die Entnahme von Transplantatorganen) schien infrage zu stehen (publiziert bei SMC).

Eine Erklärung für die Aufregung wäre, dass es hier nicht um die Tötung zu wissenschaftlichen Zwecken ging, sondern im Gegenteil um eine Chance, solche Versuche zu vermeiden. Die Wiedererweckung der armen massakrierten und bereits verarbeiteten Kreatur ist emotional anrührend. Aber letztlich geht es schlicht um einen Mangel an Information. Die früheren wissenschaftlichen Tierversuche sind nicht so populär, aber ihre Ergebnisse können ebenso sensationell sein, wie die „Auferstehung" von Schweinen und sie sollten der Öffentlichkeit auch auf die gleiche Art zugänglich sein. Da sind auch die Medien in der Pflicht.

Hier ist anzumerken, dass die oben beschriebenen Versuche von Safar, Tischerman und anderen, die leider nicht in einer führenden Zeitschrift publizierten Ergebnisse von Pichugin sowie die ganz frühen Ergebnisse von White und andere kaum in diesem Zusammenhang erwähnt wurden. Auch das Fehlen der Erregung im EEG während Hypothermie und Herzstillstand bei Operationen zeigt, dass ein Hirn sich von Sauerstoffmangel erholen kann, allerdings nach kürzerer Dauer (s. o.).

Im Ganzen weisen bisherige Tierstudien darauf hin, dass nach 4 h Sauerstoffmangel entweder die Schäden noch gering sind oder doch noch ein Großteil der Zellen lebensfähig ist und zwar unabhängig von der Größe des Gehirns. Insofern bringen die Schweineversuche keinen Erkenntnisgewinn, solange nicht die volle Funktion des Hirns wiederhergestellt wird, was mit den verfügbaren Methoden am menschlichen Hirn leider noch undenkbar ist.

Nicht zu verachten ist die Methode als ein zusätzliches, preiswertes Testmodell für Untersuchungen am Gehirn. Es eröffnet vor allem die Möglichkeit, Tierversuche einzusparen und zeigt die Notwendigkeit auf, über Tierschutz-ethische Fragen zu entscheiden. Besonders über die Frage, wie grausam oder nicht grausam es ist, ein bewusstes Hirn von allen Informationen und Reaktionsmöglichkeiten abgeschnitten im „Dunkeln" existieren zu lassen. Die früheren Versuche zeigen, dass Schnitte der Gehirne für Untersuchungen bestens geeignet sind, sodass man unterhalb der Stufe des Bewusstseins arbeiten kann, soweit dies heute beurteilbar ist.

13.2.6 Menschliche Nervenzellen

Natürlich ist es besonders interessant zu fragen, ob im menschlichen Hirn, das bei Sauerstoffmangel so schnell versagt, noch lebende Zellen zu finden sind.

Bei Nervenzellen aus menschlichem Hirngewebe, die 3–6 h nach totalem Organversagen entnommen wurden, konnte tatsächlich gezeigt werden, dass sich der Sauerstoff-Stoffwechsel und der sogenannte axonale Transport – also der Stofftransport in den großen Ausläufern der Nervenzellen – bei geeigneten Kulturbedingungen erholten (Dai et al. 1998).

Aus menschlichen Hirnschnitten, die im Mittel 2,6 h nach Erklärung des Todes entnommen worden waren, wurden Hirnzellen isoliert. Über 82 % Prozent der isolierten Zellen lebten. Allerdings wurde nur der Anteil des aufgearbeiteten Hirngewebes untersucht, der die meisten Zellen enthielt und es gab eine Menge Zerfallsprodukte, vielleicht aus zersetzten Zellen (Konishi et al. 2002).

In Schnitten von der Hirnrinde wurden nach dem Tod entnommen und zeigten lebende Zellen., die in einem anderen Versuch 2–8 h (Mittelwert 4,2 Std.) nach dem Tod entnommen wurden, ließen sich Hirnzellen in Kultur am Leben halten. Diese Schnitte waren während des Transports sogar für 1–2 h der Raumtemperatur ausgesetzt (bei Kühlung wäre das Überleben wohl günstiger gewesen). 30–50 % der Zellen lebten, 20–30 % waren geschädigt, aber nicht tot. Eine der aufregendsten Entdeckungen war, dass die toten Zellen scheinbar über lange Zeit in ihrer normalen Lage erhalten bleiben. Das könnte vielleicht eines Tages für eine Rekonstruktion des Gewebes günstig sein. In Zellkulturen lebten die Zellen wochenlang und könnten zu Versuchen verwendet werden, um die Alzheimer Krankheit zu entschlüsseln (Verwer et al. 2002a, 2002b, 2003).

Der schnelle Zelltod, die Nekrose läuft ohne Energie und daher vollständig ab. Allerdings scheint hier die Energie für die Fresszellen sowohl aus dem Blut (Makrophagen) als auch für die im Hirn angesiedelten Mikrogliazellen (s. Lourbopulos et al. 2015) zu fehlen. So werden die abgestorbenen Zellen nicht gefressen (phagozytiert). Sie bleiben an ihrem Ort im Gewebeverband. Bei Tiefkühlung scheinen sie sogar weitgehend unverändert zu sein.

Trotzdem wurden bei Menschen und Ratten ähnliche Befunde erhoben, nach denen sie Zeichen von Zellselbstmord bereits früh nach einem Kreislaufstopp entwickeln. Dabei ist das Selbstmordenzym Caspase 3 in vielen Hirnregionen erhöht (Chen et al. 1998; Pearson et al. 1977).

Bei der Menge an Zellen, die sich in Kultur wiederbeleben ließen, muss man annehmen, dass der Selbstmord noch nicht sehr fortgeschritten ist, wenn die Zellen ihren Stoffwechsel einstellen (auch nach 8-stündigem Herzstillstand). In diesem Stadium werden sie aber bei der Kryokonservierung festgehalten, und soweit wir wissen, können sie in flüssigem Stickstoff so verweilen, wie sie hineingebracht werden, also in ihren Organen und mit den Schäden durch den Sterbevorgang und die Kryokonservierung. Erst bei Erwärmung können sie das Leben wieder aufnehmen oder ihren Selbstmord vollenden – theoretisch noch nach Millionen von Jahren.

13.2.7 Ein Selbstmord der Millionen Jahre dauert

Nur ein kleiner Teil der Zellen stirbt nach dem Stopp der Durchblutung den schnellen Zelltod (Nekrose), wie oben angeführte Beispiele zeigen. Der weitaus größte Teil tritt anscheinend in das chemisch gesteuerte Selbstmordprogramm der Apoptose ein, sodass sie z. B. bei Hunden erst nach Stunden endgültig tot sind (Radovsky et al. 1995).

Die bisherigen Untersuchungen ergeben – vor allem für den Menschen – noch keine sicheren Zahlen für das Überleben von Nervenzellen bei Sauerstoffmangel. Sollten 50 % überleben, dann bedeutet das aber auch, dass 50 % tot sind und darunter auch solche, die den langsamen Tod (Apoptose) sterben.

Dabei ist der verzögerte Zelltod bei Sauerstoffmangel ein aktiver Prozess und zeigt zumindest einige Zeichen des Zellselbstmords.

Die Befunde erscheinen aber insgesamt so günstig, dass man sich fragt, ob es nicht ziemlich einfach wäre ein Hirn nach Stunden Herzstillstand noch wieder zu beleben, wenn man die Methoden energisch weiterentwickelt und die Stammzellen aktiviert. Hier ist allerdings die Verlegung der Gefäße noch ein unüberwindbares Hindernis, denn das Gewebe müsste für eine Regeneration wenigstens Blut bekommen.

Die Wiederbelebung von Patienten, welche in Eiswasser ertrunken sind, zeigt, dass bei sofortiger Kühlung kein kritischer Zellverlust stattfindet.

Für die Kryonik bleiben die Hürden: Schädlichkeit der Frostschutzmittel, Kristallisierung und Cracking.

Wir sind noch nicht fähig das Gedächtnis, das Bewusstsein und die Individualität vollständig zu beschreiben oder zu sagen, was zu ihrer Erhaltung nötig wäre. Es gibt eine Beteiligung von Eiweißstoffen und Kernsäuren dabei und natürlich komplizierte Theorien dazu. Für die Kryonik ist zu hoffen, dass die Gedächtnisspeicher die Kryokonservierung überleben. Es wäre ein Desaster für die Kryonik, wenn die Gedächtnisspeicher so labil wären, dass sie bei Sauerstoffmangel verlorengehen. Dagegen spricht allerdings, dass sich Patienten nach ausgesetzter Herzaktion voll erholen. Verschiedene Stoffe scheinen mit Gedächtnisspeicherfunktionen zusammenzuhängen und die Speicherung könnte sehr komplizierte Vorgänge benötigen. Für ihre Stabilität spricht die lebenslange Erhaltung von Gedächtnisinhalten. Dafür spricht auch die Theorie über ein synaptisches Gedächtnis (s. z. B. Costa-Mattioli et al. 2009; Josselyn et al. 2015; Lisman 2015; Poo M-M et al. 2016; Richter und Klann 2009). Blackiston et al. wiesen 2015 darauf hin, dass Gedächtnisinhalte sogar den totalen Umbau des Nervensystems z. B. bei der Verwandlung (Metamorphose) von Insekten und beim Winterschlaf von Erdhörnchen überstehen. Ashwin De Wolf (2021) hat untersucht, wie lange die morphologische Erhaltung des Gehirns eine Kryokonservierung sinnvoll erscheinen lässt.

Wir wissen auch nicht, welche Möglichkeiten der Wiederherstellung durch die zukünftige Entwicklung noch kommen werden. Daher ist es sinnvoll mit der Zeit nach dem Tod, zu der wir Kryonik für sinnvoll halten, großzügig zu sein und

Menschen auch noch längere Zeit nach dem Organversagen der Kryonik zuzu-führen. In der Praxis treten in den meisten Fällen starke Verzögerungen auf, aber man muss deswegen nicht aufgeben.

Was in einem Körper geschieht, der nicht wiederbelebt wird, ist kaum unter-sucht und interessiert die normale Medizin wohl wenig.

Dummerweise könnte man nur durch eine Wiederbelebung beweisen, dass der Körper und das Hirn noch lebensfähig sind. Dies ist aber heute noch unmöglich.

Hier ist kryonische Wissenschaft gefragt, die auch dazu beitragen könnte, dass der Todeszeitpunkt noch weiter aufgeschoben wird und Transplantatorgane besser erhalten werden können. Eine großzügige Förderung dieser Wissenschaft wäre von außerordentlichem Nutzen, ihre Unterlassung kaum vertretbar.

13.3 Der neue Tod

Insgesamt wird aber eine neue Auffassung des „Todes" sichtbar, eine negative: solange wir annehmen können, dass das Hirn sich reparieren lässt, ist es nicht tot. 2014 haben wir in einem Vortrag (s. Sames 2018b) den Stand der Wissenschaft zum Überleben von Hirnen (hier leicht ergänzt) sinngemäß so zusammengefasst:

- Zellen, die den Selbstmord vollenden, zerfallen normalerweise und die Trümmer werden von Fresszellen aufgenommen. Es sieht aber nicht so aus, als ob alle Hirnzellen bei endgültigem Organversagen gleichzeitig durch den Selbstmord gehen und gefressen werden. Das Hirn sieht auch Stunden nach dem Herzstopp nicht so aus, als ob alle Nervenzellen untergegangen wären.
- Selbst ohne Frostschutzmittel behalten 80 % der Zellverbindungen (Synapsen) nach Kühlung auf −70 °C die Stoffwechseleigenschaften von lebend heraus-genommenen Zellverbindungen (Hardy et al. 1983).
- Die Zellstruktur des Hirns bleibt lange erhalten, da die toten Zellen (als Folge des Energiemangels) nicht abgebaut werden.
- Verschiedene Zellarten können Nervenzellen ersetzen.
- Stammzellen ertragen Sauerstoffmangel.
- Eine hohe Redundanz von Strukturen und Informationen kann Verluste kompensieren.
- . Die Plastizität der Nervenzellen nutzt die Redundanzen.
- Noch nach 8 h Kreislaufstopp sind viele Nervenzellen (geschätzt bis zu 50 %) im menschliche Hirn lebensfähig.
- In Hirnen von Tieren mit totalem Sauerstoffmangel wurden entsprechende Überlebensraten von Zellen gefunden.
- Suspended Animation erlaubt ein stundenlanges Aussetzen der Hirnfunktion.
- Mehrere Untersuchungen an verschiedenen Tieren zeigen, dass bis nach etwa 4 h absolutem Sauerstoffmangel Aktivitäten der Nervenzellen wiedergewonnen werden können.

Durch Ausnutzung und Weiterentwicklung dieser Tatsachen könnte man versuchen, das Hirn auch nach länger bestehendem Organversagen noch zu reanimieren.

Allerdings wurde die Annahme über eine Verfügbarkeit von Stammzellen im erwachsenen Hirn durch eine Veröffentlichung von Sorrells et al. (2018) erschüttert, wonach die spontane Neubildung von Nervenzellen praktisch nur im Kindesalter in dem Hirnteil Hippocampus nachweisbar ist. Die Ergebnisse müssen noch bestätigt werden, und es ist zu untersuchen, ob daraus hervorgeht, dass es im späteren Leben keine Zellen mehr gibt, welche Nervenzellen ersetzen können, was ganz unwahrscheinlich ist.

Literatur

Berninger B et al (2007) Functional properties of neurons derived from in vitro reprogrammed postnatal astroglia. J Neurosci 27:8654–8664

Blackiston DJ et al (2015) The stability of memories during brain remodeling: a perspective. Commun Integr Biol 8:e1073424

Bodsch W et al (1986) Recovery of monkey brain after prolonged ischemia. II. Protein synthesis and morphological alterations. J Cereb Blood Flow Metab 6:22–33

Brown GC, Borutaite V (2002) Nitric oxide inhibition of mitochondrial respiration and its role in cell death. Free Radic Biol Med 33:1440–1450

Charpak S, Audinat E (1998) Cardiac arrest in rodents: maximal duration J Biosci compatible with a recovery of neuronal activity. Pub Nat Acad Sci USA 95:4748–4753

Chen J et al (1996) Expression of the apoptosis-effector gene Bax, is up-regulated in vulnerable hippocampal CA1. J Neurochem 67:64–71

Chen J et al (1998) Induction of caspase-3-like protease may mediate delayed neuronal death in the hippocampus after transient cerebral ischemia. J Neurosci 1:4914–4928

Choi D (1996) Ischemia induced neuronal apoptosis. Curr Opin Neurobiol 6:667–672

Chu D et al (2002) Delayed cell death signaling in traumatized central nervous system: hypoxia. Neurochem Res 27:97–106

Costa-Mattioli M et al (2009) Translational regulatory mechanisms in synaptic plasticity and memory storage. Prog Mol Biol Transl 90:293–311

Dai J et al (1998) Recovery of axonal transport in „dead neurons". Lancet 351:499–500

Dawson DA et al (1997) Temporal impairment of microcirculatory perfusion following focal cerebral ischemia in the spontaneously hypertensive rat. Brain Res 749:200–208

Wolf De (2021) Improving cryonics case outcomes. Biostasis the annual biostasis conference, Zurich

Fuchs E et al. (2000) In-vivo-Regulierung adulter Neurogenese. Wie groß ist das Differenzierungspotential multipotenter neuronaler Stammzellen? In: Sames K (Hrsg) Medizinische Regeneration und Tissue Engineering, V-9. Ecomed, Landsberg, S 1–8

Garcia JH et al (1994) Brain microvessels: factors altering their patency after the occlusion of a middle cerebral artery (Wistar rat). Am J Pathol 145:728–740

Garcia JH et al (1995) Neuronal necrosis after middle cerebral artery occlusion in Wistar rats progresses at different time intervals in the caudoputamen and the cortex. Stroke 26:636–642B

Gotoh O et al (1985) Ischemic brain edema following occlusion of the middle cerebral artery in the rat. I: the time courses of the brain water, sodium and potassium contents and blood-brain barrier permeability to 1251-albumin. Stroke 16:101–109

Grosse Ophoff B et al (1987) Recovery of integrative central nervous function after one hour global cerebro-circulatory arrest in normothermic cat. J Neurol Sci 77:305–320

Hafezi et al (2009) Retinal degeneration, apoptosis and the c-fos gene. Neuroophthalmology 20:143–148

Hardy JA et al (1983) Metabolically active synaptosomes can be prepared from frozen rat and human brain. J Neurochem 40:608–614

Heinrich C et al (2011) Generation of subtype-specific neurons from postnatal astroglia of the mouse cerebral cortex. Nat Protoc 6:214–228

Hossmann KA (1988) Resuscitation potentials after prolonged global cerebral ischemia in cats. Crit Care Med 16:964–971

Hossmann K (1998) Experimental models for the investigation of brain ischemia. Cardiovasc Res 39:106–120

Hossmann KA, Grosse-Ophoff B (1986) Recovery of monkey brain after prolonged ischemia. I. Electrophysiology and brain electrolytes. J Cereb Blood F Met 6:15–21

Hossmann KA, Zimmermann V (1974) Resuscitation of the monkey brain after 1h complete ischemia. I physiological and morphological observations. Brain Res 8:59–74

Hossmann K et al (1970) Recovery of neuronal function after prolonged cerebral ischemia. Science 168:375–376

Hossmann K et al (1973) Return of neuronal functions after prolonged cardiac arrest. Brain Res 60:423–438

Hossmann K et al (1975) Resuscitation of the monkey brain after one hour's complete ischemia. Brain Res 85:1–11

Jones PA et al (2004) Apoptosis is not an invariable component of in vitro models of cortical cerebral ischemia. Cell Res 14:241–250

Josselyn SA et al (2015) Finding the engram. Nat Rev Neurosci 16:52134

Kalimo H et al (1977) The ultrastructure of brain death. II electron microscopy of feline cortex after complete ischemia. Virchows Arch B Cell Pathol 25:207–220

Klassen H et al (2004) Isolation of retinal progenitor cells from post-mortem human tissue and comparison with autologous brain progenitors. J Neurosci Res 77:334–343

Konishi Y et al (2002) Isolation of living neurons from human elderly brains using the immunomagnetic sorting DNA-linker system. Amer J Path 161:1567–1576

Latif M et al (2012) Skeletal muscle stem cells adopt a dormant cell state post mortem and retain regenerative capacity. Nat Commun 3:903

Leonard BW et al (1991) The influence of postmortem delay on evoked hippocampal field potentials in the in vitro slice preparation. Exper Neurol 113:373–377

Lipton P (1999) Ischemic cell death in brain neurons. Physiol Rev 79:1431–1568

Lisman J (2015) The challenge of understanding the brain: where we stand 2015. Neuron 86:864–382

Llorens-Bobadilla E et al (2015) Single-cell transcriptomics reveals a population of dormant neural stem cells that become activated upon brain injury. Cell Stem Cell 17:329–340

Lourbopoulos A et al (2015) Microglia in action: how aging and injury can change the brain's guardians. Front Cell Neurosci 9:54

Love S et al (2000) Neuronal death in brain infarcts in man. Neuropathol Appl Neurobiol 26:55–66

Lovell MA et al (2006) Isolation of neural precursor cells from Alzheimer's disease and aged control postmortem brain. Neurobiol Aging 27:909–917

Mansilla et al (2013) Salvage of cadaver stem cells (CSCs) as a routine procedure: history or future for regenerativ medicine. J Transplant Technol Res 3:118

Menzebach A et al (2010) A comprehensive study of survival, tissue damage, and neurological dysfunction in a murine model of cardiopulmonary resuscitation after potassium-induced cardiac arrest. Shock 33:189–196

Opelz G (1998) Cadaver kidney graft outcome in relation to ischemia time and HLA match. Transplant Proc 30:4294–4296

Palmer TD et al (2001) Cell culture: progenitor cells from human brain after death. Nature 411:42–43

Pearson J et al (1977) Brain death: II. neuropathological correlation with the radioisotopic bolus technique for evaluation of critical deficit of cerebral blood flow. Ann Neurol 2:206–210

Pichugin Y (2006a) Cryopreservation of rat hippocampal slices by vitrification. Cryobiology 52:228–240

Pichugin Y (2006b) Problems of long-term cold storage of patients' brains for shipping to CI. The Immotalist 38:14–20

Poo M-M et al (2016) What is memory? The present state of the engram. BMC Biol 14:40

Pulsinelli WA (1982) Temporal profile of neuronal damage. Ann Neurol 11:491–498

Radovsky A et al (1995) Regional prevalence and distribution of ischemic neurons in dog brains 96 hours after cardiac arrest of 0 to 20 minutes. Stroke 26:2127–2133

Ratych RE et al (1987) The primary localization of free radical generation after anoxia/reoxygenation in isolated endothelial cells. Surgery 102:122–131

Richter JD, Klann E (2009) Making synaptic plasticity and memory last: mechanisms of translational regulation. Genes Dev 23:1–11

Rupalla K et al (1998) Time course of microglia activation and apoptosis in various brain regions after permanent focal cerebral ischemia in mice. Acta Neuropathol 9:172–178

Safar P (1993) Cerebral resuscitation after cardiac arrest: research initiatives and future directions. Ann Emerg Med 22:324–349

Safar P et al (1976) Amelioration of brain damage after 12 minutes cardiac arrest in dogs. Arch Neurol 33:91–95

Sames K (1980) Morphologische und histochemische Untersuchungen über das in-vitro- und in-vivo Altern von Corneaendothel und Trabeculum corneosclerale. Habilitationsschrift, Universität Erlangen

Sames KH (2018b) Definitions of death. In: Sames KH (Hrsg) Applied human cryobiology, Bd 2. Ibidem, Stuttgart

Sanal N (2004) Unique astrocyte ribbon in adult human brain contains neural stem cells but lacks chain migration. Nature 427:740–744

Schwartz PhH et al (2003) Isolation and characterization of neural progenitor cells from postmortem human cortex. J Neurosci Res 74:838–851

Senn P et al (2007) Robust postmortem survival of murine vestibular and cochlear stem cells. J Assoc Res Otolaryngol (JARO) 8:194–204

Shaffner DH et al (1999) Effect of arrest time and cerebral perfusion pressure during cardiopulmonary resuscitation on cerebral blood flow, metabolism, adenosine triphosphate recovery, and pH in dogs. Crit Care Med 27:1335–1342

Sheleg SV et al (2008) Stability and autolysis of cortical neurons in post-mortem adult rat brains. Int J Clin Exp Pathol 1:291–299

Slivka A et al (1995) Cerebral edema after temporary and permanent middle cerebral artery occlusion in the rat. Stroke 26:1065–1066

Solenski NJ et al (2002) Ultrastructural changes of neuronal mitochondria after transient and permanent cerebral ischemia. Stroke 33:816–824

Sorrells SF et al (2018) Human hippocampal neurogenesis drops sharply in children to undetectable levels in adults. Nature 555:377–381

Takahashi M, Macdonald RL (2004) Vascular aspects of neuroprotection. Neurol Res 26:862–869

Verwer RWH et al (2002a) Tissue cultures from adult human postmortem subcortical brain areas. J Cell Mol Med 6:429–432

Verwer RWH et al (2002b) Cells in human postmortem brain tissue slices remain alive for several weeks in culture. FASEB J 16:54–60

Verwer RWH et al (2003) Post mortem brain tissue cultures from elderly control subjects and patients with a neurodegenerative disease. Exper Gerontol 38:167–172

Viel JJ et al (2001) Temperature and time interval for culture of postmortem neurons from adult rat cortex. Restoration of brain circulation and cellular functions hours post-mortem. Nature 568:336–343

Vrselia Z et al (2019) Restoration of brain circulation and cellular functions hours post-mortem. Nature 568:336–343

White RJ et al (1966) Prolonged whole brain refrigeration with electrical and metabolic recovery. Nature 209:1320–1322

Wolfs TG et al (2005) Apoptotic cell death is initiated during normothermic ischemia in human kidneys. Am J Transplant 5:68–75

Wu L et al. (2008) Neural stem cells improve neuronal survival in cultured postmortem brain tissue from aged and Alzheimer patients. J Cell Mol Med 12:1611–1621

Wu S et al. (1998) Reactive oxygen species in reoxygenation injury of rat brain capillary endothelial cells. Neurosurgery 4:577–583 (Diskussion 584)

Xu Y et al (2003) Isolation of neural stem cells from the forebrain of deceased early postnatal and adult rats with protracted post-mortem intervals. J Neurosci Res 74:533–540

Yakovlev AG, Faden AI (2004) Mechanisms of neural cell death: implications for development of neuroprotective treatment strategies. J Am Soc Exp Neuro Ther (NeuroRx) 1:5–16

Yamashima T, Oikawa S (2009) The role of lysosomal rupture in neuronal death. Prog Neurobiol 89:343–358

14

Die Kryonik kann anfangen mitzuspielen – Eingriffsmöglichkeiten nach totalem Organversagen

14.1 Kühlung: auch nach dem „Tod" noch immer die beste Erhaltungsmethode

Wir haben oben bereits die positiven Wirkungen der Kühlung und ihre Anwendung besprochen, wie sie als Mittel der Wiederbelebung in der Unfallmedizin eingesetzt werden kann und haben sie gleichzeitig als ersten Schritt zur Kryonik charakterisiert.

Beim Stopp der Durchblutung sinkt der Stoffwechsel, welcher Wärme produziert, und Wärme wird nicht mehr über die Gefäße transportiert. Es kommt zur Abkühlung des Körpers auf die Umgebungstemperatur. Leider erfolgt diese anfangs sehr langsam, sodass man so früh wie möglich nachhelfen muss (Best 2008; Best: Physical parameters of cooling in cryonics https://www.benbest.com/cryonics/cooling.html).

Eine geringe Senkung der Hirntemperatur wirkt günstig, sogar noch, wenn die Energie der Zellen aufgebraucht ist. Kühlung erzeugt eine große Wirkung bei der Verbesserung der Hirnkonservierung.

Ratten, die nach 15 min Sauerstoffmangel bei 36 °C wieder durchblutet wurden, hatten eine Stunde später dreimal so viele der sehr schädlichen Hydroxylradikale wie nicht wieder durchblutete Ratten. Aber Ratten, die bei 30 °C durchströmt wurden, hatten nur halb so viele Hydroxylradikale (Ki et al. 1996).

Ben Best schätzt, dass die Schäden einer Lagerung von Hirngewebe für 5 h bei Raumtemperatur (wobei der Körper auf Raumtemperatur abkühlt) ungefähr 5 Tagen in einem Klinikkühlraum mit 2–7 °C entsprechen. Noch besser wäre eine Aufbewahrung bei Wasser-/Eis-Temperatur (Best B: Quantifying ischemic damage for cryonics rescue. https://www.benbest.com/cryonics/IR_Damage.html).

Trotz der positiven Wirkung gegen die Schäden des Durchblutungsstopps führt eine Temperaturerniedrigung auf etwa 4 °C für mehr als 1–2 Tage z. B. zu geringerem Überleben von Nieren in Organschutzlösung als bei kürzeren Zeiten

K. H. Sames, *Kryokonservierung – Zukünftige Perspektiven von Organtransplantation bis Kryonik,* https://doi.org/10.1007/978-3-662-65144-5_14

der Kühlung (Opelz 1998). Zellmembranen können dadurch durchlässig werden und einen Einstrom von Ionen erlauben und zu osmotischen Veränderungen mit Wassereinstrom führen. Das Innere der Zelle kann übersäuern, Eiweiße können verändert werden und der Zellselbstmord kann eingeleitet werden, reaktive Sauerstoffverbindungen können vermehrt werden, die Energiereserven können schwinden und das Zytoskelett der Zellen kann geschädigt werden (Rubinsky 2003). Ein solcher kalter Sauerstoffmangel wird von einem Teil der Zellen aber tagelang überlebt (Best 2012). Die o. a. Untersuchungen von Y. Pichugin an Hirnschnitten und Kulturen von Hirnzellen zeigten bei kühlen Temperaturen (4 °C) eine langsame Veränderung des Verhältnisses von Kalium- zu Natriumionen (Pichugin 2006).

Nach einer kryonischen Faustregel erlauben 45−60 min Kreislaufstillstand im Warmen ohne gerinnungshemmende Medikamente keine Durchströmung des Kreislaufs mehr. Bei Kühlung spielt die Zeit, welche der Patient bei Raumtemperatur vor der Kühlung und während des Transports verbracht hat, eine wichtige Rolle. Die Kühlung wirkt dann erhaltend, aber bei Wiederdurchströmung werden die Innenwandzellen der Blutgefäße nach kaltem Durchblutungsstopp deutlich stärker geschädigt als nach Durchblutungsstopp bei normaler Temperatur.

Nach 10 h bei Kühlschranktemperatur dürfte die Durchströmung mit Vitrifikationslösung zu schwierig werden, zumal die Lösung in der Kälte zäher ist und wohl schwerer durch die Haargefäße des Kreislaufs geht. Auch muss hier schon mit Bakterienwachstum gerechnet werden (Best B: Quantifying ischemic damage for cryonics rescue. https://www.benbest.com/cryonics/IR_Damage. html< De Groot und Rauen 2007).

14.2   Verhinderung des Gefäßverschlusses

Die Blockierung der Durchblutung nach dem Organversagen („no reflow") kann ebenfalls beeinflusst werden. Wir gehen in diesem Buch an verschiedenen Stellen darauf ein.

Schon nach kurzer Zeit der Blutleere wird es schwieriger, den Kreislauf zu durchbluten. Man muss zunehmend höheren Druck anwenden. Das einfachste Mittel der Wiederbelebung, die Herzmassage, greift schon nach 6 min nicht mehr, weil durch sie ein zu geringer Druck erzeugt wird.

Der Widerstand in den Gefäßen nimmt bereits 6 min nach dem Stopp des Blutflusses zu.

Hintergrundinformation
Bis dahin kann Herzmassage (besonders durch ein mechanisches Gerät) einen Blutdruck von 24 mmHg erzeugen. Nach 6 min muss der Blutdruck im Hirn auf 35 mmHg erhöht werden, um eine Durchströmung zu erreichen, und nach 12 min erlaubt selbst dieser Druck keine Durchströmung mehr (Shaffner et al. 1999). Nach 30 min Blutstillstand benötigen Katzen 100 mm Quecksilbersäule, damit noch etwas fließt (Iijima et al. 1993).

Da Blutzellen zu den Schäden bei der Wiederdurchblutung beitragen, kann ihre Entfernung durch einen Washout vor dem kalten Durchblutungsstopp (Transport in Eis) günstig wirken. Er kann den Schaden vermindern, der bei der Wiederdurchströmung in einem Bezirk des Rattenhirns mit Gefäßverschluss entstanden ist (Ding et al. 2002). Rote Blutkörperchen lagern sich – wie erwähnt – bei Stillstand des Blutes zusammen und bilden so ein Hindernis (Leonov et al. 1992). Die Verdünnung des Blutes (Hämodilution) ist hier hilfreich. Dazu kann z. B. Dextran verwendet werden, welches den osmotischen Druck in den Gefäßen erhöht und damit Wasser in die Gefäße zieht. Es beugt so der Schwellung des Gewebes vor.

Wichtig ist die Verhinderung von Blutgerinnseln. Wir haben die Gerinnungshemmung in allgemeiner Form bereits besprochen.

Eine leichtere Hemmung der Gerinnung bewirken z. B. Aspirin und Vitamin E.

Hintergrundinformation

Zu den Gerinnungshemmern zählen auch Proteoglykan-Produkte wie das Glykosaminoglykan des Knorpels Chondroitinsulfat. Es ist eng mit Heparin verwandt, das auch ein Proteoglykan-Produkt ist. Bei Herzinfarkten können Glykosaminoglykane Rückfälle verhindern, und sie zeigen sogar eine Wirkung gegen die Alzheimererkrankung (s. in Ban und Lehmann 1989). Sie werden allerdings kaum für diesen Zweck verwendet.

Diese Stoffe sind wie Nahrungsergänzungsmittel zu betrachten und ein unheilbar kranker Patient kann sie selbst einnehmen, wenn er nicht bereits eine Gerinnungsstörung hat.

Heparin (Hep) kann Blutgerinnsel nur verhindern. Entstandene Gerinnsel kann es nicht mehr auflösen. Es wird von Cryonics Institute (CI) benutzt, um die Blutgerinnung zu hemmen.

Hintergrundinformation

Es wirkt auch gegen Entzündungen (auch modifizierte Formen z. B. O-sulfatietres oder O-desulfatiertes Heparin) und ist ein anti-Histamin Mittel (Stullken und Sokoll 1976; Wang et al. 2002). Hep kann nach Meinung von Kryonikvertretern bis zu 7 min nach dem Herzstillstand gegeben werden. Allerdings fand sich in einem Versuch keine Wirkung, in dem bei Kaninchen 15 min nach der Heparingabe die Durchblutung ebenfalls für 15 min gestoppt wurde. (Fischer und Ames 1972).

Streptokinase kann Gerinnsel auflösen. Allerdings nimmt die Wirkung bei länger bestehenden Gerinnseln ab. Sie wirkt auch vorbeugend (Verstruete 1985) kann aber bei fehlender Kontrolle zu schweren Blutungen führen. Streptokinase kann Gerinnsel noch bis etwa 15 min nach ihrer Entstehung auflösen.

Plasmin ist ein Eiweiß-verdauendes Enzym, welches die Fibrinfasern in Blutgerinnseln angreift. Es wird durch den Gewebe Plasminogen Aktivator (tPA) in Gang gesetzt. Der Plasminogen Aktivator besitzt ähnliche Fähigkeiten wie Streptokinase. Leider kann er die Durchlässigkeit der Haargefäße im Gehirn erhöhen, sodass Wasser ins Gewebe eintritt (Hirnschwellung). Zudem ist er sehr teuer (Yepes et al. 2009). Eine Behandlung mit tPA (s. o.) nimmt an Wirkung mit der Dauer des Durchblutungsstopps ebenfalls ab (Hacke et al. 2004). Plasmin greift leider auch Gefäßwände und die Blut-Hirn-Schranke an (Clark et al. 2000;

Pfefferkorn und Rosenberg 2003), was bei der kryonischen Perfusion und bei später Behandlung besonders kritisch ist.

Gibt man solche Medikamente noch während des Lebens zur Vorbeugung, was auch bei Kryonikanwärtern möglich ist, dann muss der Arzt entscheiden, ob bereits eine Gerinnungsstörung vorliegt, die gefährlich verstärkt werden könnte. Die Überlebenszeit konnte mit Methoden erhöht werden, bei denen Heparin eine wichtige Rolle spielt.

Hintergrundinformation
Bei der oben besprochenen Verlängerung der Überlebensdauer von Hunden wurde ebenfalls Heparin eingesetzt (Safar 1993; Safar et al. 1976; Shaffner et al. 1999). Mit Hypothermie, Erhöhung des Blutdrucks und Blutverdünnung war noch eine Verbesserung möglich, nicht aber eine völlige Erholung des Gehirns (Safar et al. 1996). Mike Darwin erhöhte mit ähnlichen Methoden die Überlebenszeit bei Kreislaufstillstand auf 17 min. Dabei wurden reichlich Antioxidantien verabreicht aber ohne Blutdruckerhöhung. Die Hunde wurden bei (der menschlichen) Körpertemperatur gehalten, Vasopressin war günstig (Best B: Quantifying ischemic damage for cryonics rescue http://www.benbest.com/cryonics/IR_Damage.html). In neueren Versuchen war der Nutzen dieses Vorgehens aber nicht eindeutig (De Wolf und De Wolf 2013).

Die Gabe von Vitamin E, 30 min vor dem Durchblutungsstopp in die Venen gespritzt, vermindert Schäden an Nervenzellen infolge eines Durchblutungsstopps (Yamamoto et al. 1983). Vitamin E hemmt außerdem die Gerinnung und anders als Aspirin macht es dabei keine Magenblutung. Viele Fischöle haben dieselbe Wirkung neben dem Einfluss auf Arteriosklerose über die Blutfette (Charnock et al. 1992).

Ein Kryonikanwärter kann Vitamin E als Nahrungsergänzungsmittel bereits vorbeugend einnehmen, um der Gerinnung nach dem Tod vorzubeugen.

14.3   Mittel gegen den Zelltod

Viele Zellen unseres Körpers sind leicht ersetzbar, aber ob das bei den kompliziert vernetzten Hirnzellen funktioniert, ist unklar. Daher sind Möglichkeiten zum Schutz der Zellen hochinteressant.

Einflussmöglichkeiten auf den Selbstmord von Hirnzellen existieren bereits. Der völlige Stopp des Selbstmords und eine gezielte Wiederherstellung von Zellen, bei denen der Selbstmord bereits fortgeschritten ist, sind aber noch ein großes Problem. Es mag dabei ein Vorteil sein, dass der Selbstmord bei Blutmangel wenig fortschreitet. Das könnte – wie erwähnt – daran liegen, dass Energie fehlt.

Eine Möglichkeit, das Überleben von Nervenzellen in Kulturen zu fördern, war die Haltung der Zellen zusammen mit embryonalen Stammzellen der Ratte (Kokultivierung). Dabei wurden die beiden Zellarten in Spezialgefäßen mit einer Trennmembran zusammengebracht. Wirkstoffe der Stammzellen wandern durch die Membran und können von den Nervenzellen aufgenommen werden. Die menschlichen Zellen wurden bei diesem Versuch bis zu 9,5 h nach dem Tod aus menschlichem Hirnrindengewebe entnommen. Dabei verbrachten die Gehirne während des Transports 1–2 h bei Raumtemperatur. Die Patienten waren bis zu 94 Jahre alt.

Hintergrundinformation

Die Zahl toter Zellen betrug im Mittel rund 17 von 26 (pro cmm). Etwas mehr als 3 von den überlebenden waren gesund, die anderen geschädigt. Bei den Zellen, die mit embryonalen Rattenzellen zusammengehalten wurden, waren dagegen rund 6 von 16 der Nervenzellen tot. Von den anderen waren rund 6 gesund und rund 4 geschädigt. Das heißt die Zahl toter Zellen sank durch gemeinsames Wachsen mit den embryonalen Zellen etwa von 65 auf 38 % und die Zahl der geschädigten Zellen sank ebenfalls (Wu et al. 2008).

Es wurden in diesem Versuch also nicht nur lebende Hirnzellen von Verstorbenen gewonnen, sondern man fand auch ein Mittel, die Zahl der überlebenden Zellen zu erhöhen. Das bedeutet aber, dass die zusätzlichen überlebenden Zellen bei der Entnahme noch am Leben waren. Wenn man die Stoffe der Rattenzellen analysiert, welche das Überleben fördern, kann man diese auch nach Herzstillstand einsetzen, um mehr Zellen am Leben zu erhalten. Hier entwickeln sich also ganz neue Möglichkeiten.

Andere Methoden versuchen in den Selbstmord der Zellen einzugreifen. Sie setzen z. B. an den Enzymen an. Eine Hemmung des bereits erwähnten Enzyms Caspase, um in den Selbstmord der Zellen einzugreifen, schützte bei einem Versuch mit künstlich erzeugtem Schlaganfall zwar bestimmte Gruppen von Nervenzellen, andere aber nicht (Zhan et al. 2001). In einem anderen Versuch förderte der Hemmstoff der schon erwähnten gefährlichen Kaspase-3 mit dem Namen Z-DEVD-FMK bei Ratten das Überleben von Nervenzellen in einem wichtigen Teil des Gehirns, dem Hippocampus, bei Durchblutungsmangel (Chen et al. 1998).

Hintergrundinformation

Auch der Zellselbstmord infolge von Durchblutungsstopp und Wiederdurchblutung kann beeinflusst werden. Propofol, ein Beruhigungsmittel, wirkt dagegen (Javadov et al. 2000; Polster et al. 2003).

Freie Radikale spielen bei vielen Schäden eine negative Rolle. Um hier einzugreifen wurde der Radikalfänger NXY-059 Ratten 15 min nach einem zweistündigen Blutstillstand verabreicht. Der Durchblutungsstopp mit Infarkt betraf einen herdförmigen Bezirk. NXY-059 verminderte die Ausdehnung dieses Herdes (Sydserff et al. 2002).

Hintergrundinformation

Gegen Sauerstoffprodukte und Schäden des Durchblutungsstopps wirkt das Coenzym Q10. Es schützt die Gefäßinnenwandzellen bei der Wiederdurchblutung (Yokoyama et al. 1996). Patienten mit Herzstillstand, die innerhalb von 6 h Q10 erhielten, überlebten zu 68 %, Unbehandelte nur zu 30 % (Damian et al. 2004). Eine starke Wirkung gegen freie Radikale besitzt Curcumin. Es kann Peroxinitrit abfangen und das Enzym Nitrit-Oxidase hemmen (Lim et al. 2001). Es ist in einem handelsüblichen Gewürz (Curcuma, Gelbwurz) enthalten. Es soll auch gegen bösartige Tumore wirken (Rao et al. 1999) und als Zahnweißer verwendbar sein. Es kann in großen Dosen mit der Nahrung zugeführt werden. Auch in Curry ist es in hohem Prozentsatz enthalten. Übrigens: Curry und Tomate sind die gesunden Anteile der Curry-Wurst (vor allem ohne Wurst).

Tierstudien haben günstige Wirkungen der vielfach gelobten Antioxidantien – welche gefährliche Sauerstoffprodukte unschädlich machen, sowie von Vitamin E (Hara et al. 1990), Melatonin, Deprenyl und PBN aufgezeigt (El-Abhar et al. 2002; Folbergrova et al. 1995; Kuhmonen et al. 2000; Wang et al. 2002).

Hydroxyl-Radikale, welche beim Durchblutungsstopp entstehen, kann Melatonin abfangen. Melatonin wirkt durch die Freisetzung von Elektronen. Seine Wirkung ist um drei Größenordnungen höher als die von Vitamin E (Chyan et al. 1999). Melatonin wird auch eine Wirkung gegen Alternsveränderungen nachgesagt. Als dies erstmals bekannt wurde, war es in kurzer Zeit ausverkauft zu einer Zeit, in der man die Gerontologie weder ausreichend ernst nahm noch förderte. Eine Vorbehandlung von Wüstenrennmäusen mit Melatonin 30 min vor der Wiederdurchströmung nach einem Kreislaufstopp verminderte den Hirnschaden beträchtlich (Cuzzocrea et al. 2000). Ähnliche Ergebnisse wurden an Ratten erzielt (Pei et al. 2003).

Auch Deprenyl wirkt beim Durchblutungsstopp günstig. Es kann Zellkulturen vor dem Zellselbstmord schützen (Maruyama und Naoi 1999). Eine Vorbehandlung von Wüstenrennmäusen mit 0,25 mg/Kg Deprenyl zwei Wochen vor einem Durchblutungsstopp verminderte den Schaden an Zellen in dem empfindlichen Hirnteil Hippocampus (Kuhmonen et al. 2000). Deprenyl wirkt bei Mäusen wie Parkinsonpatienten lebensverlängernd (s. bei Sames 1991).

Insulin fördert das Überleben von verletzlichen Nervenzellen bei totalem Sauerstoffmangel (Sanderson et al. 2009).

Lokal wirkende Betäubungsmittel (Anästhetika) vermindern Hirnschäden durch Blockierung der Natriumkanäle und indirekt durch Senkung der elektrischen Aktivität und der Stoffwechselrate (Urenjak und Obrenovitch 1996).

Hintergrundinformation
Die Funktion der Nieren nach kaltem Durchblutungsstopp und Wiederdurchströmung kann man steigern. Eine schützende und gefäßerweiternde Wirkung haben Stoffe, welche Kohlenmonoxid freisetzen und die Zellatmung günstig beeinflussen (Sandouka et al. 2006).
Gegen Schäden der Wiederdurchblutung direkt und durch Schutz von Glutathion und Peroxinitrit sowie Hemmung des Enzyms Xanthin Oxidase (s. o.) wirkt Liponsäure (Packer et al. 1995; Rezk et al. 2004).

Vieles können wir von der Behandlung eines Schlaganfalls lernen, der durch Verschluss einzelner Hirngefäße entsteht.

Einige der oben angegebenen Schäden infolge Sauerstoffmangels wurden am Schlaganfall oder Gefäßverschluss im Tierversuch studiert (s. o.). Der Schlaganfall und andere Gefäßverschlüsse (Infarkte) werden damit auch zu Modellen für das Studium des endgültigen Durchblutungsstopps. Bei der Schlaganfalltherapie geht es darum, die Ausbreitung des Schadens zu vermindern und dem Gefäßverschluss entgegenzuwirken.

Beim Schlaganfall bleibt das Gewebe aber auf Körpertemperatur, und es ist von gesundem Gewebe umgeben. Es sind Reaktionen wie Entzündung (s. z. B. Lourbopoulos et al. 2015) möglich, welche man bei totalem Durchblutungsstopp (z. B. Herzversagen) wegen Energiemangels nur noch für wenige Minuten findet.

Einiges, was in diesen ersten Minuten passiert, kann uns der Schlaganfall jedenfalls lehren.

Die Einwirkung von Arzneimitteln kann man zwar beim Schlaganfall testen, aber nach dem Gesagten ist klar, dass die Ergebnisse nicht einfach auf den endgültigen Stillstand der Durchblutung übertragen werden können, wie er bei der Kryonik vorliegt.

Beim Schlaganfall gilt es, die wirksamsten Gerinnungshemmer schnell einzusetzen. Der bereits erwähnte Aktivator für Gewebe-Plasmin (tPA) kann in den ersten 3 h, – besonders aber in den ersten 15 min – nach dem Stopp der Durchblutung die Gerinnsel auflösen. Für die Verhinderung und Auflösung von Gerinnseln muss ein Patient mit Schlaganfall daher möglichst umgehend behandelt werden, am besten (für Infusionen und Überwachung) in einer Klinik. So kann tPA – bis einige Stunden nach einem Schlaganfall gegeben – die Chancen auf ein gutes Ergebnis für 3 Monate gewähren (Gumbinger CH 2014).

Spezielle Blocker können z. B. die Bindung schädlicher Wirkstoffe an die Zelle verhindern. Dadurch werden Stoffe wie der sogenannte Tumornekrosefaktor und andere Wirkstoffe unschädlich, die unter geeigneten Umständen Schaden anrichten. Gewisse Blocker wirken bei Schlaganfall auch gegen den Selbstmord von Zellen (Martin-Villaba et al. 2001; Tuttolomondo et al. 2009).

Man würde denken, dass Medikamente, die in den Zellen das Einströmen von Kalzium hemmen, bei der Übererregung günstig wirken.

Hintergrundinformation
Eine Hemmung ist z. B. über eine Blockierung der NMDA-Bindungsstelle vorstellbar. Aber diese Wirkstoffe versagen im klinischen Versuch. In Tierversuchen sieht man dann, dass eine Wirkung nur in den ersten 4 min anhält. Blocker eines anderen Zugangs, des L-Kanals ändern das nicht. Die T-Kanäle bleiben offen und Kalzium fließt so oder so in die Zelle, da die Kalziumpumpen versagen. Der Einstrom von Kalzium in die Zelle nach einem Durchblutungsstopp kann durch Nimodipin blockiert werden (Babu und Ramanathan 2011). Bei Hunden wirkte eine Vorbehandlung mit Nimodipin. Sie erholten sich zu 80 % von einem Sauerstoffmangel. Ohne Behandlung starben dagegen 86 % (Ginsberg 1988). Medikamente, die den L-Kanal für Kalzium blockieren, sind die Di-Hydro-Pyridin(DHP)-Abkömmlinge, aber ihre günstige Wirkung geht eher auf eine Nebenwirkung zurück. Sie erweitern nämlich auch die kleinen Arterienäste (Arteriolen). Das Versagen der Kalium-Natrium-Pumpe durch Energiemangel führt zu hoher Aktivität eines andern Systems für den Ausgleich der Moleküle, des Natrium-Kalium-Austauschers. Dadurch wird aber weitere Energie aus dem chemischen Speicher verbraucht (s. auch: Best B: Ischemia and reperfusion injury in cryonics. https://www.benbest.com/cryonics/ischemia.html).

Insgesamt ist hier noch viel Forschung nötig.

Eine ganz andere Möglichkeit ist die Reparatur nach einem Schlaganfall mit Verlust von Nervenzellen. Hier wurden embryonale Stammzellen oder Knochenmarksstammzellen eingesetzt, die sich zu Nervenzellen entwickeln können (Bühnemann et al. 2006; Zhao et al. 2002). Wieweit und auf welche Art sich ein Hirn bei absolutem Sauerstoffmangel durch Stammzellen reparieren lässt, ist eine interessante Frage. An Reparaturzellen mangelt es nicht.

Literatur

Babu CS, Ramanathan M (2011) Post-ischemic administration of nimodipine following focal cerebral ischemic-reperfusion injury in rats alleviated excitotoxicity, neurobehavioral alterations and partially the bioenergetics. Int J Dev Neurosci 29:93–105

Ban TA, Lehmann HE (Hrsg) (1989) Diagnosis and treatment of old age dementia. Karger, Basel

Best BP (2008) Scientific Justification of Cryonics Practice. Rejuvenation Res 11:493–503

Best BP (2012) Vascular and neuronal ischemic damage in cryonics patients. Rejuvenation Res 15:165–169

Bühnemann C et al (2006) Neuronal differentiation of transplanted embryonic stem cell-derived precursors in stroke lesions of adult rats. Brain 129:3238–3248

Charnock JS et al (1992) Dietary modulation of lipid metabolism and mechanical performance of the heart. Mol Cell Biochem 116:19–25

Chen J et al (1998) Induction of caspase-3-like protease may mediate delayed neuronal death in the hippocampus after transient cerebral ischemia. J Neurosci 18:4914–4928

Chyan Y-J et al (1999) Potent neuroprotective properties against the Alzheimer b-amyloid by an endogenous melatonin-related indole structure, indole-3-propionic acid. J Biol Chem 274:21937–21942

Clark WM et al (2000) The rtPA (Alteplase) 0- to 6-hour acute stroke trial, part A (A0276g) results of a double-blind, placebo-controlled, multicenter study. Stroke 31:811–816

Cuzzocrea S et al (2000) Protective effects of melatonin in ischemic brain injury. J Pineal Res 29:217–227

Damian MS et al (2004) Coenzyme Q10 combined with mild hypothermia after cardiac arrest. Circulation 110:3011–3016

De Groot H, Rauen U (2007) Ischemia-reperfusion injury: processes in pathogenetic networks: a review. Transplant Proc 39:481–484

De Wolf A, De Wolf G (2013) Human cryopreservation research at advanced neural biosciences. In: Sames KH (Hrsg) Applied Human Cryobiology, Bd 1. Ibidem, Stuttgart, S 45–59

Ding Y et al (2002) Pre-reperfusion flushing of ischemic territory: A therapeutic study on ischemia-reperfusion injury in stroked rats using histological and behavioral assessments. J Neurosurg 96:310–319

El-Abhar HS et al (2002) Effect of melatonin and nifedipine on some antioxidant enzymes and different energy fuels in the blood and brain of global ischemic rats. J Pineal Res 33:87–94

Fischer EG, Ames A (1972) Studies on mechanisms of impairment of cerebral circulation following ischemia: effect of hemodilution and perfusion pressure. Stroke 3:538–542

Folbergrova J et al (1995) N-tert-Butyl-a-phenylnitrone improves recovery of brain energy state in rats following transient focal ischemia. Proc Natl Acad Sci USA 92:5057–5061

Ginsberg MD (1988) Efficiency of calcium channel blockers in brain ischemia- a critical assessment In: Krieglstein J (Hrsg) Pharmacology of cerebral ischemia. Proceedings of the second international symposium on pharmacology of cerebral ischemia. Wissenschaftliche Verlagsgesellschaft, Stuttgart, S 65–67

Gumbinger CH et al (2014) Time to treatment with recombinant tissue plasminogen activator and outcome of stroke in clinical practice: retrospective analysis of hospital quality assurance data with comparison with results from randomised clinical trials. BMJ 348:g3429

Hacke W et al (2004) Association of outcome with early stroke treatment: pooled analysis of ATLANTIS, ECASS, and NINDS rt-PA stroke trials. Lancet 363:768–774

Hara H et al (1990) Protective effect of alpha-tocopherol on ischemic neuronal damage in the gerbil hippocampus. Brain Res 510:335–338

Iijima T et al (1993) Brain resuscitation by extracorporeal circulation after prolonged cardiac arrest in cats. Intensive Care Med 19:82–88

Javadov SA et al. (2000) Protection of hearts from reperfusion injury by propofol is associated with inhibition of the mitochondrial permeability transition. Cardiovas Res c45:360–369

Ki HY et al (1996) Brain temperature alters hydroxyl radical production during cerebral ischemia/reperfusion in rats. J Cereb Blood Flow Metab 16:100–106

Kuhmonen J et al (2000) The neuroprotective effects of (−)deprenyl in the gerbil hippocampus following transient global ischemia. J Neural Trans 107:779–786

Leonov Y et al (1992) Hypertension with hemodilution prevents multifocal cerebral hypoperfusion after cardiac arrest in dogs. Stroke 23:45–53

Lim GP et al (2001) The curry spice curcumin reduces oxidative damage and amyloid pathology in an Alzheimer transgenic mouse. J Neurosci 21:8370–8377

Lourbopoulos A et al (2015) Microglia in action: how aging and injury can change the brain's guardians. Front Cell Neurosci 9:54

Martin-Villalba A et al (2001) Therapeutic neutralization of CD95-ligand and TNF attenuates brain damage in stroke. Cell Death Differ 8:679–686

Maruyama W, Naoi M (1999) Neuroprotection by (-)-deprenyl and related compounds. Mech Ageing Dev 111:189–200

Opelz G (1998) Cadaver kidney graft outcome in relation to ischemia time and HLA match. Transplant Proc 30:4294–4296

Packer L et al (1995) Alphal-lipoic-acid as a biological antioxidant. Free Radic Biol Med 19:227–250

Pei Z et al (2003) Melatonin reduces nitric oxide level during ischemia but not blood–brain barrier breakdown during reperfusion in a rat middle cerebral artery occlusion stroke model. J Pineal Res 34:110–118

Pfefferkorn Th, Rosenberg R (2003) Closure of the blood-brain barrier by matrix metalloproteinase inhibition reduces rtPA-mediated mortality in cerebral ischemia with delayed reperfusion. Stroke 34:2025–2030

Pichugin Y (2006) Problems of long term cold storage of patients' brains for shipping to CI. The Immortalist 38:14–20

Polster BM et al (2003) Inhibition of Bax-induced cytochrome-c release from neural cell and brain mitochondria by Dibucaine and Propranolol. J Neurosci 23:2735–2743

Rao ChV et al (1999) Chemoprevention of colonic aberrant crypt foci by an inducible nitric oxide synthase-selective inhibitor. Carcinogenesis 20:641–644

Rezk BM et al (2004) Lipoic acid protects efficiently only against a specific form of peroxynitrite-induced damage. J Biol Chem 279:9693–9697

Rubinsky B (2003) Principles of low temperature cell preservation. Heart Fail Rev 8:277–284

Safar P (1993) Cerebral resuscitation after cardiac arrest: research initiatives and future directions. Ann Emerg Med 22:324–349

Safar P et al (1976) Amelioration of brain damage after 12 minutes cardiac arrest in dogs. Arch Neurol 33:91–95

Safar P et al (1996) Improved cerebral resuscitation from cardiac arrest in dogs with ibld hypothermia plus blood flow promotion. Stroke 27:105–113

Sames K (1991) Molekularbiologische Aspekte des Alterns. In: Expertisen zum 1. Teilbericht der Sachverständigenkommission zur Erstellung des 1. Altenberichts der Bundesregierung. DZA, Berlin

Sanderson TH et al (2009) Insulin activates the PI3K-Akt survival pathway in vulnerable neurons following global brain ischemia. Neurolog Res 31:947–958

Sandouka A et al (2006) Treatment with CO-RMs during cold storage improves renal function at reperfusion. Kidney Int 69:239–247

Shaffner DH et al (1999) Effect of arrest time and cerebral perfusion pressure during cardiopulmonary resuscitation on cerebral blood flow, metabolism, adenosine triphosphate recovery, and pH in dogs. Crit Care Med 27:1335–1342

Stullken EH Jr, Sokoll MD (1976) The effects of heparin on recovery from ischemic brain injuries in cats. Anesth Analg 55:683–687

Sydserff SG et al (2002) Effect of NXY-059 on infarct volume after transient or permanent middle cerebral artery occlusion in the rat; studies on dose, plasma concentration and therapeutic time window. Br J Pharmacol 135:103–112

Tuttolomondo A et al (2009) Neuron protection as a therapeutic target in acute ischemic stroke. Curr Top Med Chem 9:1317–1334

Urenjak J, Obrenovitch TP (1996) Pharmacological modulation of voltage-gated Na+ channels: a rational and effective strategy against ischemic brain damage. Pharmacol Rev 48:21–67

Verstruete M (1985) As little as 250,000 IU of streptokinase could reduce plasma fibrinogen to 30% of the starting level Eur Heart J 6:586–593

Wang L et al (2002) Heparin's anti-inflammatory effects require glucosamine 6-O-sulfation and are mediated by blockade of L- and P-selectins. J Clin Invest 110:127–136

Wu L et al (2008) Neural stem cells improve neuronal survival in cultured postmortem brain tissue from aged and Alzheimer patients. J Cell Mol Med 12:1611–1621

Yamamoto M et al (1983) A possible role of lipid peroxidation in cellular damages caused by cerebral ischemia and the protective effect of alpha-tocopherol administration. Stroke 14:977–982

Yokoyama H et al (1996) Coenzyme Q10 protects coronary endothelial function from ischemia reperfusion injury via an antioxidant effect. Surgery 120:189–196

Yepes M et al (2009) Tissue type plasminogen activator in the ischemic braIn: more than a thrombolytic. Trends Neurosci 32:48–55

Zhan R-Z et al (2001) Both caspase-dependent and caspase-independent pathways may be involved in hippocampal CA1 neuronal death because of loss of cytochrome c from mitochondria in a rat forebrain ischemia model. J Cerebral Blood Flow Metabolism 21:529–540

Zhao L-R et al (2002) Human bone marrow stem cells exhibit neural phenotypes and ameliorate deficits after grafting into ischemic brain of rats. Exp Neurol 174:11–20

Wiederherstellung 15

15.1 Wiedererwärmung, Wiederherstellung und Wiederbelebung (Resuspension)

Das Hirn hat sogar nach dem Organversagen noch Mittel der Reparatur und Verjüngung. Aber hier fehlt eben die Durchblutung. Die Kenntnis des sogenannten Konnektoms (dies bezeichnet in etwa das Netzwerk aller Zellen im Gehirn) (McIntyre und Fahy 2018; Mikula 2016) könnte in Zukunft bei einer endgültigen Rekonstruktion des Organs helfen.

Wie erwähnt, können auch Astrogliazellen Gehirnnervenzellen ersetzen. Gliazellen sind eine Art spezieller Zellen, die im Nervensystem die Rolle von Bindegewebszellen übernehmen. Die Astrogliazellen gelten als eine Art von Ammen der Nervenzellen, welche z. B. die Zufuhr von Stoffen zu den Nervenzellen regeln (Kriegstein und Alvarez-Buylla 2009; Merkle et al. 2004).

Erstaunlich ist, dass aus Gliazellen gebildete Nervenzellen, die man in Hirnzentren bringt, mit ihren Ausläufern genau dieselben untergeordneten Hirnzentren ansteuern wie die Zellen, welche sie ersetzt haben, fast so, als könnten sie Gedanken lesen (Ideguchi 2010). Sie leisten also von sich aus Rekonstruktionsarbeit.

Auch andere Stammzellen, z. B. aus dem Knochenmark, können sich in Nervenzellen umwandeln (Mezey et al. 2003). Das Überleben von Stammzellen beim Organversagen haben wir oben besprochen. Wir können erwarten, dass ein anatomisch wiederhergestelltes Hirn auch wieder normal funktioniert.

Das Hirn überlebt auch große Schäden. So ist aus der Pathologie bekannt, dass sehr starke Blutungen, wenn das Hirn sie überlebt, gelegentlich keine Beschwerden bereiten und erst bei einer Sektion entdeckt werden. Bei der Wiederherstellung spielen möglicherweise auch Gedächtnisinhalte, die mehrfach abgespeichert werden, eine Rolle. So bleibt die Information auch bei Schäden erhalten. Auf jeden Fall wirkt aber die Anpassungsfähigkeit von Hirnzellen (Plastizität) dabei mit (Gertz 1989). Zellen können sich gegenseitig vertreten und ersetzen. Diese Fähigkeit des Gehirns macht weitere Hoffnung auf eine mögliche Wiederherstellung (Carmichael 2006; Dancause et al. 2005; Nudo 2007; Wu et al. 2008). Einen Hoffnungsschimmer haben Versuche an dem Fadenwurm Caenorhabditis elegans erweckt. Die Tiere lassen sich, wie erwähnt, auf kryogene Temperaturen kühlen und wieder aufwecken. Tiere wurden dressiert, ein chemisches Signal zu erkennen, und diese Fähigkeit (eine Art von Gedächtnisreaktion) überlebte die Kryokonservierung (Vita-More et al. 2015).

15.2   Auftauen und Wiederbelebung (Resuspension)

Die Schwierigkeiten beim Auftauen menschlicher Körper wurden bereits besprochen. Die reparative und regenerative Medizin kann vielleicht zu einer Wiederherstellung beitragen (Sames 2000b).

Wir haben an anderer Stelle (Sames 2000a; 2013a, b) erwähnt, dass die Beseitigung der Veränderungen durch Altern und Krankheit vor denen die Medizin beim Ableben eines Menschen kapitulieren muss, möglicherweise die Arbeit von Generationen erfordert. So weitreichende Vorhaben wie Heilung bis zur völligen Gesundung ohne bleibende Folgen (wie z. B. Narben), der Stopp des Alterns oder gar eine Verjüngung können nicht in ein paar Jahrzehnten erreicht werden (wenn überhaupt). Allerdings sehen wir hier auch kein grundlegendes Hindernis. Der Beweis der Unmöglichkeit wurde häufig behauptet, aber nicht erbracht.

Man darf also in die Entwicklung der notwendigen Vorgehensweisen und die Planung von Projekten in diese Richtung starten. Viele laufen sogar bereits.

Bei der Wiederbelebung hoffen wir, dass es möglich sein wird, ein Organ nach dem andern aufzutauen und zu reparieren. Eine Tiefkühlung des Herzens im Körper von Ratten wurde bereits praktiziert (Leunissen et al. 1968). In den oben beschriebenen Versuchen mit Kühlung von kleinen Nagern auf Temperaturen von 0 °C oder etwas tiefer, wurde die Herzregion bei der Wiederbelebung bevorzugt erwärmt, ohne den Tieren zu schaden. Man könnte die Organe beim Tauen vielleicht stabilisieren und gegen den übrigen Körper so gut wie möglich isolieren. Für gezieltes Auftauen und Reparatur des ganzen Körpers gleichzeitig, würde man möglicherweise ein sehr großes Team und eine entsprechend komplizierte Technik benötigen, oder auch nur eine funktionierende Aufwärmung. Für das schnelle Auftauen des Körpers ohne zusätzliche Schädigung lässt sich vielleicht eine Methode mit sehr schneller Erwärmung entwickeln (s. o.). Man könnte dann den möglicherweise bereits wiederbelebten Körper reparieren. Eine weitere Möglichkeit wäre die Reparatur ohne Auftauprozess im tiefgekühlten Zustand (s. u.)

Es ist ermutigend, dass viele Zellen während der Suspension noch leben (auch wenn diese erst nach etwa 8 h erfolgt). Es ist allerdings fraglich, wie viele dieser Zellen nach dem Auftauen noch leben würden, wenn ein ganzer menschlicher Körper vitrifiziert wurde. Aber solche, die günstig zu den Gefäßen liegen und optimal vitrifiziert werden, könnten überleben. Mit solchen Zellen könnte man möglicherweise als Stammzellen arbeiten. Verschiedene Stammzellen liegen auch selbst in unmittelbarer Nähe zu Gefäßen. Vielleicht könnte man sie im Gewebe belassen und zur Reparatur stimulieren. Auch ist zu erwarten, dass man zur Bildung von körpereigenen Reparaturzellen Methoden entwickelt, welche nichts anders als eine intakte DNA erfordern. Diese ist im Körper eines Kryonikpatienten überreichlich und wahrscheinlich ausreichend erhalten zu finden.

Es ist dabei günstig, dass das Gewebebild und die Zellformen in den Organen noch lange nach dem Tod erhalten sind. Darauf beruht ja die Diagnose, welche Pathologen und Gerichtsmediziner nach dem Tode durchführen. Dabei werden auch noch mikroskopische Untersuchungen vorgenommen. Teilweise werden sogar mikroskopische Präparate für den medizinischen Unterricht aus Gewebeproben von verstorbenen Menschen – selbst von Nervengewebe – hergestellt. Es mutet seltsam an, wenn Mediziner, die wir in der Anatomie an Leichen und mikroskopischen Präparaten ausgebildet haben, bei denen der Tod lange zurückliegt, diese Tatsache nicht wahrnehmen und abenteuerlichen Ansichten über den Tod anhängen (jedenfalls gelangt dies gelegentlich so in die Öffentlichkeit).

Vielleicht sollten wir beginnen, Studenten in Überlebenskunde zu unterrichten. Die erste Lektion würde davon handeln, warum man eine Leiche noch erkennen kann.

Man weiß, dass Gewebebilder nach Tiefkühlung bei sehr hoher Vergrößerung teilweise schwere Schäden erkennen lassen, aber man kann den ursprünglichen Zustand in einem Modell rekonstruieren. Wahrscheinlich geht dies ohne größere Probleme. Das Modell könnte dazu dienen, Stammzellen im geschädigten Gewebe gezielt zur Reparatur einzusetzen. Als Rohmodell können die erhaltenen Körperstrukturen dienen. Für die Verjüngung müsste man aber eine Reparatur des Körpers Zelle für Zelle oder Molekül für Molekül voraussetzen. Die besten Mittel, die wir heute dazu besitzen, wie Gentechnologie, Stammzelltechnologie und Biodrucker, sind noch weit von diesem Ziel entfernt. Besonders schwierig ist es, den individuellen Körper und das individuelle Ichbewusstsein zu erhalten und wiederherzustellen. Man kann – wie gesagt – erwarten, dass die Wiederherstellung der Strukturen den Körper auch wieder zum Funktionieren bringt.

Eine positive Aussicht eröffnet nun möglicherweise eine Reparatur mithilfe der Nanotechnologie.

15.3   Der letzte Schliff: Nanoreparatur

Dr. Siegfried Stoll machte sich als Student intensive Gedanken über die Herstellung und Verjüngung eines Körpers Atom für Atom, nachdem wir uns klar waren, dass die heute vorhandenen Mittel keine kurzfristige Methode zur Lebensverlängerung bieten. Er erdachte als hypothetisches Mittel dazu ein Gerät, das er Atomverschieber nannte. Mit diesem würde man ein Atom eines Gewebes nach dem andern räumlich etwas verschieben und dabei falsche Atome und falsche Verbindungen beseitigen, sodass auf der anderen Seite der gesundete Körper heranwächst. Er war elektrisiert, als er auf die Bücher von K. Eric Drexler stieß. Wir verbrachten in den 80er-Jahren viel Zeit damit, über die Reparatur des Menschen mithilfe der Nanotechnologie zu spekulieren. Diese Gedanken und andere Ansätze aus der Literatur sollen in den folgenden Abschnitt einfließen (Drexler 1981; Drexler und Peterson 1994; Mathwig 2018; Mathwig und Sames 2013; Merkle 1992).

Eine völlig im biologischen Sinn perfektionierte Nanotechnologie könnte unsere Probleme bei der Wiederbelebung lösen und eine Reparatur vielleicht bereits während der Suspension durchführen.

Die nanotechnologische Wiederherstellung aus dem glasartigen Zustand lässt sich nach Ben Best folgendermaßen darstellen (Best 2013):

Nanorobots (s. o.) schaffen zunächst das Wasser und anderen Inhalt aus den Blutgefäßen. Über die befreiten Blutgefäße können dann alle Körpergewebe erreicht werden. Eine Art Nanoschienen könnten ähnlich wie Fließbänder den Inhalt der Blutgefäße ausräumen. Haben Blutgefäße ein Leck oder sind sie verstopft, so können sie durch künstliche Tunnel verbunden werden. So kann das Blut weiter fließen. Artefakte dürfen nicht mit Originalstrukturen verwechselt werden. Ein Nanoarm, wie ihn Eric Drexler in seinem Buch: Nanosystems (1992) beschreibt, würde 4 Mio. Atome benötigen und 100 nm lang und 50 nm breit sein. Er könnte eine Menge verschiedener Werkzeuge zur Manipulation von Molekülen bewegen, um sie direkt in chemische Verbindungen zu bringen.

Was bei chemischen Reaktionen zufällig in Lösungen mit Massen von Molekülen erreicht wird, könnte die Nanotechnologie gezielt mit einzelnen Molekülen machen. Man muss damit rechnen, dass auf diesem Gebiet die Physik der Biochemie die Führung streitig macht. Heute sind chemische Reaktionen durch Zufallstreffer der Moleküle bedingt, die von der Konzentration abhängen. Auf relativ langsame und ungezielte Weise werden so Reaktionen bewirkt. Die Nanotechnologie könnte kalkulierbare gezielte Manipulationen Molekül für Molekül durchführen (Drexler und Peterson 1994). Werkzeuge zum „buddeln" müssen wenig kompliziert sein. Die Nanoroboter müssten mit Antrieb, Energie, und informationsverarbeitendem Teil wesentlich größer sein.

Ein kompletter Nanoroboter könnte ein paar tausend (5000–10.000) Nanometer (nm) oder 5–10 μm (um) groß sein. Das ist natürlich nur eine Schätzung auf dem zeitnahen Stand. Ein Haargefäß hat einen Durchmesser von etwa 7um also 7000 nm. Ralph Merkle schätzte, dass 3200 Mio. „nanorobots", die insgesamt 53 g wiegen, einen Kryonikpatienten in etwa 3 Jahren reparieren könnten (Merkle 1994a, b).

Merkle und Freitas (2008) schlugen vor, die Nanoroboter mit elektrostatischen Motoren zu versehen. Generatoren und Rotoren sollten eher elektrisch als magnetisch arbeiten (winzige geladene bewegte Plättchen sind leichter herzustellen als Knäuel und kleine Eisenkerne). Magnetische Eigenschaften gehen schlecht mit Verminderung der Größe zusammen (dies soll bedeuten, dass magnetische Motoren von molekularen Abmessungen nicht funktionieren würden). Elektrostatische Eigenschaften verhalten sich danach positiv zur Verminderung der Größenordnung. Elektrostatische Wandler (Aktoren) sind bereits in mikroelektromechanischen Systemen (MEMS) in Gebrauch (Fennimore et al. 2003).

Nanobatterien hoher Dichte könnten Energie für Tage liefern und Auflade-stationen könnten im Patienten verteilt angeordnet sein. Alternativ dazu könnten Nanoröhrchenkabel Energie von außen zum Patienten leiten. Diese könnten auch der Weiterleitung von Informationsdaten dienen und könnten Bruchkanten wieder-vereinigen. Scannen und Bildbearbeitung könnten zeigen, was bearbeitet werden muss. Ersatz ist oft der Reparatur vorzuziehen, weil es einfacher ist, auch z. B. ganze Organe aufzubauen. Heilung von Erkrankungen und Verjüngung würden dabei auch erreicht. Das Gehirn freilich müsste in seiner ursprünglichen persön-lichen Form repariert werden. Aber einzelne Bestandteile könnten auch im Gehirn komplett ersetzt werden z. B. Zellorganellen und viele große Moleküle. Die DNA könnte wiederhergestellt und gegebenenfalls so verändert werden, dass sie in Heilung und Reparatur eingreift. Allerdings könnten Folgevorgänge (epigenetische Prozesse) der DNA-Aktion für die Wiederherstellung der Zellverbindungen (synaptische Strukturen) entscheidend sein. Diese lassen sich in der Regel nicht mehr auf der DNA ablesen. Die Ausläuferverbindungen (Synapsen) von Nerven-zellen sollten nicht nur in ihrem Aufbau wiederhergestellt werden, sondern auch ihr Gehalt an Überträgerstoffen wie aktuell beim Start der Kryokonservierung vorhanden. Die Art dieser Stoffe und ihre Verteilung in der Zelle und deren Umgebung muss also auf den Ausgangszustand gebracht werden. Dabei gibt es mehr als 40 Überträgerstoffe. Allerdings kann aus den Verbindungen zu anderen Zellen z. T. auf die verwendeten Überträgerstoffe geschlossen werden, da ver-schiedene Funktionen mit speziellen Nervenverbindungen ganz bestimmte Über-träger benutzen.

Anders als beim Lebenden würden Operationen nicht zu Entzündungen oder Abwehrreaktionen führen und auch keine Funktionen durcheinanderbringen. Man könnte also mehrere Organe gleichzeitig transplantieren und rekonstruieren wie in einem Baukasten. Insofern wäre das Organversagen und Sterben die Chance für eine Verjüngung.

Die Entfernung von Eis-Kristallisationskeimen, die überwiegend außerhalb der Zellen liegen dürften, wäre Teil der Reparatur.

Die wiederhergestellten Blutgefäße würden frisches Frostschutzmittel, Wasser, Plasma und Blutzellen ohne die Eis-Kristallisationskeime enthalten. Eine spezielle Reparatur oberhalb der kryogenen Temperaturen wäre nicht not-wendig. Die Methode würde am tiefgekühlten (und dadurch geschützten) Körper durchgeführt. Freitas hat die Methoden jetzt sehr detailliert auf den neusten Stand gebracht (Freitas 2022).

Ein Großcomputer der Zukunft, dessen Programme über die Koordinaten aller Moleküle in einem normalen menschlichen Körper verfügen, könnte steuernd zur Reparatur beitragen und die Nanorobots programmieren.

Hiermit wäre auch die Möglichkeit gegeben, den verjüngten Körper jugendlich zu erhalten. Mit dem Mittel, welches die Natur vorgibt: eine ständige molekulare Erneuerung anhand eines Programms. Die natürliche Erneuerung bleibt natürlich erhalten und kann so ergänzt und verstärkt werden, dass kein Altern mehr auftritt und Schäden beseitigt werden. Die Chance, zukünftig an einer solchen Technik teilzuhaben, könnte die Kryonik eröffnen. Wir kennen sicher noch nicht alle

Hürden und möglichen Katastrophen in die wir dabei hinein stolpern werden. Es ist gut, dies im Auge zu haben.

Eine Möglichkeit den Großcomputer zu programmieren wäre die Teilung des Gehirns in zwei Hälften und weitere Halbierung bis zu kleinsten Einheiten, wobei der Zustand nach jeder Spaltung digital festgehalten wird bis das Gehirn voll digital erfasst ist (Merkle 1994a, b). Auch Stück für Stück Schneiden mit einem Nanomikrotom könnte der digitalen Erfassung dienen (Mikula 2016; Mikula et al. 2015). Idealerweise könnten Nanoroboter auch zur Kartographierung des Organismus anstatt zur Reparatur eingesetzt werden, wenn sie die vor Ort analysierten Verhältnisse an den Großcomputer senden. Die kompletten digitalen Daten könnten dann der Rekonstruktion dienen. Sie könnten Molekülkomplexe, die von dem Idealkörper im Computer abweichen feststellen und individuell erhalten oder als Fehler erkennen und reparieren.

Ein großes Problem könnte die Antriebsenergie für Milliarden von kleinen Robotern werden. Die entstehende Wärme muss jedenfalls berücksichtigt werden. Reduziert man die Zahl der Nanoroboter, so wird weniger Energie, aber mehr Zeit benötigt.

Die große Herausforderung der Nanotechnologie ist heute noch der Größenunterschied zwischen Werkzeug und Objekt (Nanosprung). Moleküle sind von einer Größe, die ihre direkte Beobachtung mit heutigen Mitteln nur in einzelnen – günstig gelagerten – Fällen erlaubt.

Ein Miterfinder des Tunnelmikroskops in der Schweiz hat den heutigen Zustand damit verglichen, dass man versuchen würde, ein Sandkorn mit der Spitze des Matterhorns als Werkzeug gezielt zu bewegen. Das originale Konzept von E. Drexler sieht vor, dass man Werkzeuge benutzt, um kleinere Werkzeuge zu bauen, diese dann um noch kleinere Werkzeuge zu bauen und so weiter bis in den Nanobereich (Millionstel Millimeter).

Um den jugendlichen Zustand eines Körpers später zu erhalten, müssten auf die oben angedeutete Weise Schäden, welche unser Selbstbewusstsein, unsere Eigenarten oder Funktionen bedrohen, im Leben nach dem Auftauen ständig vorbeugend repariert werden.

Insgesamt würden die Altersveränderungen entsprechend der Organdifferenzierungshypothese (Sames 2013a; b) des Alterns nämlich ständig weiterlaufen. Nanobots müssten daher ständig im Körper wandern und Veränderungen bereits in ihren Anfängen stoppen und reparieren.

Nur so könnte, nach allem was wir wissen, ein Mensch jung bleiben. Da wäre leider viel Technik im Spiel, aber so naturnah, dass wir Menschen bleiben.

Man sollte auch nicht verschweigen, dass viele gefährliche Fehlermöglichkeiten und Möglichkeiten des Missbrauchs zu erwarten sind, wie bei jeder wirkungsvollen neuen Technik. Die Nanotechnologie hätte auch die Möglichkeit, das Leben zu zerstören und die Erde positiv wie negativ zu verändern. Ihre Verwendung in der Kryonik würde aber kaum dazu beitragen.

Literatur

Best BP (2013) Effects of temperature on preservation and restoration of cryonics patients. Cryonics Magazine (Institute Evidence-based Cryonics)

Carmichael ST (2006) Cellular and molecular mechanisms of neural repair after stroke: making waves. Ann Neurol 59:735–742

Dancause N et al (2005) Extensive cortical rewiring after brain injury. J Neurosci 25:10167–10179

Drexler KE (1981) Molecular engineering. An approach in the development of general capabilities for molecular manipulation. Proc Natl Acad Sci USA 78:5275–5278

Drexler KE (1992) Nanosystems: molecular machinery, manufacturing, and computation. John Wiley & Sons Inc, New York

Drexler KE, Peterson C (1994) Experiment Zukunft. Addison-Wesley, Bonn

Fennimore AM et al (2003) Rotational actuators based on carbon nanotubes. Nature 424:408–410

Freitas Jr RA (2022) Cryostasis revival – the recovery of cryonics patients through nanomedicine. Alcor Life Extension Foundation, Scottsdale Arizona

Gertz HJ (1989) Neuronale Plastizität bei degenerativen Hirnerkrankungen. In: Baltes M et al (Hrsg) Erfolgreiches Altern Bedingungen und Variationen. Huber, Bern, S 250–253

Ideguchi M (2010) Murine embryonic stem cell-derived pyramidal neurons integrate into the cerebral cortex and appropriately project axons to subcortical targets. J. Neuroscience 30:894–904

Kriegstein A, Alvarez-Buylla A (2009) The glial nature of embryonic and adult neural stem cells. Annu Rev Neurosci 32:149–184

Leunissen RL, Piatnek-Leunissen DA (1968) A device facilitating in situ freezing of rat heart with modified Wollenberger tongs. J Appl Physiol 25:769–771

Mathwig K (2018) Molecular repair at physiological conditions? In: Sames KH (Hrsg) Applied Cryobiology Human Biostasis, Bd 2. Ibidem, Stuttgart, S 105–115

Mathwig K, Sames K (2013) Kryonik. In: Sun MJ, Kabus A (Hrsg) Reader zum Transhumanismus. Books on Demand Norderstedt, Berlin, S 113–129

McIntyre RL, Fahy GM (2018) Aldehyde stabilized cryopreservation (Reprint). In: Sames KH (Hrsg) Applied Human Cryobiology, Bd 2. Ibidem, Stuttgart, S 13–46

Merkle RC (1992) The technical feasibility of cryonics. Med Hypotheses 39:6–16

Merkle RC (1994a) The molecular repair of the brain. Cryonics (Alcor) 15:18–30

Merkle RC (1994b) The molecular repair of the brain. Cryonics (Alcor) 15:16–31

Merkle RC, Freitas RA (2008) A cryopreservation revival scenario using molecular nanotechnology. Cryonics 4. Quarter, Alcor

Merkle FT et al (2004) Radial glia give rise to adult neural stem cells in the subventricular zone. Proc Nat Acad Sci USA 10:17528–175321

Mezey E et al (2003) Transplanted bone marrow generates new neurons in human brains. Proc Natl Acad Sci 100:1364–1369

Mikula S (2016) Progress towards mammalian whole-brain cellular connectomics. Front Neuroanat 10:62. https://doi.org/10.3389/fnana.2016.00062.eCollection2016

Mikula S et al (2015) High-resolution whlo-brain staining for electron microscopic circuit reconstruction. Nat Methods 12:541–546

Nudo RJ (2007) Postinfarct cortical plasticity and behavioralr recovery. Stroke 38:840–845

Sames K (2000a) Sterblich durch ein Gesetz der Natur? Frieling, Berlin

Sames K (Hrsg) (2000b) Medizinische Regeneration und Tissue Engineering. Ecomed, Landsberg

Sames KH (2013a) Organ differentiation and mortality. In: Sames KH (Hrsg) Applied Human Cryobiology, Bd 1. Ibidem, Stuttgart, S 125–144

Sames KH (2013b) General mechanisms of mortality and aging and their relation to cryonics In: Sames KH (Hrsg) Applied Cryobiology, Bd 1. Ibidem, Stuttgart, S 145–169

Vita-More N et al (2015) Persistence of long-term memory in vitrified and revived Caenorhabditis elegans. Rejuvenation Res 18:458–463

Wu L et al (2008) Neural stem cells improve neuronal survival in cultured postmortem brain tissue from aged and Alzheimer patients. J Cell Mol Med 12:1611–1621

Ausblick: ermutigende Fortschritte der Kryonikforschung 16

Es stellt sich für die Forschung zunehmend heraus, dass tierisches Leben bei negativen Körpertemperaturen bis hinab zu kryogenen Temperaturen überdauern kann. Die Strukturen von winzigen Lebewesen können im Extremfall auch ohne Energie in lebensfähigem Zustand erhalten werden.

Interessant sind die Ergebnisse, nach denen auch kleine Säugetiere Minustemperaturen im obersten Bereich sowohl im Winterschlaf als auch bei Kühlung unter Laborbedingungen überleben können, allerdings ohne Erstarrung ihres gesamten Körperwassers. Warmblütigkeit ist also kein absolutes Hindernis für eine Kryokonservierung.

Kaltblüter überwintern routinemäßig unter teilweisem Einfrieren ihres Körperwassers. Verschiedene kleine wirbellose Tiere überleben sogar kryogene Temperaturen, wie es scheint mühelos. Wir finden diese Fähigkeit bei Insekten sowie den noch kleineren Fadenwürmern, Rädertierchen und Bärtierchen. Dabei können bei den Letzteren die überstandenen Temperaturen fast bis zum absoluten Nullpunkt verfolgt werden. Dies zeigt zudem, dass Leben ohne Energie in Form von Strukturen bestehen kann. Bei der Kühlung geht nichts Unersetzbares verloren.

Die Ergebnisse signalisieren, dass Kryonik im Prinzip nicht unmöglich ist.

Bisher wurde angenommen, dass kryogene Temperaturen eine Voraussetzung für eine jahrtausendelange sichere Lagerung biologischer Gewebe in lebensfähigem Zustand darstellen. Kürzlich wurde aber gezeigt, dass Rädertierchen und Fadenwürmer offensichtlich bis zu 20.000 Jahre oder länger bei polaren Temperaturen überleben, also oberhalb von kryogenen Temperaturen.

Eine Reihe von Befunden in der Organkryokonservierung weisen darauf hin, dass eine Erhaltung von Organen zwischen 0 ° und −80 °C nicht so problematisch ist, wie diejenige bei Temperaturen von −80°C abwärts im kryogenen Temperaturbereich. Es bleibt zu testen, ob auch große Körper bei den höheren Temperaturen stabil aufbewahrt werden können, und ob das für ähnliche Zeit-

© Der/die Autor(en), exklusiv lizenziert an Springer-Verlag GmbH, DE, ein Teil von Springer Nature 2022
K. H. Sames, *Kryokonservierung – Zukünftige Perspektiven von Organtransplantation bis Kryonik,* https://doi.org/10.1007/978-3-662-65144-5_16

räume möglich ist, wie bei den polaren Winzlingen. Es ist dabei abzuklären, ob dem Überdauern der kleinen Tiere besondere Eigenschaften zugrunde liegen.

Ein Überleben von Sauerstoffmangel ist Zellen im menschlichen Körper möglich, und sie können noch nach vielen Stunden Kreislaufstillstand in Kultur genommen und langfristig am Leben gehalten werden, wenn die Organe des Menschen versagt haben. Vor allem die Erkenntnis, dass Hirnzellen und deren Stammzellen noch Stunden nach Versagen der Organe beim Menschen, bei Schlachttieren und in Tierversuchen in großer Zahl leben, zeigt, dass Kryonik an Verstorbenen sinnvoll sein kann und schafft Ansatzpunkte für das Hinausschieben des Hirntods. Zellen, kleine Gewebeproben und Hirnschnitte können auch nach dem „Tod", d. h. nach Tötung eines Tiers und Entnahme, kryokonserviert und nach dem Auftauen wiederbelebt werden, Bindegewebszellen noch viele Stunden nach dem „Tod" von Menschen. In einem sterbenden menschlichen Körper sind Kühlung und Frostschutz natürlich technisch schwieriger als bei kleinen, frisch entnommenen Objekten.

Einzelne Maßnahmen gegen Veränderungen bei Organversagen (d. h. nach dem „Tod") sind bekannt. Solche gegen das „no-reflow-Phänomen" (die komplizierten Vorgänge, welche die Gefäße beim Stopp des Kreislaufs verstopfen) kennen wir inzwischen, wenn auch noch ohne umfassende Wirkung bei der Wiederbelebung von Menschen. Die Verlegung der Hirngefäße ist eine Hauptursache dafür, dass man Menschen nach einigen Minuten Kreislaufstillstand noch nicht wiederbeleben kann.

Es zeigen sich auch erste Erfolge bei der Erhaltung von Hirnzellen und ihrem Schutz gegen den Zellselbstmord bei Sauerstoffmangel.

Fortschritte in der Organisation der Forschung zur Kryokonservierung nehmen in jüngster Zeit zu. Die Rolle der Kryokonservierung menschlicher Organe für die Transplantationsmedizin wird zunehmend realisiert. Organisatorisch entwickelt sich daher zurzeit besonders die Forschung zur Kryokonservierung zugunsten der Organtransplantation.

Ein Institut der Universität Minnesota gründet ein Organ- und Gewebe-Konservierungscenter das sich vor allem mit der Erwärmung von kryo-konservierten Organen befassen soll. Es gibt dann in den USA zwei solche Institute. In Zusammenarbeit soll auch die suspended Animation von den Instituten erforscht werden. 2017 wurde von Giwa et al. ein wissenschaftlicher Artikel zur Organkryokonservierung veröffentlicht, an dem international Mit-arbeiter von mehr als 40 renommierten Instituten beteiligt waren, wobei die Organtransplantation im Mittelpunkt stand.

Beim Einsatz von Computerprogrammen zur Bewältigung von großen Daten-mengen werden erste Erfolge sichtbar. Die Standardisierung von Tests und Computerprogrammen in der Kryokonservierung macht Fortschritte. Sie können zum Beispiel der Verfolgung einer Bildung von Eiskristallen und der Ver-minderung oder Verkleinerung von Eiskristallen durch verschiedenste Stoffe bei der Erwärmung dienen (Ampaw et al. 2021).

Neue Frostschutzmittel und neue Mischungen von Frostschutzmitteln zeigen Fortschritte bei der Lösung der schwierigsten Probleme. So erlaubt die Frost-schutzlösung DP6 eine langsamere Erwärmung. Eine langsame Erwärmung ohne die Bildung von Eiskristallen könnte die Kryonik ihrer Verwirklichung einen Schritt näherbringen. Die zunehmende Kenntnis der temperaturbezogenen Eigenschaften von einzelnen – sowie Mischungen von verschiedenen – Frostschutzstoffen ermöglicht einen langsameren Temperaturausgleich bei weniger schädlichen Konzentrationen der einzelnen Stoffe. Verbesserungen von Verglasungslösungen und neue Lösungen wurden getestet (Fahy und Wowk 2015, 2021; Pollock et al. 2017; Wowk et al. 2018). Die Neutralisierung der Schädlichkeit von Frostschutzmitteln durch andere Frostschutzmittel wird zunehmend bekannt und ausgenutzt. Ein Frostschutzmittel kann andere durch allgemeine Wirkungen wie Verdünnung (Fahy et al. 2004) unschädlicher machen, wobei die Schadwirkung jedes einzelnen Stoffs vermindert wird. Aber dies kann auch durch spezielle Reaktionen zwischen Frostschutzstoffen erfolgen, die von Eigenschaften der Moleküle abhängen. Weiter kann man Frostschutzmittel wählen, welche weniger stark mit Wasser reagieren, damit die Wasserschichten um die biologischen Moleküle nicht zerstört werden. Man kann die membrangängigen Frostschutzmittel vermindern, indem man nicht membrangängige und Eisblocker einsetzt. Schnelle Kühlung vermindert die Schadwirkung und schnelle Erwärmung behindert die Entglasung (Hawkins et al. 1985). Ein weitgestecktes Ziel besteht darin, die Frostschutzwirkung umfassend durch chemische Eigenschaften der einzelnen Frostschutzstoffe zu erklären.

Erste Erfolge zeigen sich mit richtungsorientiertem Einfrieren (directional freezing) von kleinen und danach auch von großen Organen beispielsweise beim Einfrieren eines ganzen Rattenbeins. Was mit dieser Methode möglich ist, wird sich erst zeigen, wenn auch die richtungsorientierte Verglasung entwickelt ist (Arav 2022).

Für die Kryokonservierung spielen oft altbekannte Tatsachen eine entscheidende Rolle. So verkürzt eine Durchströmung des Kreislaufs die Diffusionswege, denn unsere aktivsten Zellen liegen nur Nanometer von der Blutbahn entfernt. Daher sind die Diffusion von Stoffen einschließlich der Frostschutzmittel in die Zellen und die Temperaturänderung kein so großes Problem, wie man es von der Größe des Organs her erwarten würde. Theoretisch könnten die Probleme erst mit dem Cracking beginnen oder, wenn man Gewebe bei einer Temperatur in der Nähe des Glasübergangs lagert, erst mit der Aufwärmung.

Kühlung kann daher sehr schnell in allen Zellen ankommen, im Prinzip schneller als ein 1 mm dickes Gewebestückchen (ohne Anschluss an einen Kreislauf) durchwandert wird. Möglicherweise kommen Kühlung und Frostschutzmittel sogar schneller zu den Zellen als in einer Zellkultur, die nicht in einer durchströmten Kammer gehalten wird. Die Schwierigkeit liegt eher bei der Erwärmung. Es bleibt zu klären, wie stark die Zähflüssigkeit und die Kühlung den Fluss in den Blutgefäßen einschränken. Leider endet die Perfusion beim Erreichen eines festen Zustands. Der kürzliche Nachweis, dass eine Frostschutzlösung in Sekundenschnelle Membranen durchdringt, lässt hoffen, dass man Frostschutzlösungen in kleineren Konzentrationen und für kürzere Zeit anbieten kann als bisher. Es muss dann bei der Verglasung sehr schnell gekühlt werden. Der Wärmeaustausch verläuft während einer Durchströmung (Perfusion) ähnlich schnell.

Könnte man während des gesamten Tiefkühlvorgangs und während der Aufwärmung eine flüssige Phase im Kreislauf zirkulieren lassen, so sollten sich viele Probleme erledigen.

Da die Kühlung und das Angebot von Frostschutzmitteln über den Kreislauf unterhalb von +10 °C funktioniert, wo die schädlichen Wirkungen der Stoffe bereits geringer sind, sollten Organe beliebiger Größe am Gefrierpunkt bereits durch Frostschutzmittel geschützt sein, sodass ein Schutz gegen Kristallisierung besteht.

Schadwirkungen während des Kühlens können bis zur Glasübergangstemperatur relativ gut vermieden werden. Die Unmöglichkeit der Wiederbelebung taucht eher bei Stressfrakturen und Devitrifizierung auf. Methoden der Aufwärmung könnten somit zu einem Durchbruch führen. Die elektromagnetische Erwärmung über Nanopartikel, die ins Gewebe gespült wurden, nimmt immer konkretere Formen an. Sie macht die Erwärmung tiefgekühlter Gewebe zum normalen lebenden Zustand in kleinen Proben möglich. Auch die Erwärmung durch fokussierten Ultraschall ist aussichtsreich, da sie bereits von Fadenwürmern überlebt wurde. Ihre Anwendung auf größere Objekte scheint machbar.

Die guten Erfolge an Organen und Tieren liegen – wie erwähnt – überwiegend im Temperaturbereich zwischen 0 und −80 °C. Die Schwierigkeiten unterhalb dieses Temperaturbereichs könnten vielleicht mit der Bildung von Kristallisationskeimen zu tun haben. Es bleibt zu untersuchen, wo die kritische Temperaturgrenze liegt, welche dafür verantwortlich ist, dass nur sehr kleine Organe auf die Temperatur von flüssigem Stickstoff gekühlt werden können. Obwohl das Überdauern winziger Tiere bei polaren Temperaturen für Jahrtausende nicht ohne Weiteres auf Organe höherentwickelter Tiere übertragbar ist, sollte noch einmal geklärt werden, wie gut die Letzteren bei solchen Temperaturen überdauern können.

Eine Verbesserung der Durchlässigkeit von Zellmembranen ist möglich und wurde erreicht (de Graaf et al. 2007). Das hilft, die Wirkungen von schneller Kühlung zu kontrollieren und verkürzt die Perfusionszeiten, was notwendig ist, um schädliche Wirkungen von Frostschutzmitteln zu vermeiden.

Die Entwicklung verschiedener innovativer Methoden ist absehbar.

Die isochore Kühlung arbeitet mit erhöhtem Druck. Temperaturänderungen führen in Stoffen und Flüssigkeiten zu Änderungen des Rauminhalts. Besonders ausgeprägt ist dies in wässrigen Lösungen bei Verdampfen und Eiskristallbildung. Letztere führt zu einer Ausdehnung, welche durch Erhöhung des Drucks vermindert werden kann. In einer druckfesten geschlossenen Kammer kann sich der Rauminhalt nicht erhöhen. Dagegen erhöht sich der Druck und verhindert die Ausdehnung und damit die Eiskristallbildung. So kann in druckfesten Kammern eine Eisbildung bei geringem oder ganz überflüssigem Einsatz von Frostschutzmitteln vermieden werden (isochore Kühlmethode). Auf diese Art war eine Unterkühlung bis zu −20 °C erreichbar. Bei tieferer Kühlung ist die Bildung von Eiskristallen möglich, wird aber durch den dabei entstehenden Druck in einem System, das keine Ausdehnung erlaubt, gebremst. Dabei bleiben in der Lösung enthaltene biologische Proben eisfrei.

Geht man hierbei nach der Art der Verglasung bis zu kryogenen Temperaturen vor, so kann man durch Ablesen des Drucks feststellen, ob Eis entsteht. Eine Verglasung erscheint möglich, der Aufwand gering, da für die Erzeugung des Drucks kein Energieaufwand und keine komplizierte Technik benötigt werden.

Der große Vorteil wäre nach dem Gesagten, dass man ohne Eiskristalle und mit verminderter Schadwirkung der Frostschutzmittel arbeiten könnte.

Wie die Druckänderung auf lebende Einheiten wirkt, ist noch nicht völlig entschieden, obwohl Fadenwürmer die Prozedur überlebt haben. Theoretisch sind auch große druckfeste Gefäße verwendbar. Die schadensfreie Dauer einer unterkühlten Aufbewahrung in einem solchen System ist noch nicht bekannt (Mikus et al. 2016; Năstase et al. 2017; Rubinsky 2005, 2015, 2021; Rubinsky et al. 2015b; Taylor et al. 2019; Ukpai et al. 2017; Wan et al. 2018; Zhang et al. 2018).

Nach Newton ändert sich die Zähflüssigkeit von Lösungen beim Einwirken von Scherkräften nicht. Es gibt aber Lösungen wie z. B. Blut (nicht Newtonsche Flüssigkeiten), welche unter Scherstress ihre Fließeigenschaften ändern (so kann Blut die engen Haargefäße passieren).

Taylor et al. (2019) berichten über noch weitgehend theoretische Erwägungen, die Zähflüssigkeit von Frostschutzlösungen bei Kühlung durch Scherkräfte eisfrei zu steigern bis sie einem Glas ähneln. Dabei würde Eis vermieden und Frostschutzmittel könnten in geringeren Konzentrationen verwendet werden, die weniger schädlich sind.

Möglich wäre auch die Verwendung supermagnetischer Partikelchen in einer Flüssigkeit, die ihre Zähflüssigkeit in einem magnetischen Feld erhöhen können (rheomagnetische Lösungen).

Die erstaunlichen Ergebnisse der suspended Animation bei Körpertemperaturen bis zu 10 °C legen nahe, dass man weiter nach Möglichkeiten sucht, die Temperaturen aus der suspended Animation heraus abzusenken und Frostschutzmittel für diese Aufgabe zu testen.

Eine interessante Frage müsste sein, ob dies auch nach dem Organversagen noch möglich wäre. Das ließe sich nur im Tierversuch klären, da die Wiederbelebung das Maß dafür ist.

Ebenso interessant wäre die Frage, ob sich Methoden entwickeln lassen, welche es erlauben, Tiere während des Winterschlafs tiefer zu kühlen, was durch einfache Temperatursenkung nicht möglich ist, vielleicht weil die Zellen selbst keinen ausreichenden Frostschutz aufbauen und nur ihre Umgebung einfriert (s. bei Fuhr et al. 2013, Kap. 2).

Insgesamt ist die Kühlung auf kryogene Temperaturen und eine anschließende Reanimation bei Wirbeltieren oder ihren Organen eines der nächsten Ziele. Es gibt ermutigende methodische Fortschritte in diese Richtung. Die Zweifel an der Durchführbarkeit schwinden mit zunehmendem Wissen und zunehmenden Möglichkeiten. Veränderungen von Organen durch Altern und Erkrankungen bleiben zunächst ein langfristiges Problem auf dem Weg zur Verlängerung der menschlichen Lebensdauer. Bei jüngeren Menschen würde sich dieses Problem aber zunächst nur begrenzt stellen.

Literatur

Arav A (2022) Cryopreservation by directional freezing and vitrification focusing on large tissues and organs. Cells 11:1072; https://doi.org/10.3390/cells11071072

Ampaw AA et al (2021) Use of ice recrystallization inhibition assays to screen for compounds that inhibit ice recrystallization. Methods in Molecular Biology book series (MIMB) 2180. Cryopreservation and Freeze-Drying Protocols 2018:271–283

De Graaf IA et al (2007) Cryopreservation of rat precision-cut liver and kidney slices by rapid freezing and vitrification. Cryobiology 54:1–12

Fahy GM et al (2004) Improved vitrification solution based on the predictability of vitrification solution toxicity. Cryobiology 42:22–25

Fahy GM, Wowk B (2015) Principles of cryopreservation by vitrification. In: Wolkers WF, Oldenhof H (Hrsg) Cryopreservation and freeze-drying protocols. Methods Mol Biol 1257 Springer Protocols Humana Press, Totowa, S 21–82

Fahy GM, Wowk B (2021) Principles of ice-free cryopreservation by vitrification. In: Wolkers WF, Oldenhof H (Hrsg): Cryopreservation and Freeze-drying protocols, 4. Aufl. Methods Mol. Biol 2180 Springer Protocols Humana Press, Totowa, S 27–97

Fuhr G et al (2013) Unterbrochenes Leben? Naturwissenschaftliche und rechtliche Betrachtung der Kryokonservierung von Menschen. Fraunhofer, Stuttgart

Giwa S et al (2017) The promise of organ and tissue preservation to transform medicine. Nat Biotechnol 3:530–542

Hawkins HE et al (1985) The influence of cooling rate and warming rate on the response of renal cortical slices frozen to −40 degrees C in the presence of 2.1 M cryoprotectant (ethylene glycol, glycerol, or dimethyl sulfoxide). Cryobiology 22:378–384

Mikus H et al (2016) The nematode Caenorhabditis elegans survives subfreezing temperatures in an isochoric system. Biochem Biophys Res Commun 477:401–440

Năstas G et al (2017) Isochoric and isobaric freezing of fish muscle. Biochem Biophys Res Commun 485:279–283

Pollock K et al (2017) Improved post -thaw function and epigenetic changes in mesenchymyl stromal cells cryopreserved using multicomponent osmolyte solutions. Stem Cells Dev 26:828–842

Rubinsky B (2005) The thermodynamic principles of isochoric cryopreservation. Cryobiology 50:121–138

Rubinsky B (2015) Biological matter in isochoric systems. Cryobiology 71:172–178

Rubinsky B et al (2015a) From ice in the veins, through unfrozen fish and frozen frogs to isochoric preservation, ad astra. Cryobiology 71:167–168

Rubinsky B (2021) Mass transfer into biological matter using isochoric freezing. Cryobiology 100:212–215

Taylor MJ et al (2019) New approaches to cryopreservation of cells, tissues, and organs. Transfus Med Hemother 46:197–215

Ukpai G et al. (2017) Pressure in isochoric systems containing aqueous solutions at subzero centigrade temperatures. PLoS One 12 Aug(8):e0183353

Wan L et al (2018) Preservation of rat hearts in subfreezing temperature isochoric conditions to −8 °C and 78 MPa. Biochem Biophys Res Commun 49:852–857

Wowk B et al (2018) Vitrification tendency and stability of DP6-based vitrification solutions for complex tissue cryopreservation. Cryobiology 82:70–77

Zhang Y et al (2018) Isochoric vitrification: an experimental study to establish proof of concept. Cryobiology 83:48–55

Stichwortverzeichnis

Printed in the United States
by Baker & Taylor Publisher Services